对本书的赞誉

本书是当今分布式系统运维的重要指南。逻辑清晰，内容丰富，涵盖了所有细节，同时兼具可读性。我从中学到了很多知识，而且还汲取了很多行动建议！

——Will Thames，Skedulo 平台工程师

这是关于 Kubernetes 基础设施维护与支持的最全面、最权威、最实用的书籍。绝对是本必备的书。

——Jeremy Yates，Home Depot QuoteCenter 的 SRE 团队成员

多么希望我能早点拥有这本书！每位从事 Kubernetes 应用程序开发和运行的人都必读此书。

——Paul van der Linden，vdL 软件咨询公司首席开发人员

这本书让我激动万分。这本书对所有想使用 Kubernetes 的人来说都是一座信息宝藏，我觉得自己的水平提高了！

——Adam McPartlan（@mcparty），NYnet 高级系统工程师

我非常喜欢阅读这本书。这本书的风格平易近人，又非常权威。书中囊括了很多实用的建议。每个人都想知道但却不知道如何获得的第一手资料尽在书中。

——Nigel Brown，云原生培训导师与课程设计者

基于Kubernetes的云原生DevOps

[美] 约翰·阿伦德尔（John Arundel）
贾斯汀·多明格斯（Justin Domingus）著
马晶慧 译

Beijing • Boston • Farnham • Sebastopol • Tokyo

O'Reilly Media, Inc. 授权中国电力出版社出版

图书在版编目（CIP）数据

基于 Kubernetes 的云原生 DevOps/（美）约翰·阿伦德尔（John Arundel），（美）贾斯汀·多明格斯（Justin Domingus）著；马晶慧译. — 北京：中国电力出版社，2021.7

书名原文：Cloud Native DevOps with Kubernetes

ISBN 978-7-5198-5704-2

I. ①基… II. ①约… ②贾… ③马… III. ① Linux 操作系统－程序设计

IV. ① TP316.85

中国版本图书馆 CIP 数据核字 (2021) 第 115462 号

北京市版权局著作权合同登记 图字：01-2021-2214 号

出版发行：中国电力出版社

地　　址：北京市东城区北京站西街 19 号（邮政编码 100005）

网　　址：http://www.cepp.sgcc.com.cn

责任编辑：刘 炽（liuchi1030@163.com）

责任校对：王小鹏

装帧设计：Karen Montgomery，张 健

责任印制：杨晓东

印　　刷：北京天宇星印刷厂

版　　次：2021 年 7 月第一版

印　　次：2021 年 7 月北京第一次印刷

开　　本：750 毫米 ×980 毫米 16 开本

印　　张：26.25

字　　数：535 千字

印　　数：0001—3000 册

定　　价：128.00元

O’Reilly Media, Inc.介绍

O’Reilly以“分享创新知识、改变世界”为己任。40多年来我们一直向企业、个人提供成功所必需之技能及思想，激励他们创新并做得更好。

O’Reilly业务的核心是独特的专家及创新者网络，众多专家及创新者通过我们分享知识。我们的在线学习（Online Learning）平台提供独家的直播培训、图书及视频，使客户更容易获取业务成功所需的专业知识。几十年来O’Reilly图书一直被视为学习开创未来之技术的权威资料。我们每年举办的诸多会议是活跃的技术聚会场所，来自各领域的专业人士在此建立联系，讨论最佳实践并发现可能影响技术行业未来的新趋势。

我们的客户渴望做出推动世界前进的创新之举，我们希望能助他们一臂之力。

业界评论

“O’Reilly Radar博客有口皆碑。”

——Wired

“O’Reilly凭借一系列非凡想法（真希望当初我也想到了）建立了数百万美元的业务。”

——Business 2.0

“O’Reilly Conference是聚集关键思想领袖的绝对典范。”

——CRN

“一本O’Reilly的书就代表一个有用、有前途、需要学习的主题。”

——Irish Times

“Tim是位特立独行的商人，他不光放眼于最长远、最广阔的领域，并且切实地按照Yogi Berra的建议去做了：‘如果你在路上遇到岔路口，那就走小路。’回顾过去，Tim似乎每一次都选择了小路，而且有几次都是一闪即逝的机会，尽管大路也不错。”

——Linux Journal

O'Reilly Media, Inc.介绍

目录

第 3 章 获取 Kubernetes......51

序

欢迎阅读本书。

Kubernetes 是一场真正的行业革命。简单了解一下云原生计算基金会的概况（地址：*https://landscape.cncf.io/*），你就能从中发现当今云原生世界中有 600 多个项目，这足以说明如今 Kubernetes 的重要性。虽然并非所有的这些工具都是为 Kubernetes 开发的，也不是所有工具都可以与 Kubernetes 结合使用，但是它们都属于这个庞大的生态系统，而 Kubernetes 是领军者之一。

Kubernetes 改变了开发和运维应用程序的方式。它是当今开发运维世界的核心组件。Kubernetes 为开发人员带来了灵活性，并为运维人员带来了自由。如今，你可以在任何主流的云提供商、裸金属内部环境以及开发人员的本地计算机上使用 Kubernetes。Kubernetes 能够成为行业标准要归功于其稳定性、灵活性、强大的 API、开源代码以及开放的开发人员社区，这与操作系统领域的标准 Linux 如出一辙。

本书是一本非常优秀的手册，主要面向日常工作使用 Kubernetes 或刚刚开始接触 Kubernetes 的人。本书涵盖了部署、配置和运维 Kubernetes 的各个主要方面，以及在其上开发和运行应用程序的最佳实践。此外，本书还简单介绍了相关技术，包括 Prometheus、Helm 和持续部署。这是开发运维世界中人人必读的书。

Kubernetes不仅仅是一款优秀的工具，还是行业标准，以及无服务器（OpenFaaS、Knative）、机器学习（Kubeflow）工具等下一代技术的基础。整个IT行业都因为云原生革命而发生了变化，每个人都为亲眼见证这一发展而激动不已。

——Ihor Dvoretskyi

云原生计算基金会，开发大使

前言

在 IT 运维领域，开发运维的核心原则已广为人知并得到了广泛采用，但是如今情况正在发生变化，一个名为 Kubernetes 的新应用程序平台已被全世界各个不同行业的公司迅速采用。随着越来越多的应用程序和企业从传统服务器迁移到 Kubernetes 环境，人们开始关心如何在这个新世界中开展开发运维的工作。

本书讲解了以 Kubernetes 为标准平台的云原生世界中开发运维的含义。不仅可以帮助你从 Kubernetes 生态系统中挑选最佳工具和框架，而且还呈上了一套使用这些工具和框架的统一方式，此外还提供了久经考验可在实际生产环境中运行的解决方案。

主要内容

你将学习 Kubernetes 是什么，它来自何处，以及对软件开发和运维的未来意味着什么。你将学习容器的工作原理，如何构建和管理容器，以及如何设计云原生服务和基础架构。

你将了解自行构建并运行 Kubernetes 集群与使用托管服务之间的利弊，将学习流行的 Kubernetes 安装工具（比如 kops、kubeadm 和 Kubespray）的功能、局限性以及优缺点，还将大致了解亚马逊、Google 以及微软提供的主流 Kubernetes 托管产品的概况。

你将学习大量实践经验，包括如何编写和部署 Kubernetes 应用程序，如何配置和操作 Kubernetes 集群，以及如何使用 Helm 等工具自动化云基础设施与部署。你将了解 Kubernetes 对安全、身份验证和权限的支持，包括基于角色的访问控制（RBAC），以及在生产中保护容器和 Kubernetes 的最佳实践。

你将学习如何设置 Kubernetes 的持续集成和部署，如何备份和还原数据，如何测试集群的一致性和可靠性，如何监控、跟踪、记录和汇总指标，以及如何保证 Kubernetes 基础架构兼具可扩展性、弹性和高性价比。

为了方便说明，我们引入了一个非常简单的演示应用程序。你可以通过本书 Git 代码库中的代码来学习所有的示例。

本书面向的读者对象

本书主要面向负责服务器、应用程序和服务的 IT 运维人员，以及负责构建云原生服务或将现有应用程序迁移到 Kubernetes 和云端的开发人员。我们不要求你了解有关 Kubernetes 或容器的前提知识，书中已经涵盖这些基本知识，所以请不用担心。

经验丰富的 Kubernetes 用户也可以从本书中找到很多有价值的材料，比如本书涵盖了 RBAC、持续部署、机密管理以及可观察性等高级主题。无论你的专业水平如何，我们都希望你可以从本书中找到有用的信息。

本书解决的主要问题

在计划和创作本书期间，我们与数百人就云原生和 Kubernetes 进行了交流，其中既有行业领导者和专家，也有初学者。下面是他们希望本书能够解决的问题：

- “我希望了解为什么我应该把时间投入到这项技术上。它能够帮助我和我的团队解决哪些问题？”
- “Kubernetes 看起来很棒，但是学习曲线相当陡峭。建立一个快速的演示很容易，但是运维和故障排除似乎非常有难度。我们希望获得一些可靠的指导，了解人们如何在现实世界中运行 Kubernetes 集群，以及我们可能会遇到哪些问题。”
- “希望提供一些真知灼见。对于新手团队来说，Kubernetes 生态系统提供了太多选择。当有多种方式都可以完成同一项工作时，哪一种才是最好的？我们该如何选择？”

而其中最重要的问题是：

- 如何在不破坏公司现有状况的情况下使用 Kubernetes？

在编写本书时，我们牢记包括上述问题在内的许多问题，并竭尽全力回答这些问题。这些问题是否得到了解答？请仔细阅读本书吧。

排版约定

本书使用了下述排版约定。

斜体（*Italic*）

表示新术语、URL、示例电子邮件地址、文件名、扩展名、路径名和目录。

等宽字体（`Constant Width`）

表示命令、选项、开关、变量、属性、键、函数、类型、类、命名空间、方法、模块、属性、参数、值、对象、事件、事件句柄、XML 标签、HTML 标签、宏、文件的内容，或者命令的输出。

斜体等宽字体（*`constant width italic`*）

表示应该替换成用户提供的值。

表示提示或建议。

表示一般性注释。

表示警告或提醒。

使用代码示例

你可以通过如下链接下载本书的补充材料（代码示例，练习等）：

https://github.com/cloudnativedevops/demo

本书的目的是帮助你完成工作。一般来说，你可以在自己的程序或者文档中使用本书附带的示例代码。你无需联系我们获得使用许可，除非你要复制大量的代码。例如，使用本书中的多个代码片段编写程序就无需获得许可。但以 CD-ROM 的形式销售或者分发 O'Reilly 书中的示例代码则需要获得许可。回答问题时援引本书内容以及书中示例代码，无需获得许可。在你自己的项目文档中使用本书大量的示例代码时，则需要获得许可。

我们不强制要求署名，但如果你这么做，我们深表感激。署名一般包括书名、作者、出版社和国际标准书号。例如："Cloud Native DevOps with Kubernetes by John Arundel and Justin Domingus (O'Reilly). Copyright 2019 John Arundel and Justin Domingus, 978-1-492-04076-7"。

如果你觉得自身情况不在合理使用或上述允许的范围内，请通过邮件和我们联系，地址是 *permissions@oreilly.com*。

O'Reilly Online Learning

O'REILLY®

40 年间，O'Reilly Media 为众多公司提供技术和商业培训，提升知识储备和洞察力，为企业的成功助力。

我们有一群独家专家和创新者，他们通过图书、文章、会议和在线学习平台分享知识和技术。O'Reilly 的在线学习平台提供按需访问的直播培训课程、详细的学习路径、交互式编程环境，以及由 O'Reilly 和其他 200 多家出版社出版的书籍和视频。

详情请访问 *http://oreilly.com*。

联系方式

请将你对本书的评价和问题发给出版社：

美国：

O'Reilly Media, Inc.
1005 Gravenstein Highway North
Sebastopol, CA 95472

中国：

北京市西城区西直门南大街 2 号成铭大厦 C 座 807 室（100035）
奥莱利技术咨询（北京）有限公司

这本书有专属网页，你可以在那里找到本书的勘误、示例和其他信息。地址是：

http://bit.ly/cloud-nat-dev-ops

如果你对本书有一些评论或技术上的建议，请发送电子邮件到 *bookquestions@oreilly.com*。

要了解 O'Reilly 图书、培训课程和新闻的更多信息，请访问我们的网站，地址是：

http://www.oreilly.com

我们的 Facebook：

http://facebook.com/oreilly

我们的 Twitter：

http://twitter.com/oreillymedia

我们的 Youtube 视频：

http://www.youtube.com/oreillymedia

致谢

本书得以付梓，我要感谢很多人阅读本书的初稿并提供了宝贵反馈和建议，还有通过其他方式予以支持的人，包括（但不限于）Abby Bangser、Adam J. McPartlan、Adrienne Domingus、Alexis Richardson、Aron Trauring、Camilla Montonen、Gabriell Nascimento、Hannah Klemme、Hans Findel、Ian Crosby、Ian Shaw、Ihor Dvoretskyi、Ike Devolder、Jeremy Yates、Jérôme Petazzoni、Jessica Deen、John Harris、Jon Barber、Kitty Karate、Marco Lancini、Mark Ellens、Matt North、Michel Blanc、Mitchell Kent、Nicolas

Steinmetz、Nigel Brown、Patrik Dudits̆、Paul van der Linden、Philippe Ensarguet、Pietro Mamberti、 Richard Harper、Rick Highness、Sathyajith Bhat、Suresh Vishnoi、Thomas Liakos、Tim McGinnis、Toby Sullivan、Tom Hall、 Vincent De Smet 和 Will Thames 等。

第 1 章

云革命

> There was never a time when the world began, because it goes round and round like a circle, and there is no place on a circle where it begins.
>
> —— Alan Watts

我们正在经历一场革命。实际上，可以说是三场革命。

第一场革命是云的诞生，我们将介绍这场革命是什么及其重要性。第二场革命是开发运维拉开序幕，我们将探讨开发运维及其改变运维的经过。第三场革命是容器的到来。这三场革命风暴共同缔造了一个全新的软件世界，即云原生世界。而这个世界的操作系统叫作 Kubernetes。

在本章中，我们将简要介绍这些革命的历史及意义，并探讨这些变化对人们部署和运维软件的方式带来的影响。我们将概述云原生的含义，然后再看看如果你从事软件开发、运维、部署、工程、网络或安全方面的工作，那么将在这个新世界中看到哪些变化。

鉴于这些相互联系的革命带来的影响，我们认为计算的未来属于 Kubernetes 平台（或类似的平台）之上基于云、容器化、自动化动态管理的分布式系统。在本书中，我们将探讨开发和运行这些应用程序（即云原生开发运维）的技巧。

如果你熟知所有这些背景知识，而且迫不及待地想要尝试 Kubernetes，那么敬请直接跳至第 2 章；否则请坐下来，倒一杯你最喜欢的饮料，下面让我们开始。

1.1 云的诞生

最初（20 世纪 60 年代），计算机都安置在异地数据中心内一排排的机架上，空调全天候运转，用户永远也见不到这些机器，更无法直接与之交互。开发人员需要远程将作业提交到计算机上，并等待结果。成百上千个用户共享同一台计算设施，而且每个用户都会收到账单，按照处理器或资源的用量付费。

对于各家公司或组织来说，购买和维护自家的计算硬件并不划算，因此一种商业模式出现了：用户可以共享由第三方提供和运行的远程机器的计算能力。

此情此景听起来是不是与现在非常相似？尽管这一切发生在 20 世纪，但这并非巧合。革命一词有“周而复始”的意思，从某种程度上来说，计算机的发展历史又重演了。尽管多年来计算机的能力已大大提升，例如现在的苹果手表已不亚于图 1-1 所示的三台大型机，但通过按需付费来共享计算资源则是一个非常古老的做法。只不过如今我们称之为云，这场始于分时大型机的革命又一次上演了。

1.1.1 购买时间

云的中心思想是：购买计算能力，而不是计算机。也就是说，你不必投入大量资本来购买物理机器，因为这些机器不便于扩展、容易损坏，而且很快就会过时；相反，你只需购买使用计算机的时间，而这些计算机由其他人提供，并由他们负责扩展、维护和升级。在裸金属时代（又称为铁器时代），计算能力是一项资本支出。如今这属于一项运营费用，而这一点是两者的根本区别。

图 1-1：早期的云计算机：位于 NASA 戈达德太空飞行中心的 IBM System/360 Model 91

云不仅仅可以租用远程计算能力，也可以租用分布式系统。你可以购买原始的计算资源（例如 Google Compute 实例或 AWS Lambda 函数），然后使用这些资源来运行你自己的软件，但你也可以更进一步，租用云服务：从本质上讲就是使用别人的软件。例如，使用 PagerDuty 来监视系统，并在出现故障时发出警报，这就是使用云服务（有时称为软件即服务或 SaaS）。

1.1.2 基础设施即服务

当你使用云基础设施来运行自己的服务时，你所购买的就是基础设施即服务（Infrastructure as a Service，IaaS）。但购买该项服务无需耗费资本，也无需构建或升级。它只是一种商品，就像水电一样。云计算是企业与其 IT 基础设施之间关系的一场革命。

外包硬件只是云概念的一部分，你还可以通过云外包非你编写的软件：操作系统、数据库、集群、副本、网络、监控、高可用性、队列和流处理，以及位于代码与CPU之间的一层层软件和配置。托管服务可以帮你分担这些千篇一律的繁重工作（更多有关托管服务的好处，请参见第3章）。

同时，云革命还在云用户中引发了另一场革命：开发运维运动。

1.2 开发运维拉开序幕

在开发运维出现之前，软件的开发和运维本质上是两种完全不同的工作，由两组不同的人执行。开发人员编写软件，然后交给运维人员，由他们在生产环境中运行并维护软件（这里生产环境指的是为真正的用户提供服务，而不仅仅是在测试条件下运行）。就像以前需要专门的机房来容纳计算机一样，这种分工根源于20世纪中叶。当时的软件开发是非常专业的工作，计算机操作也是非常专业的工作，两者之间几乎没有交集。

的确，这两个部门的目标和动机大相径庭，且常常相互冲突（见图1-2）。开发人员侧重于集中精力快速交付新功能，而运维团队则关心服务的长期稳定和可靠。

当云出现后，情况发生了变化。分布式系统非常复杂，而且互联网非常庞大。我们很难将系统运维（故障恢复、处理超时、顺利地升级版本）与系统的设计、体系结构以及实现分离开来。

此外，“系统”已不仅仅是你自己的软件，它还涉及内部开发的软件、云服务、网络资源、负载均衡器、监控、内容分发网络、防火墙、DNS等。所有这些东西紧密相连，且相互依赖。编写软件的工作人员必须了解软件与系统其余部分的关系，而负责运维系统的工作人员则必须了解软件如何工作或为何会发生故障。

图 1-2：不同的团队导致动机的冲突（图片来自 Dave Roth）

开发运维运动的初衷是设法将这两个团队组织到一起：协作、共享知识，共同为系统的可靠性和软件的正确性负责，并改善软件系统与开发团队双方的可扩展性。

1.2.1 没有人真正理解开发运维

开发运维这个概念经常引发争议，有些人坚持认为开发运维只不过是在已有软件开发的实践之上套了一个时髦的标签，而有些人则认为开发与运维之间不需要加强协作。

人们对开发运维的真正含义存在广泛的误解：这是一个职位，一个团队，一个方法论，还是一套技术？颇有影响力的开发运维作家 John Willis 为开发运维确立了四大关键支柱，他称之为文化、自动化、指标与分享（Culture、Automation、Measurement、Sharing，CAMS）。还有另外一种解读方式是

Brian Dawson 提出的开发运维三位一体：人员与文化，流程与实践，以及工具与技术。

有人认为云和容器的出现意味着我们不再需要开发运维，这种观点有时称为无运维（NoOps），其思想是，由于所有 IT 的运维工作都外包给了云提供商或其他第三方服务，因此企业不再需要专职运维人员。

无运维的谬论主要是对开发运维实际工作的误解造成的：

> 在开发运维之下，许多传统的 IT 运营工作都在代码投入生产之前进行。每个版本包括监控、日志记录以及 A/B 测试。每次提交代码时，CI/CD 流水线会自动运行单元测试、安全扫描程序以及策略检查。部署是自动完成的。而如今控制、任务以及非功能性的需求都可以在发布之前实现，我们无需再经历重大停机造成的慌乱与恶果。
>
> —— Jordan Bach（AppDynamics）

理解开发运维的关键在于理解它主要是组织上的人为问题，而不是技术的问题。这与 Jerry Weinberg 提出的咨询第二法则（The Second Law of Consulting）相一致：

> 无论乍看之下如何，问题一定出在人身上。
>
> —— Gerald M. Weinberg，Secrets of Consulting

1.2.2 业务优势

从业务的角度来看，开发运维的描述为“利用云自动化与实践来加快发布周期，从而提高软件质量，还可享受到久经考验的软件带来的优势”（摘自 The Register，地址：*https://www.theregister.co.uk/2018/03/06/what_does_devops_do_to_decades_old_planning_processes_and_assumptions*）。

采用开发运维时，企业需要进行深刻的文化变革，首先从管理以及战略层面开始，然后逐步传播到组织的各个部分。速度、敏捷、协作、自动化和软件质量是开发运维的主要目标，对于许多公司而言，这意味着思维方式的重大转变。

然而，开发运维确实很有效。许多研究表明，采用了开发运维原则的公司可以更快地发布更好的软件，遇到故障和问题时可以做出更好更快的反应，故而在市场上更加敏捷，而且还能够极大地提高产品质量。

> 开发运维不是一时的狂热。相反，它是如今成功组织工业化高质量软件交付的方式，而且即将成为未来几年的新基准。
>
> —— Brian Dawson（Cloudbees），《计算机商业评论》

1.2.3 基础设施即代码

从前，开发人员负责软件，而运维团队则负责硬件及其上运行的操作系统。

如今，硬件以云的形式出现，因此从某种意义上讲，一切都是软件。开发运维运动给运维带来了软件开发技术：面向快速、敏捷、协作构建复杂系统的工具和工作流程。与开发运维密不可分的乃是基础设施即代码的概念。

云基础设施可以通过软件自动配置，无需铺设计算机与交换机的机架和布线。运维工程师无需手动部署和升级硬件，他们的任务变成了编写软件，而这些软件能够自动化云。

这种变化不仅仅是单方面的。另一方面，开发人员也在向运维团队学习如何预测基于云的分布式系统中固有的故障和问题，如何减轻这些问题引发的后果，以及如何设计软件才能正常降级并保障失效安全。

1.2.4 共同学习

开发团队与运维团队都在学习如何协同工作。他们在学习如何设计和构建系统，如何监视和获取生产系统的反馈，以及如何使用这些信息来改进系统。更重要的是，他们在学习改善用户体验，并为提供资金的企业交付更高的价值。

云的巨大规模，以及开发运维运动的协作性和以代码为中心的本质已将运维转变为软件问题。同时，这也将软件变成了运维问题，而所有这些引发了以下两个问题：

- 如何在拥有多个服务器体系结构以及操作系统的大型多样化网络中部署和升级软件？
- 如何使用高度标准化的组件，以可靠且可重现的方式将软件部署到分布式环境？

这两个问题的答案引出了第三场革命：容器。

1.3 容器的到来

要想部署软件，不仅需要软件本身，而且还需要软件的各个依赖项，即解释器、子包、编译器、扩展等。

此外，你还需要软件的配置。你需要设置、特定站点的详细信息、许可证密钥、数据库密码等所有信息才能把原始的软件转变为有用的服务。

1.3.1 最先进的技术

早期解决这个问题的方式包括使用配置管理系统，例如 Puppet 或 Ansible，这些系统由安装、运行、配置以及更新交付软件的代码组成。

另外，有些语言也提供了自己的打包机制，例如 Java 的 JAR 文件，Python 的 egg 文件，或 Ruby 的 gem 文件等。然而，这些机制是各个语言专用的，而且并没有完全解决依赖关系的问题：例如，必须安装 Java 运行时才能运行 JAR 文件。

另一个解决方案是 *omnibus* 软件包，顾名思义，它会将应用程序所需的一切都打包到一个文件中。*omnibus* 软件包包含软件本身、软件的配置、软件依赖的组件，以及组件的配置、组件的依赖等（例如，Java omnibus 软件包包含 Java 运行时以及应用程序所有的 JAR 文件）。

有些提供商则更进一步，将运行软件所需的整个计算机系统作为虚拟机镜像包含在内，但是这些镜像往往过于庞大且笨拙，构建和维护耗时，很容易出故障，下载和部署缓慢，并且性能和资源消耗方面的效率极低。

从运维的角度来看，你需要管理各种类型的软件包，而且需要管理一组运行这些软件包的服务器。

如此一来，你还需要提供服务器，并设置服务器的网络、部署和配置，以及通过安全补丁、监控、管理等方式保持服务器的最新状态。

单单是为了提供一个运行软件的平台就需要大量的时间、技能和精力。难道就没有更好的办法了吗？

1.3.2 箱子带来的启发

为了解决这些问题，科技行业借鉴了运输行业的一个想法：容器。20 世纪 50 年代，一位名叫 Malcolm McLean 的卡车司机提议：与其在卡车到达港口后，费力地将货物从货箱逐个卸载下来，再装到船上，不如将卡车（或者说是货箱）直接装到船上。

卡车的货箱其实就是一个带轮子的大金属箱。如果将这个箱子（容器）与运输的轮子和底盘分开，那么就非常便于举起、装载、堆叠和卸载，而且可以在航行结束后直接转到另一艘船或另一辆卡车上（见图 1-3）。

McLean 的集装箱运输公司 Sea-Land 通过使用该系统以低廉的价格运输货物，取得了极大的成功，而且集装箱很快就流行起来。如今，每年数亿个集装箱，承载着价值数万亿美元的货物运往世界各地。

图 1-3：标准化集装箱极大地降低了散装货物的运输成本（图片来自 Pixabay，Creative Commons 2.0 许可）

1.3.3 将软件放入容器

软件容器的概念完全相同：一种标准的打包和分发软件的格式，通用且使用广泛，可以大大提高承载能力，降低成本，实现规模经济，且易于处理。容器格式包含运行应用程序所需的所有文件，可以打包到一个镜像文件中，然后由容器运行时执行。

这与虚拟机镜像有何不同？虚拟机镜像也包含运行应用程序所需的所有文件，但是它还包含了很多其他东西。常见的虚拟机镜像大约为 1GiB[注1]。而设计良好的容器镜像可能要小一百倍。

注 1： GiB（gibibyte，千兆字节）是国际电工委员会（International Electrotechnical Commission，IEC）制定的数据单位，等于 1024 兆字节（MiB）。在本书中，我们一律使用 IEC 的单位（如 GiB、MiB、KiB），以避免混淆。

由于虚拟机包含了许多不相关的程序、库以及应用程序永远不会使用的文件，因此大部分空间都被浪费了。通过网络传输虚拟机镜像的速度远低于优化过的容器镜像。

更糟糕的是，虚拟机是虚拟的：底层的物理 CPU 需要实现一个虚拟的 CPU，供虚拟机运行。该虚拟层会对性能产生巨大的负面影响：在测试中，虚拟工作负载的运行速度比同等的容器慢 30%。

相比之下，容器可以像普通的二进制可执行文件一样直接在实际的 CPU 上运行，没有虚拟开销。

此外，由于容器仅保存所需的文件，因此比虚拟机镜像小很多。而且它们还巧妙地使用了分层的可寻址文件系统，这些层可在容器之间共享和重用。

例如，如果有两个容器，二者均源自同一个 Debian Linux 基础镜像，则只需下载一次基础镜像，即可供每个容器引用。

容器在运行时集合了所有必需层，你只需下载本地尚未缓冲的层。因此可以非常有效地利用磁盘空间和网络带宽。

1.3.4 即插即用的应用程序

容器不仅是部署与打包的单位，也是重用（同一个镜像可作为多个服务的组件）、伸缩以及资源分配的单位（只要有足够的资源满足本身的需求，容器就可在任何环境中运行）。

开发人员无需担心不同版本的软件需要在不同的 Linux 发行版上运行，也无需担心不同的库和语言版本等。容器唯一的依赖只有操作系统内核（例如 Linux）。

你只需将应用程序放在容器镜像中，就可以在任何支持标准容器格式且拥有兼容内核的平台上运行。

Kubernetes 开发人员 Brendan Burns 与 David Oppenheimer 在论文"Design Patterns for Container-based Distributed Systems"（基于容器的分布式系统设计模式）中说道：

> 容器通过密封，不仅保障了所有依赖项，而且还提供了原子部署信号（"成功"/"失败"），因此极大地提升了在数据中心或云中部署软件的技术水平。然而，容器的潜力远不止于部署工具，我们认为容器就如同面向对象软件系统中的对象，能够推动分布式系统设计模式的发展。

1.4 容器的编排

此外，容器还能大大减轻运维团队的负担。他们无需维护由各种类型的机器、体系结构和操作系统构成的庞然大物，只需运行一个容器编排器即可。容器编排器是一种能够将多个不同的机器组合成一个集群的软件；而集群指的是一种统一的计算基底，从用户的角度来看，集群就像是一台可以运行容器且功能非常强大的计算机。

人们常常笼统地将编排和调度当成同义词。但是严格来说，编排指的是协调和排序不同的活动，以实现共同的目标（就像乐团中的音乐家）。而调度则意味着管理可利用的资源，并将工作负载分配到最能有效运行的地方（请不要将这里的调度与"任务调度"中的调度相混淆，任务调度指的是按照预定时间执行的任务）。

第三个重要的活动是集群管理，即将多个物理或虚拟的服务器联合成一个统一、可靠、容错且看似像一个整体的小组中。

术语"容器编排器"通常指的是负责计划、编排和管理集群的单个服务。

容器化（将容器作为部署和运行软件的标准方法）拥有明显的优势，在标准容器格式下各种规模的应用才能得以实现。然而，容器的广泛采用仍然面临一个问题：缺乏标准的容器编排系统。

只要市场上存在多个互相竞争的计划与编排容器工具，企业就不愿在技术的选择上押上昂贵的赌注。然而，这一切都发生了变化。

1.5 Kubernetes

很久之前，Google 率先大规模地使用容器运行生产工作负载。几乎所有的 Google 服务都在容器内运行：Gmail、Google 搜索、Google 地图、Google 应用引擎等。由于当时没有合适的容器编排系统，因此 Google 不得不自行发明。

1.5.1 从 Borg 到 Kubernetes

为了解决在全球数百万台服务器上运行大量服务的问题，Google 开发了一款私有的内部容器编排系统，名叫 Borg。

实质上，Borg 是一个集中式管理系统，用于将容器分配和调度到服务器池中运行。虽然 Borg 的功能非常强大，但它与 Google 自己的内部技术和专有技术紧密耦合，难以扩展，也无法公开发布。

2014 年，Google 建立了一个名为 Kubernetes 的开源项目（源于希腊语 κυβερνήτης，意思是“舵手，飞行员”），该项目的目标是根据 Borg 及后来 Omega 的经验，开发出每个人都可以使用的容器编排器。

随后 Kubernetes 迅速崛起。尽管在 Kubernetes 之前也出现过其他容器编排系统，但这些系统都是与某个提供商绑定的商业产品，而且这个原因常常阻碍它们被广泛采用。随着真正免费及开源容器编排器的出现，容器和 Kubernetes 的采用都以惊人的速度增长。

到 2017 年末，编排之战结束，最终 Kubernetes 赢得了胜利。尽管仍然有人在使用其他系统，但从那以后，希望将基础设施迁移到容器的各个公司只需考虑一个平台：Kubernetes。

1.5.2 什么因素导致 Kubernetes 如此有价值？

Google 的开发大使、《Kubernetes 即学即用》的合著者以及 Kubernetes 社区的传奇人物 Kelsey Hightower 表示：

> Kubernetes 完全可以胜任系统管理员的工作：自动化、故障转移、集中式日志记录、监控。它吸收了我们在开发运维社区中积累的经验，并转化成了开箱即用的功能。
>
> —— Kelsey Hightower

在云原生的世界中，你无需再关注许多传统的系统管理员工作（例如升级服务器、安装安全补丁、配置网络和运行备份）。Kubernetes 可以自动完成这些工作，因此你的团队可以集中精力做好核心的工作。

Kubernetes 核心内置了负载均衡以及自动伸缩等功能，其他功能则由使用 Kubernetes API 的附加组件、扩展和第三方工具提供。Kubernetes 生态系统非常庞大，并且还在不断地发展壮大。

Kubernetes 降低了部署的难度

由于这些原因，Kubernetes 深受运维人员的喜爱，但 Kubernetes 也给开发人员带来明显的优势。Kubernetes 大大减少了部署的时间和工作量。零停机时间部署很容易实现，因为Kubernetes 会默认执行滚动更新（启动新版本的容器，等到它们正常工作后，再关闭旧的容器）。

Kubernetes 还提供了工具来辅助实施持续部署实践，例如金丝雀部署（canary deployment）：一次只更新一台服务器，以尽早发现问题（有关金丝雀部署，请参见第 13 章）。另一个常见的部署是蓝绿部署：并行创建新版本的系统，在系统完全启动并运行后，将流量切换到新系统（有关蓝绿部署，请参见第 13 章）。

遇到需求激增的情况也不会降低服务水平，因为 Kubernetes 支持自动伸缩。例如，如果容器的 CPU 利用率达到一定水平，Kubernetes 就会添加新的容器副本，直到利用率低于阈值为止。当需求下降时，Kubernetes 将再次缩减副本数量，释放集群容量来运行其他工作负载。

由于 Kubernetes 拥有内置的冗余和故障转移功能，因此你的应用程序将更加可靠、更加灵活。有些托管服务甚至可以根据需求，扩大或缩小 Kubernetes 集群本身，因此无论在任何时候，你都无需支付超出需求的集群付费（有关自动伸缩，请参见第 6 章）。

商业人士喜欢 Kubernetes，因为它可以降低基础设施的成本，而且还可以更好地利用现有的资源集。传统服务器，甚至是云服务器，在大部分时间内都是空闲的状态。实际上，为了应对需求高峰而准备的过剩容量在正常情况下都会被浪费掉。

而 Kubernetes 会利用这些被浪费的容量来运行工作负载，因此你的机器可以实现更高的利用率，并且还可以免费进行扩展、负载均衡以及故障转移。

尽管有些功能（例如自动伸缩）在 Kubernetes 之前就已经出现了，但它们常常与特定的云提供商或服务绑定。而 Kubernetes 不依赖于提供商，你只需定义所要使用的资源，然后就可以在任何 Kubernetes 集群上运行，而无需在意底层的云提供商。

这并不意味着 Kubernetes 会将你限制到最低标准。Kubernetes 会将你的资源映射到适当的提供商特有的功能：例如，在 Google 云上运行的负载均衡 Kubernetes 服务会创建一个 Google 云负载均衡器，而在亚马逊上会创建一个 AWS 负载均衡器。Kubernetes 会抽象出云的详细信息，而你则可以专心定义应用程序的行为。

容器以一种可移植的方式来定义软件，而 Kubernetes 资源则提供了一种可移植的方式来定义应当如何运行软件。

1.5.3 Kubernetes 会消失吗？

奇怪的是，尽管目前 Kubernetes 的热度非常高，然而在几年后，也许我们就不会过多地谈论 Kubernetes 了。许多曾经一度非常新颖且具有革命性的事物，如今已成为计算体系的重要组成部分，我们不会再过多地关注它们，例如微处理器、鼠标、互联网等。

Kubernetes 也一样，很有可能会消失，并成为基础设施的一部分。如此一来，Kubernetes 就平常无奇了：你只需了解如何将应用程序部署到 Kubernetes 即可。

Kubernetes 的未来在很大程度上取决于托管服务领域。虚拟化曾经是一种振奋人心的新技术，而如今已成为一种实用工具。大多数人都会从云提供商那里租用虚拟机，而不是自己运行 vSphere 或 Hyper-V 等虚拟化平台。

同理，我们认为 Kubernetes 将成为基础设施标准的一部分，因此你甚至不会注意到它的存在。

1.5.4 Kubernetes 并非万能

未来的基础设施是否会完全转移到 Kubernetes 之上？也不一定。首先，有些工作并不适合 Kubernetes（例如数据库）。

> 容器中的软件编排需要处理多个新的可互换实例，同时无需应对它们之间的协调。但是数据库副本不可互换。每个副本都有一个唯一的状态，并且部署数据库副本需要与其他节点进行协调，才能确保数据库模式的改变等事件能够在所有副本中同时完成。
>
> —— Sean Loiselle（Cockroach Labs）

尽管我们完全可以在 Kubernetes 中运行有状态的工作负载（例如数据库），同时保证企业级的可靠性，但这需要付出大量的时间和工作，对于有些企业来说这种方式可能并不适用（有关运行更少软件，请参见 3.6.1）。相反，通常使用托管服务的性价比更高。

其次，有些东西实际上并不需要Kubernetes，完全可以在无服务器（serverless）平台上运行，这种平台也称为函数即服务（Functions as a Service，FaaS）平台。

云函数和函数容器

例如，AWS Lambda 是一个 FaaS 平台，你可以在其上运行使用 Go、Python、Java、Node.js、C# 和其他语言编写的代码，而且根本不需要编译或部署应用程序。亚马逊可以帮你完成这些所有的工作。

由于你需要按照 100 毫秒为单位支付执行时间的费用，所以 FaaS 模型非常适合仅在需要时才运行的计算，而反观云服务的付费，无论使用与否都会一直运行。

从某些方面来看，这些云函数比容器更加方便（尽管有些 FaaS 平台也可以运行容器）。但是它们最适合短时间的独立作业（例如，AWS Lambda 限制函数的运行时间为 15 分钟，而部署的文件大小限制约为 50 MiB），特别是那些集成了现有云计算服务的函数，例如微软的 Cognitive Services 或 Google Cloud Vision API。

为什么我们不喜欢称这种模型为无服务器呢？因为它的确不是，它只是别人的服务器。只不过是你不必配置和维护这个服务器。云提供商会打点好一切。

并非每种工作负载都适合在 FaaS 平台上运行，无论通过何种方式，但这并不妨碍将来 FaaS 平台成为云原生应用程序的关键性技术。

云函数也不限于 Lambda 或 Azure Functions 等公共 FaaS 平台：如果你已拥有 Kubernetes 集群，并且希望在其上运行 FaaS 应用程序，则可以考虑 OpenFaaS 和其他开源项目。函数与容器的结合有时称为函数容器，这个名字很有吸引力。

有一款更为先进的 Kubernetes 软件交付平台名叫 Knative，它同时包含容器和云函数，目前正处于积极的开发中（有关 Knative 的介绍，请参见 13.1.4）。这是一个很有潜力的项目，这意味着将来容器和函数之间的区别可能会模糊，甚至完全消失。

1.6 云原生

术语云原生已成为人们谈论现代应用程序和服务时，越来越频繁提及的名词，它不仅占据了云、容器以及编排的优势，而且常常基于开源软件。

云原生计算基金会（Cloud Native Computing Foundation，CNCF）成立于 2015 年，旨在“围绕一系列高质量项目促进社区的发展，确保容器成为微服务架构编排的基础之一。”

CNCF 是 Linux 基金会的一部分，其汇集了开发人员、最终用户以及包括主流公共云提供商在内的各个供应商。CNCF 旗下最有名的项目就是 Kubernetes 本身，此外，该基金会还孵化并推广了云原生生态系统的其他关键组件：Prometheus、Envoy、Helm、Fluentd、gRPC 等。

那么，云原生究竟是什么意思呢？不同的人有不同的看法，但其中不乏一些共同点。

云原生应用程序在云上运行，这一点毫无争议。但仅仅是将现有的应用程序放到云计算实例上运行不能称之为云原生。云原生不仅仅是在容器内运行，也不仅仅是使用 Azure Cosmos DB 或 Google Pub/Sub 之类的云服务，尽管这些可能是体现云原生应用程序的重要方面。

下面，我们来看看大多数人都认同的云原生系统的一些特征：

可自动化

　　如果应用程序是由机器完成部署和管理，无需人类介入，则它们必须遵守通用的标准、格式和接口。Kubernetes 通过一种方式提供了这些标准接口，这意味着应用程序开发人员无需再担心部署和管理。

广泛性和灵活性

由于云原生应用不依赖物理资源（比如磁盘），也无需了解有关运行应用程序计算节点的任何信息，因此容器化的微服务很容易从一个节点移动到另一个，甚至从一个集群移动到另一个。

弹性和可扩展性

传统的应用程序往往具有单一故障点：如果主进程崩溃、底层的计算机出现硬件故障或者网络资源拥塞，则应用程序将停止工作。由于云原生应用程序本质上是分布式的，因此可以通过冗余以及平稳降级确保高可用性。

动态

Kubernetes 等容器编排器可以调度容器，以最大化资源利用率。它可以通过运行多个副本实现高可用性，并通过滚动更新实现平滑的升级服务，同时不会造成流量减少。

可观察性

云原生应用的本质导致它们很难检查和调试。因此，分布式系统的一个关键需求就是可观察性，即通过监控、日志记录、跟踪以及指标帮助工程师了解系统的内部状况（以及他们的错误）。

分布式

云原生是一种利用云的分布式和分散性质来构建和运行应用程序的方法。它指的是应用程序的运行方式，并非运行位置。云原生应用程序不会将代码部署为单个实体（这种方式称为整体式架构），而是由多个相互协作的分布式微服务组成。微服务是一个自包含的服务，它只做一件事。如果将很多微服务组合在一起，就可以形成一个应用程序。

云原生不只是微服务

然而，微服务不是灵丹妙药。整体式架构很容易理解，因为所有一切都在同一个地方，而且你可以跟踪不同部分之间的交互。但是，整体式架构很难扩展，无论是代码本身还是维护代码的开发人员团队。随着代码的增加，各个部分之间的交互将呈指数增长，整个系统的发展会超出人的理解能力。

设计良好的云原生应用程序应由多个微服务组成，但这些微服务应该是什么，范围是什么，以及不同的服务之间应该如何交互，这些决定也并非易事。优秀的云原生服务设计需要在如何分离架构的各个部分方面做出明智的选择。然而，即使是设计良好的云原生应用程序也仍然是分布式系统，这种系统天生就很复杂，难以观察和推理，而且很容易发生意料之外的故障。

尽管云原生系统通常都是分布式的，但也可以使用容器在云中运行整体式应用程序，而且从业务价值的角度来看，这种做法也不错。你可以把它当成将整体式架构逐步迁移至现代微服务的第一步，或者是将系统重新打造成云原生之前的权宜之计。

1.7 运维的未来

运维、基础设施工程和系统管理是技术含量非常高的工作。云原生的未来会将这些技术人员置于危险之中吗？我们并不这么认为。

相反，我们认为这些技术人员会越来越重要。有关分布式系统的设计和推理难度非常高。网络和容器的协调器很复杂。每个开发云原生应用程序的团队都需要运维的技术和知识。自动化可以将技术人员从繁琐、重复的手工作业中解放出来，处理计算机无法自行解决的更为复杂和有趣的问题。

但这并不意味着所有当前的运维岗位都能得到保障。以前的系统管理员无需编写代码，除了编写一些非常简单的 shell 脚本。而在云环境中就行不通了。

在软件定义的世界里，编写、理解和维护软件的能力至关重要。如果你不会或不愿学习新技术，那么就会被这个世界抛弃，历史一贯如此。

1.7.1 分布式开发运维

运维专业知识不会集中在为其他团队提供服务的运维团队中，运维专家会分散在许多团队中间。

每个开发团队至少需要一名运维专家，负责团队提供的系统或服务的健康状况。他/她也是一名开发人员，同时还是多个领域的专家：网络、Kubernetes、性能、弹性，并为其他开发人员提供工具和系统，方便他们将代码交付到云。

多亏了开发运维革命，大多数组织中开发人员不会运维，而运维人员不会开发的日子将一去不复返。这两个学科之间的区别已经过时，而且很快就会被完全抹去。开发与运维软件只是同一个事物的两个方面。

1.7.2 有些仍然是中心式

开发运维是否有局限性？还是说传统的中心式 IT 和运维团队会完全消失，变成一群内部流动的咨询、指导和教学工作人员，并针对运维问题进行故障排除？

我们不这样认为，至少不全是，有些方面采用中心式仍然有优势。我们不应该让每个应用程序或服务团队都通过自己的方式来检测和交流生产环境中发生的事件，例如拥有自己的票据管理系统或部署工具。没必要让每个人都重新发明自己的轮子。

1.7.3 开发人员生产力工程

关键在于自助服务有其局限性，开发运维的目的是加快开发团队的速度，而不是通过不必要和多余的工作来降低开发团队的速度。

没错，很大一部分传统的运维工作都可以而且也应该移交给其他团队，主要是那些涉及代码部署以及负责代码相关事宜的团队。但是要实现这一点，需要强大的中央团队，为所有其他团队建立开发运维生态系统并提供支持。

我们称这种运维团队为开发人员生产力工程（Developer Productivity Engineering，DPE）团队。DPE 团队会采取一切必要措施来帮助开发人员更快更好地完成工作：运维基础设施、构建工具、解决问题。

此外，尽管开发人员生产力工程仍然是一套专业技术，但工程师本身可以抽身出来，将这些专业知识带到组织需要的地方。

Lyft 的工程师 Matt Klein 认为，尽管对于创业公司和小型公司来说，纯开发运维模型是不错的选择，但随着组织的发展，基础设施和可靠性专家会自然地向中央团队靠拢。但是他认为团队不能无限扩展：

> 当工程组织的规模扩大到 75 名员工时，必然会出现一个中央基础设施团队来建立构建微服务产品团队所需的通用基础功能。但是到某个时间点，我们就会发现中央基础设施团队无法一面继续构建和运维对业务成功至关重要的基础设施，另一面还要承担起帮助产品团队完成运营任务的负担。
>
> —— Matt Klein

并非每个开发人员都能成为基础设施专家，而仅凭一支基础设施专家团队也无法为日益增长的开发人员提供服务。对于大型组织而言，尽管仍然需要一个中央基础设施团队，但同时也需要在每个开发或产品团队中加入网站可靠性工程师（Site Reliability Engineer，SRE）。他们通过自己的专业知识为每个团队提供咨询，并在产品开发与基础设施之间架起一座桥梁。

1.7.4 你就是未来

如果你正在阅读本书，那么就意味着你将成为新云原生未来的一部分。我们将在后续章节中介绍作为开发人员或运维工程师使用云基础设施、容器和 Kubernetes 所需的所有知识和技术。

有些内容可能你已很熟悉，而有些则可能很新，但是我们希望在你读完本书后，能够对自己的云原生技术力更加有信心。虽然有很多知识要学习，但是世上无难事，只怕有心人！加油！

下面请继续阅读后续章节。

1.8 小结

本章，我们快速浏览了有关云原生开发运维的整体概念，但我们希望你大致掌握了云、容器，以及 Kubernetes 所需解决的一些问题及其对 IT 业务的影响。如果你对本章的内容非常熟悉，那么非常感谢你的耐心阅读。

在下一章中，我们将详细介绍 Kubernetes，但在这之前让我们来回顾一下本章的要点：

- 云计算可以帮助你节省购买硬件的费用以及日常管理的开销，方便你构建弹性、灵活、可扩展的分布式系统。
- 开发运维代表了人们意识到现代软件开发并非止步于发布代码，我们需要在编写代码的人与使用代码的人之间建立闭合的反馈循环。
- 开发运维还为基础设施和运维世界带来了以代码为中心的方法以及良好的软件工程实践。
- 你可以通过容器，在小规模、标准化、自包含的单元中部署和运行软件。通过将容器化的微服务连接在一起，你可以更轻松、以更低的代价构建大型多样化的分布式系统。
- 编排系统负责以自动化、可编程的方式来完成部署容器、调度、扩展、联网以及优秀的系统管理员所需承担的所有工作。
- Kubernetes 是标准的容器编排系统，随时随刻都可以在生产中使用。

- 云原生是人们谈论基于云、容器化分布式系统时频繁提及的术语，这些系统由互相协作的微服务组成，并由自动化的基础设施即代码动态管理。
- 运维以及基础设施技术根本不会被云原生革命所淘汰，而且将来还会越来越重要。
- 中央团队的工作仍然是通过构建和维护平台与工具，帮助所有其他团队实现开发运维。
- 软件工程师与运维工程师之间的明显界限会逐渐消失。如今只有软件，而我们都是工程师。

第 2 章

Kubernetes 简介

To do anything truly worth doing, I must not stand back shivering and thinking of the cold and danger, but jump in with gusto and scramble through as well as I can.

—— Og Mandino

理论的介绍到此为止，下面我们开始使用 Kubernetes 和容器。在本章中，你将学习构建一个简单的容器化应用程序，并将其部署到本地计算机上运行的 Kubernetes 集群。在这个过程中，我们将介绍一些非常重要的云原生技术及概念：Docker、Git、Go、容器仓库以及 kubectl 工具。

本章我们以交互式的方式进行！在本书中，我们会经常要求你按照示例，在自己的计算机上安装工具，键入命令并运行容器。我们发现，这种方式比仅作文字介绍更为有效。

2.1 第一次运行容器

正如第 1 章的介绍，容器是云原生开发的关键概念之一。而 Docker 是构建和运行容器的基本工具。在本节中，我们将使用 Docker 桌面工具构建一个简单的演示应用程序，在本地运行，然后再将镜像推送到容器仓库。

如果你已经非常熟悉容器，那么请直接跳至 2.5 节，开始享受真正的乐趣。如果你很好奇容器是什么，它们又是如何工作的，而且还想在学习 Kubernetes 之前积累一些实践经验，那么请继续阅读下面的内容。

2.1.1 安装 Docker 桌面版

Docker 桌面版是面向 Mac 或 Windows 的 Kubernetes 开发环境，可在笔记本电脑（或台式机）上运行。它包括一个单节点的 Kubernetes 集群，你可以利用它来测试应用程序。

下面我们来安装 Docker 桌面版，并利用它运行一个简单的容器化应用程序。如果你已经安装好了 Docker，请跳过本节，直接阅读下一节。

请根据你的计算机，下载适合的 Docker Desktop Community Edition 版本，然后按照相关平台的说明安装并启动 Docker（地址：*https://hub.docker.com/search/?type=edition&offering=community*）。

Docker 桌面版目前不支持 Linux，因此 Linux 用户需要先安装 Docker Engine（地址：*https://www.docker.com/products/container-runtime*），然后再安装 Minikube（请参见 2.6 节）。

在完成安装后，请打开终端并运行以下命令：

```
docker version
Client:
 Version:       18.03.1.ce
 ...
```

确切的输出会因你的平台而异，但如果正确安装并运行了 Docker，那么你将看到类似于以上示例的输出。在 Linux 系统上，你可能需要运行 `sudo docker version`。

2.1.2 什么是 Docker？

实际上，Docker是几种相互关联的不同事物：容器镜像格式、容器运行时库（管理容器的生命周期）、命令行工具（用于打包和运行容器）以及用于容器管理的 API。你不需要在意此处的细节，因为在 Kubernetes 中，Docker 只是众多组件中的一个，尽管它是非常重要的一个。

2.1.3 运行容器镜像

容器镜像是什么？其中的技术细节对我们来说并不重要，你可以将镜像视为 ZIP 文件。容器镜像是一个二进制文件，拥有唯一的 ID，其中包含运行容器所需的一切。

无论是直接使用 Docker 还是在 Kubernetes 集群上运行容器，你只需指定容器镜像 ID 或 URL，系统就会为你查找、下载、解压并启动容器。

我们编写了一个演示应用程序，在本书中我们将使用它来演示我们讲解的内容。你可以下载该应用程序，然后使用我们前面准备好的容器镜像来运行。你可以通过以下命令来试试这个应用程序：

```
docker container run -p 9999:8888 --name hello cloudnatived/demo:hello
```

保持该命令一直运行，然后在浏览器上打开 *http://localhost:9999/*。

你就会看到一条友好的消息：

```
Hello，世界
```

每当你向该 URL 发送请求时，我们的应用程序都会显示这条问候信息。

在尝试尽兴之后，你可以在终端中按下 Ctrl-C 来停止容器。

2.2 演示应用程序

那么，这个演示应用程序是如何工作的呢？下面我们来下载在该容器中运行的演示应用程序的源代码。

这里，你需要安装 Git[注1]。如果你不清楚是否已经安装了 Git，那么请运行以下命令：

```
git version
git version 2.25.1
```

如果你还没有安装，那么请按照相应平台的安装说明进行操作。

在安装好 Git 后，请运行以下命令：

```
git clone https://github.com/cloudnativedevops/demo.git
Cloning into demo...
...
```

2.2.1 查看源代码

这个 Git 代码库包含了我们将在本书中使用的演示应用程序。为了方便你了解每个阶段的状况，该代码库的各个子目录中还包含该应用程序的每个后续版本。第一个版本名即为 *hello*。如果想查看源代码，请运行以下命令：

```
cd demo/hello
ls
Dockerfile  README.md
go.mod      main.go
```

你可以使用喜欢的编辑器（我们建议使用 Visual Studio Code，因为该编辑器

注 1： 如果你不熟悉 Git，那么请参阅 Scott Chacon 和 Ben Straub 的著作《Pro Git》（Apress 出版）。

能够很好地支持 Go、Docker 和 Kubernetes 开发），打开文件 *main.go*，你将看到如下源代码：

```
package main

import (
        "fmt"
        "log"
        "net/http"
)

func handler(w http.ResponseWriter, r *http.Request) {
        fmt.Fprintln(w, "Hello, 世界 ")
}

func main() {
        http.HandleFunc("/", handler)
        log.Fatal(http.ListenAndServe(":8888", nil))
}
```

2.2.2 Go 简介

我们的演示应用程序是用 Go 编程语言编写的。

Go 是一种现代编程语言（由 Google 于 2019 年开发），注重简单性、安全性和可读性，主要用于构建大型并发应用程序，尤其是网络服务。此外，Go 的编程也很有趣[注2]。

Kubernetes 本身是用 Go 编写的，而且 Docker、Terraform 和许多其他流行的开源项目也是如此。因此，Go 是云原生应用程序开发不错的选择。

注 2： 如果你是一名资深的编程人员，但没有接触过 Go 的话，那么 Alan Donovan 与 Brian Kernighan 的著作《The Go Programming Language》（Addison-Wesley 出版）是一本宝贵的指南。

2.2.3 演示应用程序的原理

如你所见，我们的演示应用程序非常简单，尽管它实现了 HTTP 服务器（Go 自带功能强大的标准库）。该应用程序的核心是一个名叫 handler 的函数：

```
func handler(w http.ResponseWriter, r *http.Request) {
        fmt.Fprintln(w, "Hello, 世界 ")
}
```

顾名思义，该函数负责处理 HTTP 请求。请求通过参数传递到函数（尽管该函数尚未对其执行任何操作）。

HTTP 服务器需要返回给客户端某些内容。我们的函数通过 http.ResponseWriter 对象将消息发送给用户，并显示在浏览器中。上述示例简单地返回了字符串“Hello, 世界 ”。

按照传统，任何编程语言的第一个示例程序都会输出 Hello, world。但是由于 Go 本身支持 Unicode（文本表示的国际标准），因此 Go 的示例程序通常会输出“Hello, 世界 ”，目的只是为了展示这一点。如果你不会说中文，那么也不用担心，因为 Go 会！

该程序的其余部分负责将 handler 函数注册为 HTTP 请求的处理程序，实际启动 HTTP 服务器，然后监听端口 8888 并提供服务。

这就是整个应用程序！其实并没有做很多事情，但是我们还会继续添加新功能。

2.3 建立容器

你已了解到容器镜像就是一个文件，其中包含容器需要运行的所有内容，但是你知道如何构建镜像吗？构建镜像需要使用 docker image build 命令，该

命令需要一个名为 *Dockerfile* 的特殊文本文件作为输入。Dockerfile 准确地指明了需要放入容器镜像的内容。

容器的主要优点之一是能够在现有镜像之上建立新镜像。例如，你可以在一个包含完整的 Ubuntu 操作系统的容器镜像之上，添加一个文件，就可以获得一个新镜像。

通常，Dockerfile 包含一系列的指令：获取起始镜像（即基础镜像），通过某种转换，然后将结果保存为新镜像。

2.3.1 了解 Dockerfile

下面，我们来看看我们的演示应用程序的 Dockerfile（位于应用程序代码库的 *hello* 子目录中）：

```
FROM golang:1.14-alpine AS build

WORKDIR /src/
COPY main.go go.* /src/
RUN CGO_ENABLED=0 go build -o /bin/demo

FROM scratch
COPY --from=build /bin/demo /bin/demo
ENTRYPOINT ["/bin/demo"]
```

我们暂时不关心具体的工作原理，你只需要知道，该文件使用了 Go 容器标准的构建过程，即多阶段构建。第一阶段从官方的 `golang` 容器镜像开始，该镜像只是在操作系统（在我们的示例中为 Alpine Linux）上安装了一个 Go 语言环境。然后运行 `go build` 命令来编译我们之前介绍过的 *main.go* 文件。

最终的结果是一个名为 *demo* 的可执行二进制文件。第二阶段从完全空白的容器镜像（又名 *scratch* 镜像）开始，然后将 *demo* 二进制文件复制到其中。

2.3.2 最低限度的容器镜像

为什么需要第二个构建阶段？实际上，Go 语言环境和 Alpine Linux 的其余部分仅在构建该程序时才需要。而运行时只需要 *demo* 二进制文件，因此 Dockerfile 会创建一个空容器，然后把程序放进去。这样生成的镜像非常小（大约 6MiB），我们需要把这个镜像部署到生产环境中。

如果没有第二个阶段，那么你将获得一个大小约为 350 MiB 的容器镜像，其中 98% 都是不必要的内容，而且永远也不会执行。容器镜像越小，上传和下载容器的速度就越快，而且启动容器的速度也越快。

最低限度的容器还可以减少安全问题导致的攻击面。容器中的程序越少，潜在的漏洞就越少。

由于 Go 是一种编译语言，可以生成自包含的可执行文件，所以它是编写最低限度容器（空容器）的理想选择。作为比较，正式的 Ruby 容器镜像为 1.5GiB，比我们的 Go 镜像大 250 倍，而且这还是没有添加 Ruby 程序之前的大小！

2.3.3 运行 Docker image build

我们看到，Dockerfile 包含一系列指令供 `docker image build` 工具使用，这些指令可以将 Go 源代码转换为可执行的容器。下面我们来试试看。在 *hello* 目录中，运行以下命令：

```
docker image build -t myhello .
Sending build context to Docker daemon  4.096kB
Step 1/7 : FROM golang:1.14-alpine AS build
...
Successfully built eeb7d1c2e2b7
Successfully tagged myhello:latest
```

恭喜，你刚刚构建了第一个容器！从输出中可以看出，Docker 在新创建的容器中依次执行了 Dockerfile 中的每个操作，并最终生成了可供使用的镜像。

2.3.4 命名镜像

在构建镜像时，默认情况下镜像会获得一个十六进制 ID，以供之后引用（例如运行的时候）。这些 ID 非常不好记，输入也不方便，因此 Docker 允许你在 `docker image build` 命令中加入 `-t` 参数，指定一个方便人们阅读的名称。在上一个示例中，我们将镜像命名成了 `myhello`，所以现在可以利用这个名称来运行镜像。

下面我们来试试看这个名称是否有效：

```
docker container run -p 9999:8888 myhello
```

现在，你的演示应用程序副本已经运行起来了，你可以通过之前的 URL（*http://localhost:9999/*）来访问。

你应该能够看到 `Hello, 世界`。在运行完镜像后，你可以按 Ctrl-C 停止 `docker container run` 命令。

> **练习**
>
> 如果你想感受一下冒险，则可以修改演示应用程序 *main.go* 文件中的问候语，改成你熟悉的语言“Hello，world”（或者其他任何你喜欢的语言）。然后重新构建容器，并运行看看改动是否有效。
>
> 恭喜，现在你是一名 Go 程序员了！但不要止步于此，请参照教程进一步学习（地址：*https://tour.golang.org/welcome/1*）。

2.3.5 端口转发

在容器中运行的程序与同一台计算机上运行的其他程序是相互隔离的，这意味着它们无法直接访问网络端口等资源。

我们的演示应用程序监听的是端口 8888 上的连接，但这是容器自己的私有端口 8888，而不是计算机上的端口。为了连接到容器的端口 8888 上，你需要将本地计算机的端口转发到容器的该端口上。端口号任意，8888 也可以，但为了分清哪个是你的端口，哪个是容器的端口，我们这里使用 9999。

你可以通过参数 `-p` 来告诉 Docker 转发端口，命令本身与 2.1.3 的运行容器镜像相同：

```
docker container run -p HOST_PORT:CONTAINER_PORT ...
```

在容器运行后，任何发往本地计算机 `HOST_PORT` 上的请求都将自动转发到容器的 `CONTAINER_PORT` 上，这样你就可以通过浏览器连接到应用程序了。

2.4 容器仓库

在 2.1.3 节中，你只需提供名称即可运行镜像，Docker 会自动为你下载镜像。

你可能很好奇它是从哪里下载的镜像。尽管只要构建和运行本地镜像，就可以正常使用 Docker，但是只有利用容器仓库推送和拉取镜像，才能让 Docker 发挥更大作用。容器仓库允许存储镜像，并通过唯一的名称获取镜像（比如 `cloudnatived/demo:hello`）。

`docker container run` 命令默认的仓库是 Docker Hub，但你也可以指定其他仓库，或者建立自己的仓库。

下面，我们继续使用 Docker Hub。你可以从 Docker Hub 中下载和使用任何公共容器镜像，但如果想推送自己的镜像，则需要一个账号（即 Docker ID）。请按照这里的说明（*https://hub.docker.com/*）创建自己的 Docker ID。

2.4.1 容器仓库的身份验证

在拿到 Docker ID 后，下一步就是使用你的 ID 和密码，将本地的 Docker 守护程序连接到 Docker Hub：

```
docker login
Login with your Docker ID to push and pull images from Docker Hub. If you don't
have a Docker ID, head over to https://hub.docker.com to create one.
Username: YOUR_DOCKER_ID
Password: YOUR_DOCKER_PASSWORD
Login Succeeded
```

2.4.2 命名和推送镜像

为了能够将本地镜像推送到容器仓库，你需要使用以下格式命名镜像：YOUR_DOCKER_ID/myhello。

创建这个名称无需重建镜像，只需运行以下命令：

```
docker image tag myhello YOUR_DOCKER_ID/myhello
```

如此一来，当你将镜像推送到仓库时，Docker就知道将镜像存储到哪个账号中。

下面，你来试试看使用以下命令将镜像推送到 Docker Hub：

```
docker image push YOUR_DOCKER_ID/myhello
The push refers to repository [docker.io/YOUR_DOCKER_ID/myhello]
b2c591f16c33: Pushed
latest: digest:
        sha256:7ac57776e2df70d62d7285124fbff039c9152d1bdfb36c75b5933057cefe4fc7
size: 528
```

2.4.3 运行镜像

恭喜！现在你可以使用以下命令在任何地方（凡是可以访问互联网的地方都可以）运行容器镜像了：

```
docker container run -p 9999:8888 YOUR_DOCKER_ID/myhello
```

2.5 Kubernetes 入门

通过以上操作，你构建并推送了第一个容器镜像，现在你可以通过 `docker container run` 命令来运行自己的镜像了，但这也算不上特别令人兴奋。下面就让我们来做一些更加冒险的事情，在 Kubernetes 中运行自己的镜像。

获取 Kubernetes 集群的方法有很多种，我们将在第 3 章中更详细地探讨。如果你已有可以访问的 Kubernetes 集群，那再好不过了，而且如果你愿意，则可以在本章的其余示例中继续使用这个集群。

如果没有也不用担心。Docker 桌面版包含 Kubernetes 支持（Linux 用户请参见 2.6 节）。如果想启动 Kubernetes 支持，则需要打开 Docker 桌面版的选项，然后选择 Kubernetes 选项卡，并勾上 Enable（见图 2-1）。

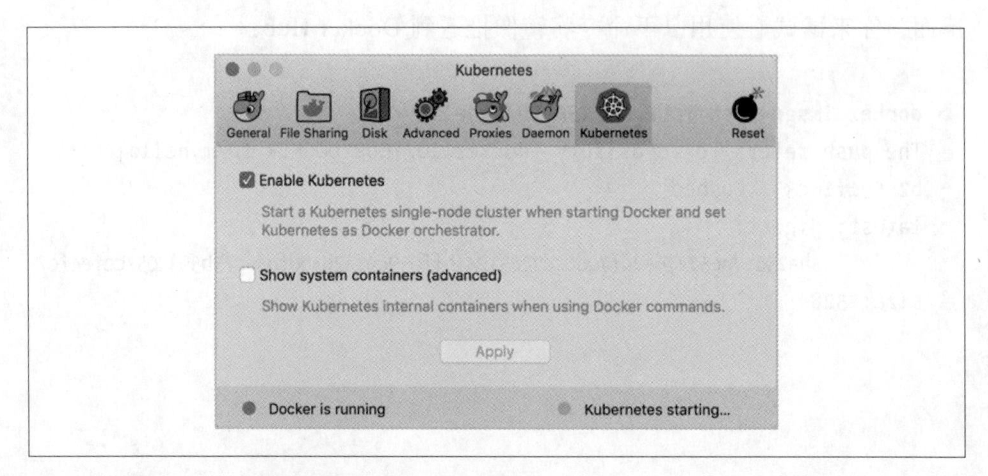

图 2-1：启动 Docker 桌面版的 Kubernetes 支持

Kubernetes 的安装和启动只需几分钟。完成后，你就可以运行演示应用程序了！

2.5.1 运行演示应用

下面我们来运行之前构建的演示镜像。首先打开一个终端，然后使用以下参数来运行 kubectl 命令：

```
kubectl run demo --image=YOUR_DOCKER_ID/myhello --port=9999 --labels app=demo
pod/demo created
```

暂时无需在意该命令的细节：这个 Kubernetes 命令基本上等同于你在本章前面运行演示镜像时使用过的 `docker container run` 命令。如果你尚未构建自己的镜像，那么可以使用我们的镜像：`--image=cloudnatived/demo:hello`。

回想一下，你需要将本地计算机上的端口 9999 转发到容器的端口 8888，才能通过 Web 浏览器连接到该端口。此处，你也需要使用 `kubectl port-forward` 做相同的处理：

```
kubectl port-forward pod/demo 9999:8888
Forwarding from 127.0.0.1:9999 -> 8888
Forwarding from [::1]:9999 -> 8888
```

保持该命令运行，然后打开一个新的终端。

通过浏览器连接到 *http://localhost:9999/*，就可以看到信息：`Hello, 世界`。

启动容器和准备好应用程序可能需要几秒钟的时间。如果半分钟后仍未准备好，则可以尝试以下命令：

```
kubectl get pods --selector app=demo
NAME                     READY     STATUS    RESTARTS   AGE
demo                     1/1       Running   0          9m
```

在容器运行期间，使用浏览器连接，就可以在终端中看到以下消息：

```
Handling connection for 9999
```

2.5.2 如果容器无法启动

如果 STATUS 不是 Running，那么就有问题了。例如，如果状态为 ErrImagePull 或 ImagePullBackoff，则表示 Kubernetes 找不到指定的镜像或无法下载镜像。有可能是因为你输错了镜像的名称，请检查 kubectl run 命令。

如果状态为 ContainerCreating，则一切正常，表示 Kubernetes 正在下载和启动镜像。请再等待几秒钟，然后再检查一次。

在尝试结束后，请运行以下命令清理你的 demo pod：

```
kubectl delete pod demo
pod "demo" deleted
```

2.6 Minikube

如果你不想使用或无法使用 Docker 桌面版中的 Kubernetes 支持，那么还有另一种选择：备受喜爱的 Minikube。与 Docker 桌面版同样，Minikube 提供了一个单节点的 Kubernetes 集群，可在你自己的计算机上运行（实际上是在虚拟机中运行，但这不重要）。

请按照以下说明安装 Minikube：*https://kubernetes.io/docs/tasks/tools/install-minikube/*。

2.7 小结

如果你也跟我们一样，对于有关 Kubernetes 多么伟大的长篇大论感到不耐烦，那么希望你喜欢本章介绍的实践任务。如果你有使用 Docker 的经验，或者是

Kubernetes 用户，那么也可以复习一下本章的知识。我们希望每个人都对构建和运行容器的基本方式有所了解，而且也希望在学习更高级的开发之前，确保你拥有一个可以随意使用和实验的 Kubernetes 环境。

本章的主要内容包括：

- 本书附带的演示代码库（地址：*https://github.com/cloudnativedevops/demo*）提供了所有源代码示例（而且还有很多其他示例）。
- 你可以利用 Docker 工具在本地构建容器，然后推送到 Docker Hub 等容器仓库，或从中拉取镜像，并在你的计算机本地运行容器镜像。
- 容器镜像完全由 Dockerfile 指定：这是一个文本文件，其中包含有关如何构建容器的指令。
- 你可以利用 Docker 桌面版在自己的机器上运行一个小型（单节点）Kubernetes 集群，而且该集群能够运行任何容器化的应用程序。此外还有另一种选择：Minikube。
- `kubectl` 工具是与 Kubernetes 集群交互的主要方式，你可以通过命令式的方式（例如运行公共容器镜像并隐式地创建必要的 Kubernetes 资源），或声明式的方式，利用 YAML 清单应用 Kubernetes 的配置。

第 3 章

获取 Kubernetes

Perplexity is the beginning of knowledge.

—— Kahlil Gibran

Kubernetes 是云原生世界的操作系统，为运行容器化工作负载提供了可靠且可扩展的平台。但是，你应该如何运行 Kubernetes 呢？应该自主运维（自主运维的话，应该在云实例上，还是在裸金属服务器上）？还是应该使用托管的 Kubernetes 服务？或者使用基于 Kubernetes 的托管平台，并通过工作流工具、仪表板和 Web 界面进行扩展？

这一章需要回答的问题很多，我们会尽力为大家解答。

需要注意，此处我们不会特别关注 Kubernetes 运维本身的技术细节，例如集群的构建、调整以及故障排除等。有关这方面的资源有很多，我们特别推荐 Kubernetes 联合创始人 Brendan Burns 的著作《Kubernetes 管理》。

相反，我们将专注于帮助你理解集群的基本架构，并向你介绍如何运行 Kubernetes 的知识。我们将概述托管服务的优缺点，并介绍一些主流的提供商。

如果你想运行自己的 Kubernetes 集群，我们推荐了一些优秀的安装工具，可帮助你设置和管理集群。

3.1 集群架构

Kubernetes 将多个服务器连接到一起组成一个集群，但集群是什么？集群是如何工作的？虽然本书不想涉及过多技术细节，但是你应该了解 Kubernetes 的基本组件，以及这些组件的组合方式，这样在构建或购买 Kubernetes 集群时才能知道有哪些选择。

3.1.1 控制平面

集群的大脑被称作控制平面，它负责运行 Kubernetes 完成工作所需的所有任务：调度容器、管理服务、服务 API 请求等（见图 3-1）。

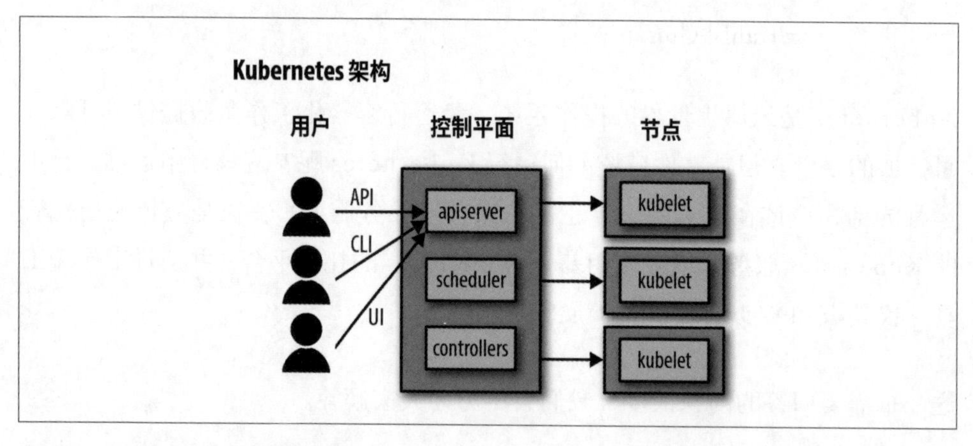

图 3-1：Kubernetes 集群的工作方式

实际上，控制平面由如下几个组件组成：

`kube-apiserver`

　　这是控制平面的前端服务器，负责处理 API 请求。

`etcd`

　　这是 Kubernetes 的数据库，用于存储所有信息：有哪些节点，集群上存在哪些资源等。

`kube-scheduler`

决定在何处运行新创建的 Pod。

`kube-controller-manager`

负责运行资源控制器，例如部署等。

`cloud-controller-manager`

负责与云提供商（在基于云的集群中）进行交互，管理负载均衡器以及磁盘卷之类的资源。

运行控制平面组件的集群成员称为主节点。

3.1.2 节点组件

负责运行用户工作负载的集群成员称为工作节点（见图 3-2）。

Kubernetes 集群中的每个工作节点会运行以下组件：

`kubelet`

负责容器的运行时，启动调度到某个节点上的工作负载，并监视其状态。

`kube-proxy`

网络代理，负责将请求路由到不同节点的 Pod 上，以及将请求从 Pod 路由到互联网上。

容器运行时

负责启动和停止容器，并处理容器通信。通常是由 Docker 负责，但 Kubernetes 也支持其他容器运行，例如 `rkt` 和 CRI-O。

除了运行不同的软件组件外，主节点和工作节点之间没有本质的区别。但是，通常主节点不负责运行用户工作负载，除非是在非常小的集群中（比如 Docker 桌面版或 Minikube）。

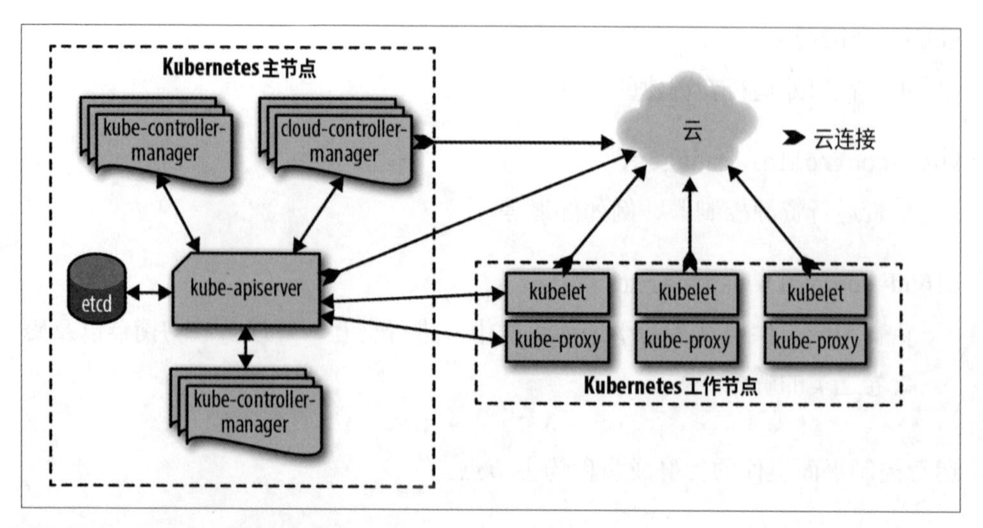

图 3-2：Kubernetes 组件的组合方式

3.1.3 高可用性

配置得当的 Kubernetes 控制平面拥有多个主节点，因此具有很高的可用性。也就是说，即便某个主节点发生故障或被关闭，或者节点上的某个控制平面组件停止运行，集群仍然能正常运行。高可用的控制平面还可以处理如下情况：主节点正常工作，但由于网络故障（又称网络分区）而导致其中一些节点无法与其他节点通信。

etcd 数据库在多个节点上都有副本，这样即便某个节点发生故障，只要超过原有半数（即法定人数，Quorum）的 etcd 副本仍然存在，就可以保全数据库。

如果所有这些都配置得当，那么即使某个主节点重启或临时出现故障，控制平面仍然可以正常运行。

控制平面故障

控制平面出现问题并不一定意味着应用程序会崩溃，尽管它很可能会出现奇怪和错误的行为。

例如，如果你停止集群中的所有主节点，那么工作节点上的 Pod 还会继续运行一段时间。但是你不能再部署任何新容器或更改任何 Kubernetes 资源，而且部署等控制器都会停止工作。

因此，控制平面的高可用性对于集群的正常运行至关重要。你需要足够的可用主节点，才能在某个主节点发生故障时维持法定人数。对于生产集群而言，最少应该保证 3 个主节点（请参见 6.1 节有关最小集群的说明）。

工作节点故障

相比之下，某一个工作节点的故障就没有那么重要了。只要控制平面仍在工作，Kubernetes 就会在检测到故障时，将节点上的 Pod 重新安排到其他地方。

如果大量节点同时出现故障，则可能意味着集群没有足够的资源来运行所有的工作负载。幸运的是，这种情况不会频繁发生，而且即使发生，Kubernetes 也会在替换故障节点期间保持尽可能多的 Pod 运行。

请注意，工作节点越少，每个节点代表的集群容量比例就越大。你应该假定随时可能会出现某个节点故障，尤其是在云中，而且两个节点同时发生故障的情况也不是没有先例。

有一种故障虽然比较罕见，但完全可能出现，即失去整个云可用区。AWS 和 Google 云等云提供商会在每个区域提供多个可用区，每个可用区大致对应于一个数据中心。因此，最好不要将所有工作节点都放在同一个区域中，分布在两个甚至三个区域中更为妥当。

信任，但要验证

尽管高可用性可以让你的集群在失去一个主节点或几个工作节点的情况下仍然正常工作，但最好还是实际测试一下。在计划好的维护时段内或高峰时段外，尝试重新启动某个工作节点，然后看看会发生什么情况（最好什么都不会发生，或者至少应用程序中不会发生用户能看到的问题）。

如果想进行更苛刻的测试，则可以重新启动一个主节点（本章后面介绍的 Google Kubernetes Engine 等托管服务不允许你执行这样的操作，原因不言而喻）。不过，生产级的集群应该不会有任何问题。

3.2 自托管 Kubernetes 的成本

任何人在考虑在 Kubernetes 中运行生产工作负载时，都要面临一个重大决定：买还是构建？究竟应该运行自己的集群，还是花钱请其他人来运行？下面我们来看看究竟有哪些选择。

最基本的选择是自托管的 Kubernetes。所谓“自托管”指的是由你本人或组织中的团队在自家拥有或控制的计算机上安装和配置 Kubernetes，就像使用 Redis、PostgreSQL 或 Nginx 等其他软件一样。

这种方式可以为你提供最大的灵活性和控制力。你可以自行决定要运行的 Kubernetes 版本、启用的选项和功能、何时以及是否升级集群等。然而，这种方式也有一些明显的缺点，我们将在下一节详细介绍。

3.2.1 超出预期的工作量

自托管方式所需的资源最多，包括人员、技术、工程时间、维护和故障排除等。仅设置一个 Kubernetes 集群非常简单，但这样的集群远远不足以投入生产使用。你至少需要考虑以下几个问题：

- 控制平面是否具备高可用性？也就是说，如果主节点出现故障或无法响应，你的集群是否仍能正常工作？你是否仍然可以部署或更新应用程序？如果没有控制平面，正在运行的应用程序是否仍然可以容错（有关高可用性，请参见 3.1.3 节）？
- 工作节点池是否具备高可用性？也就是说，如果断电导致多个工作节点中断，甚至导致整个云可用区中断，你的工作负载是否会停止运行？你的集群会继续工作吗？它是否能够自动配置新节点以完成自我修复，还是需要手动干预？

- 集群的设置是否安全？内部组件之间是否使用 TLS 加密和信赖的证书进行通信？用户和应用程序是否拥有最低限度的集群操作权限？容器的安全默认值设置是否正确？节点是否拥有不必要的访问控制平面组件的权限？底层 etcd 数据库的访问是否得到了正确的控制和认证？
- 集群中的所有服务是否都很安全？如果可以通过互联网访问这些服务，那么是否建立了正确的验证和授权？集群 API 的访问是否有严格的限制？
- 你的集群是否符合规范？是否符合云原生计算基金会定义的 Kubernetes 集群标准（有关一致性检查，请参见 6.2 节）。
- 集群节点是否完全通过配置进行管理，而不是通过命令式的 shell 脚本手动设置好后就无人问津？每个节点上的操作系统和内核都需要更新、打安全补丁等。
- 集群的数据（包括所有持久性存储）是否进行了正确备份？你的恢复流程是什么？你多久测试一次恢复流程？
- 在建立好集群后，如何对其进行长期的维护？如何添加新节点？如何将配置变更推出到现有节点上？如何推出 Kubernetes 更新？如何根据需求扩展规模？如何执行策略？

根据分布式系统工程师兼作家 Cindy Sridharan 的估计，从头开始建立 Kubernetes，并在生产配置中运行集群，大约需要花费一百万美元的工程师费用（“而且可能仍然无法顺利实现”）。这个数字足以让考虑使用自托管 Kubernetes 的技术领导三思而后行了。

3.2.2 不仅仅是初始设置

请记住，你不仅仅需要在第一次设置第一个集群时考虑这些因素，在任何时候面对任何集群都不能掉以轻心。在变更或升级 Kubernetes 的基础设施时，你还需要考虑高可用性、安全性等影响。

你需要通过一定的监控确保集群的节点以及所有的 Kubernetes 组件均正常运行，而且还需要一个报警系统，在遇到问题时通知工作人员来处理，无论白天还是黑夜。

Kubernetes 仍在快速发展中，新功能和更新层出不穷。你需要让集群保持最新状态，并了解这些变更对现有设置的影响。有时，你可能需要重新配置集群，才能充分利用 Kubernetes 最新的功能。

你不能仅凭阅读几本书或几篇文章，正确地配置集群，然后就放任不管。你需要定期测试和验证配置，例如，终止某个主节点，然后确认一切是否仍然正常工作。

Netflix 的 Chaos Monkey 等自动化弹性测试工具可以提供帮助，这些工具每隔一段时间就会干掉一些节点、Pod 或网络连接。也许你的云提供商具有很高的可靠性，不需要使用 Chaos Monkey，因为经常发生的真实故障也可以测试集群以及其上运行的服务的弹性（请参见 6.4 节有关混乱测试的说明）。

3.2.3 不能完全依赖工具

有很多工具可以帮助你建立和配置 Kubernetes 集群，而且很多工具或多或少地标榜自己拥有一键式、不费吹灰之力、药到病除的解决方案。然而可悲的是，在我们看来，大多数的工具只会解决非常简单的问题，而对那些真正的难题则视而不见。

另一方面，功能强大、灵活的企业级商业工具往往非常昂贵，甚至不对外开放，因为出售通用集群的管理工具远不如出售托管服务赚钱。

3.2.4 Kubernetes 的难度很大

尽管人们普遍认为 Kubernetes 的设置和管理很简单，但事实上 Kubernetes 很难。考虑到 Kubernetes 的用途，可以说它的设计非常简单且合理，但由于必须处理非常复杂的情况，因此这个软件非常复杂。

请不要误解，学习如何正确管理自己的集群，以及日复一日、年复一年地进行实际操作都需要付出大量的时间和精力。我们并不是劝你不要使用 Kubernetes，只是希望你对自己动手运行 Kubernetes 涉及的工作有清楚的了解。我们希望你认真考虑自托管的成本和收益，并与使用托管服务做比较。

3.2.5 管理费用

如果你的组织规模庞大，而且有足够的资源供专门的 Kubernetes 集群运营团队使用，那么这可能不是什么大问题。但是对于中小型企业，乃至工程师人数寥寥无几的创业公司而言，运行自己的 Kubernetes 集群所需的管理开销可能过于高昂。

对于预算有限，而且 IT 运维人数也非常有限的公司而言，你打算花费多少资源来管理 Kubernetes 本身？将这些资源用于支持你的业务不是更好吗？让自己的员工来运营 Kubernetes，还是使用托管服务，哪个性价比更高？

3.2.6 从托管服务开始

你可能会有些惊讶，在一本关于 Kubernetes 的书中，我们居然建议你不要运行 Kubernetes！至少不要自己动手运行。由于我们在前一节中概述的种种原因，我们认为使用托管服务比自托管 Kubernetes 集群更划算。除非你想拿 Kubernetes 做一些所有托管提供商都不支持的奇怪尝试，否则基本上都不应该选择自托管这条路。

根据我们的经验，并结合本书采访的许多人的经验，托管服务是运行 Kubernetes 的最佳方法，没有之一。

如果你还在考虑是否应该选择 Kubernetes，那么使用托管服务是一种很好的尝试方法。你可以在几分钟内，以每天几美元的价格，获得一个正常运行、安全、高可用的生产级集群（大多数云提供商甚至提供了免费试用，你可以运行 Kubernetes 集群数周或数月，而不会产生任何费用）。即便在试用结束后，你仍然决定运行自己的 Kubernetes 集群，那么也可以通过托管服务学习如何运行 Kubernetes 集群。

另一方面，如果你已经试着亲自动手建立了 Kubernetes，那么也会因为托管服务带来的轻松而感到欣喜。你可能并不会自己动手盖房子，那么又何必建立自己的集群呢？交给别人不是更便宜、更快、效果更好吗？

在下一节中，我们将介绍一些主流的托管 Kubernetes 服务，谈谈我们对它们的看法，并推荐我们喜欢的服务。如果你依然坚持己见，那么可以参照本章后半部有关 Kubernetes 安装程序的内容，构建自己的集群（请参见 3.5 节）。

在此申明一点，本书的作者没有加盟任何云提供商或商业 Kubernetes 供应商，也没人付钱给我们推荐他们的产品或服务。本书中的观点都来自个人经验，以及创作本书期间与数百位 Kubernetes 用户交谈时，他们提供的观点。

Kubernetes 的世界瞬息万变，而托管服务市场尤其充满了竞争。本书介绍的功能和服务都会迅速变化。虽然无法提供详尽的列表，但我们会尽量介绍认为最佳、使用最广泛或最重要的服务。

3.3 托管 Kubernetes 服务

托管 Kubernetes 服务可减轻所有设置和运行 Kubernetes 集群（特别是控制平

面）的管理开销。你可以付费给别人（比如Google），让他们来替你有效地运行集群。

3.3.1 Google Kubernetes Engine（GKE）

作为Kubernetes的创建者，Google不负众望提供了全权托管的Kubernetes服务，而该服务完整地集成了Google云平台。你只需选择工作节点的数量，然后在Google云平台网络控制台单击一个按钮即可创建集群，或者也可以使用Deployment Manager工具配置一个。几分钟后，你的集群就可以使用了。

Google会负责监视和替换故障节点，自动应用安全补丁，并保证控制平面和`etcd`高可用性。你还可以设置节点，在指定的维护时段内将节点设置为自动升级到Kubernetes最新版本。

高可用性

GKE为你提供了生产级、高可用的Kubernetes集群，同时无需承担自托管基础设施相关的设置和维护开销。一切都可以通过Google Cloud API进行控制，你可以使用Deployment Manager[注1]、Terraform或其他工具，你还可以使用Google云平台网络控制台。当然，GKE完全集成了Google云中的所有其他服务。

为了扩展高可用性，你可以创建多区域集群，将工作节点分布到多个故障区域（每个故障区域大致相当于一个数据中心）。如此一来，即使整个故障区域都受到停电的影响，你的工作负载也可以继续运行。

区域集群在此基础上更进一步，不仅跨故障区域分布多个工作节点，还会跨区域分布多个主节点。

注1： Deployment Manager是Google提供的管理云资源的命令行工具，请不要与Kubernetes Deployment相混淆。

3.3.2 集群自动伸缩

GKE 还提供了非常出色的集群自动伸缩选项（请参见 6.1.3 节）。在启用自动伸缩后，如果有些挂起的工作负载正在等候可用的节点，那么系统会自动添加新节点来满足需求。

相反，如果有闲置的容量，则自动伸缩器会将 Pod 合并到少量节点上，并删除不再使用的节点。由于 GKE 是根据工作节点的数量计费的，因此可以帮助你控制成本。

GKE 是最佳选择

Google 的 Kubernetes 业务经验远超其他任何人。在我们看来，GKE 是目前最佳的托管 Kubernetes 服务。如果你已经在使用 Google 云的基础设施服务，那么使用 GKE 运行 Kubernetes 合情合理。如果你已经使用了其他云，那并不意味着不能使用 GKE，只不过你应该优先考虑使用的云提供商自己的托管服务。

如果你尚未决定使用哪个云提供商，那么考虑到 GKE 你也应该选择 Google 云。

3.3.3 亚马逊的 Elastic Container Service for Kubernetes（EKS）

一直以来，亚马逊提供托管容器集群的服务，但直到最近，用户唯一的选择还是亚马逊的专有技术 Elastic Container Service（ECS）。

尽管 ECS 很好用，但它不如 Kubernetes 强大或灵活，而且很显然，就连亚马逊也认为未来是 Kubernetes 的天下，为此亚马逊推出了 Elastic Container Service for Kubernetes（EKS）。你们都以为 EKS 是 Elastic Kubernetes Service 的缩写吧，但事实并非如此。

然而，EKS 的体验不如 Google Kubernetes Engine 那般流畅，需要手动完成的设置工作比较多，所以要做好心理准备。

如果你已拥有 AWS 的基础设施，或者想将旧的 ECS 服务中运行的容器化工作负载迁移到 Kubernetes，那么 EKS 是不错的选择。不过，作为进入 Kubernetes 托管市场的新手，EKS 要想赶上 Google 和微软的产品还有一段距离。

3.3.4 Azure Kubernetes Service（AKS）

尽管微软进军云业务的时间要比亚马逊或 Google 晚一些，但他们迎头赶上来了。Azure Kubernetes Service（AKS）提供了竞争对手（比如 Google GKE）的大多数功能。你可以通过 Web 界面或使用 Azure 的 az 命令行工具创建集群。

与 GKE 和 EKS 一样，你无权访问 AKS 内部管理的主节点，而且收费也按照集群中工作节点的数量计算，此外还有与托管主节点相关的一些服务费用。

3.3.5 OpenShift

OpenShift 不仅仅是 Kubernetes 托管服务，它是完整的平台即服务（Platform-as-a-Service，PaaS）产品，旨在管理整个软件开发生命周期，包括持续集成与构建工具、测试运行器、应用程序部署、监控以及编排等。

OpenShift 可以部署到裸金属服务器、虚拟机、私有云以及公共云，因此你可以创建一个跨越所有这些环境的集群。对于大型组织，或拥有多种多样基础设施的组织来说，这是一个不错的选择。

3.3.6 IBM Cloud Kubernetes Service

在 Kubernetes 托管服务领域中，自然不能少了老牌 IBM 的一席之地。IBM Cloud Kubernetes 服务简单明了，允许你在 IBM Cloud 中建立原版的 Kubernetes 集群。

你可以通过默认的 Kubernetes CLI、命令行工具或基本 GUI 访问和管理 IBM 云集群。IBM 的产品并没有提供与其他主流云提供商有显著区别的特色功能，如果你已经使用了 IBM 云，那么选择 IBM Cloud Kubernetes 也顺理成章。

3.4 一站式 Kubernetes 解决方案

虽然 Kubernetes 的托管服务能够满足大多数的业务需求，但在某些情况下，我们无法选择使用托管服务。一站式解决方案旨在提供即时可用的生产级 Kubernetes 集群，你只需在 Web 浏览器中点击一下按钮即可。

对于大型企业（因为他们可以与提供商建立商业关系）和缺乏工程以及运营资源的小型公司来说，一站式 Kubernetes 解决方案非常有吸引力。以下是一些常见的一站式解决方案。

Containership Kubernetes Engine（CKE）

CKE 是另一个基于 Web 的界面，用于在公共云中配置 Kubernetes。你可以通过合理的默认值启动并运行集群，也可以通过自定义集群的各个方面来满足更苛刻的要求。

3.5 Kubernetes 安装程序

如果托管集群和一站式集群都不适合你，那么可以考虑一下 Kubernetes 的自托管，即在你自己的机器上自行设置和运行 Kubernetes。

除了学习和演示目的之外，几乎不会有人完全从头开始部署和运行 Kubernetes。绝大多数人都会使用一种或多种现成的 Kubernetes 安装程序工具或服务来建立和管理集群。

3.5.1 kops

kops 是自动配置 Kubernetes 集群的命令行工具。它是 Kubernetes 项目的一部分，而且作为 AWS 的专用工具也有很长一段时间了，如今又增加了对 Google 云的 beta 支持，而且还计划支持其他提供商。

kops 支持构建高可用集群，因此很适合生产 Kubernetes 的部署。它使用声明式的配置，就像 Kubernetes 资源本身一样，而且它不仅能够分配必要的云资源并建立集群，还可以扩大或缩小集群、调整节点大小、完成升级以及其他管理任务。

与 Kubernetes 世界中的所有事物一样，kops 也在快速发展中，但它是一个相对成熟且复杂的工具，使用很广泛。如果你打算在 AWS 中运行自托管的 Kubernetes，那么 kops 是一个不错的选择。

3.5.2 Kubespray

Kubespray（原名 Kargo）是 Kubernetes 旗下的一个项目，该工具可以很容易地部署可供生产环境使用的集群。它提供了许多功能，包括高可用性以及对多平台的支持等。

Kubespray 侧重于在现有机器上安装 Kubernetes，尤其是在企业内部及裸金属服务器上。但是，它也适用于所有云环境，包括私有云（在自己的服务器上运行的虚拟机）。

3.5.3 TK8

TK8 是一种用于配置 Kubernetes 集群的命令行工具，可同时利用 Terraform（创建云服务器）和 Kubespray（在其上安装 Kubernetes）。TK8 是用 Go 语言编写的（很显然），它支持在 AWS、OpenStack 和裸金属服务器上的安装，并支持 Azure 和 Google 云的流水线。

TK8 不仅可以构建 Kubernetes 集群，还可以安装可选的附加组件，包括 Jmeter Cluster（负载测试）、Prometheus（监控）、Jaeger、Linkerd 或 Zipkin（跟踪）、Ambassador API Gateway（通过 Envoy 提供 ingress 及负载均衡）、Istio（服务网格支持）、Jenkins-X（CI/CD）以及 Helm 或 Kedge（Kubernetes 打包）。

3.5.4 困难模式的 Kubernetes

请不要把 Kelsey Hightower 的教程《Kubernetes Hard Way》（地址：*https://github.com/kelseyhightower/kubernetes-the-hard-way*）当作一个 Kubernetes 的设置教程或安装指南，这是一篇有倾向性的教程，它介绍了构建 Kubernetes 集群的过程，展示了各个环节的复杂性。尽管如此，这篇教程很有启发性，那些考虑运行 Kubernetes（即使作为托管服务）的人都可以尝试一下这种练习，以便了解幕后的工作方式。

3.5.5 kubeadm

kubeadm 是 Kubernetes 发行版的一部分，旨在根据最佳实践帮助你安装和维护 Kubernetes 集群。kubeadm 并不会为集群本身提供基础设施，因此很适合在裸金属服务器或任何类型的云实例上安装 Kubernetes。

在本章中提到的许多工具和服务内部都使用 kubeadm 来处理集群管理操作，但如果你愿意，完全可以直接使用这个工具。

3.5.6 Tarmak

Tarmak 是 Kubernetes 集群生命周期管理工具，注重修改和升级集群节点的简化和可靠性。许多工具只是通过替换节点来解决这个问题，但这样做花费的时间很长，而且往往需要在重建过程中在节点之间移动大量数据。而 Tarmak 可以修复或升级该节点。

Tarmak 的后台使用了 Terraform 来配置集群节点，并使用 Puppet 来管理节点本身的配置。因此可以更快、更安全地推出节点配置的变更。

3.5.7 Rancher Kubernetes Engine（RKE）

RKE 的目标是成为一个简单快速的 Kubernetes 安装程序。它不会为你提供节点，而且你必须先在节点上安装 Docker，然后才能使用 RKE 安装集群。RKE 支持 Kubernetes 控制平面的高可用性。

3.5.8 Puppet Kubernetes 模块

Puppet 是一款强大、成熟且复杂的常规配置管理工具，已得到广泛使用，而且还有大型开源模块生态系统。官方支持的 Kubernetes 模块可在现有节点上安装和配置 Kubernetes，包括对控制平面和 etcd 的高可用性支持。

3.5.9 Kubeformation

Kubeformation 是一款在线 Kubernetes 配置器，你可以使用 Web 界面为集群选择选项，然后为你选择的特定云提供商的自动化 API（例如 Google 云的 Deployment Manager，或 Azure 的 Azure Resource Manager）生成相应的配置模板。对其他云提供商的支持正在筹备中。

Kubeformation 的使用可能不像其他工具那么简单，但由于它是现有自动化工具（如 Deployment Manager 等）的包装，因此非常灵活。例如，如果你使用 Deployment Manager 来管理 Google 云基础设施，那么 Kubeformation 会非常适合现有的工作流程。

3.6 购买还是构建：我们的建议

以上我们快速浏览了一些管理 Kubernetes 集群的备选方案，因为这方面的产品种类繁多，而且一直在发展。然而，我们可以根据常识性原则提出一些建议。其中一个理念便是：运行更少软件（run less software，地址：*https://www.intercom.com/blog/run-less-software*）。

3.6.1 运行更少软件

> 运行更少软件的理念拥有三大支柱，可以帮助你操纵时间并击败敌人。
>
> 1. 选择标准的技术。
> 2. 外包千篇一律的繁重工作。
> 3. 创造持久的竞争优势。
>
> —— Rich Archbold

尽管使用创新技术既有趣又令人兴奋，但从商业角度来看，这种做法未必合理。使用其他人都在使用的“无聊”软件通常是一个很好的选择。“无聊”的软件通常能够正常工作，能够得到良好的支持，而且你也无需承担风险和处理不可避免的错误。

如果你正在运行容器化的工作负载和云原生应用程序，那么 Kubernetes 就是那个“无聊”的软件。因此，你应该选择最成熟、最稳定、使用最广泛的 Kubernetes 工具和服务。

千篇一律的繁重工作（Undifferentiated heavy lifting）是亚马逊创造的一个术语，指的是安装和管理软件、维护基础设施等辛苦的工作。这些工作没有特别之处，任何公司都不得不做。这些工作只会产生费用，但不会创收。

运行更少软件的理念的意思是，你应该外包这些千篇一律的繁重工作，因为从长远来看，外包更加便宜，而且还可以将释放的资源投入到核心业务中。

3.6.2 尽可能使用托管 Kubernetes

根据“运行更少软件”的理念，我们建议你将 Kubernetes 集群运维外包给托管服务。安装、配置、维护、安全、升级以及保证 Kubernetes 集群可靠性都是千篇一律的繁重工作，因此任何企业都不应该自行承担。

> 云原生不是云提供商，不是 Kubernetes，不是容器，也不是技术。
> 它是一种加速业务发展的实践：不要做没有特色的事情。
>
> —— Justin Garrison

在 Kubernetes 托管领域，Google Kubernetes Engine（GKE）是最大的赢家。尽管其他云提供商可能会在一两年内迎头赶上，但目前 Google 仍然遥遥领先，而且在未来一段时间内也将保持领先地位。

如果不想被锁定在单一的云提供商上，并且有来自某个信赖品牌 24 小时全天技术支持，那么值得一试。

3.6.3 如何应对提供商锁定？

如果你决定使用某个特定提供商（比如 Google 云）的 Kubernetes 托管服务，那么将来是否会被锁定到这个提供商，而且将来的选择余地是否会减少呢？未必。Kubernetes 是一个标准平台，因此如果你构建的应用程序和服务可以在 Google Kubernetes Engine 上运行，那么就可以在任何其他经过认证的 Kubernetes 提供商的系统上运行。使用 Kubernetes 是摆脱提供商锁定的第一步。

与运行自己的 Kubernetes 集群相比，选择托管的 Kubernetes 是否更有可能被锁定？我们认为恰恰相反。自托管的 Kubernetes 涉及许多维护机制和配置，而这些都与特定云提供商的 API 紧密相关。例如，通过 AWS 虚拟机运行 Kubernetes 所需的代码与在 Google 云上执行相同的操作完全不同。有些 Kubernetes 设置助手（比如我们在本章提到的工具）支持多个云提供商，但也有很多都不支持。

Kubernetes 的目标之一就是抽象出云平台的技术细节，为开发人员提供一个标准的熟悉界面，无论在 Azure 还是在 Google 云上运行，其工作方式都相同。只要你在设计应用程序和自动化的时候，以 Kubernetes 为目标，而不是针对底层云基础设施，那么就可以合理地摆脱提供商锁定。

3.6.4 根据需要使用标准的 Kubernetes 自托管工具

只有当你有特殊的需求，Kubernetes 的托管产品不适合时，才应该考虑自己运行 Kubernetes。

如果遇到这种情况，那么应该选择最成熟、功能最强大且使用最广泛的工具。我们建议使用 Kops 或 Kubespray，不过你应该根据自己的需求来选择。

如果你确定会长期使用某个云提供商的产品，特别是在使用 AWS 的情况下，请使用 kops。

相反，如果你需要跨越多个云或平台（包括裸金属服务器）的集群，而且你愿意尝试多种选择，则应使用 Kubespray。

3.6.5 当你的选择受到限制时

可能出于某些业务（而非技术）的原因，完全托管的 Kubernetes 服务并不在你的考虑范围之内。如果你与某个托管公司或云提供商建立了业务关系，但他们却不提供 Kubernetes 托管服务，则你的选择必然会受到限制。

但是，你可以使用一站式解决方案。这些选择提供 Kubernetes 主节点托管服务，你只需将它们连接到运行工作节点的基础设施之上。由于 Kubernetes 的大部分管理开销都来自建立和维护主节点，所以这是一个很好的折中方案。

3.6.6 裸金属与内部服务器

云原生其实不需要在云上，这里的“云”指的是将基础设施外包给 Azure 或 AWS 等公共云提供商，这一点可能会让你非常吃惊。

许多组织的部分或全部基础设施都在裸金属硬件上运行，这些服务器或者放在数据中心，或者放在组织内部。我们在本书中谈到的所有关于 Kubernetes 和容器的内容既适用于云，也适用于内部基础设施。

你可以在自己的硬件机器上运行 Kubernetes。如果预算有限，你甚至可以在树莓派上运行 Kubernetes（见图 3-3）。有些企业运行私有云，这种云由内部硬件托管的虚拟机组成。

图 3-3：预算有限的 Kubernetes：树莓派集群（图片来自：David Merrick）

3.7 无集群容器服务

如果你真的想将运行容器工作负载的开销降到最低，那么还有更高层的完全托管的 Kubernetes 服务。这些就是所谓的无集群服务，例如 Azure Container Instances 或 Amazon Fargate。尽管底层确实有一个集群，但你无法通过 `kubectl` 之类的工具访问。你只需指定一个运行的容器镜像，以及一些参数，例如应用程序的 CPU 和内存要求，其余全部交由服务完成。

3.7.1 Amazon Fargate

据亚马逊称，“Fargate 与 EC2 很相似，只不过 EC2 提供的是虚拟机，而 Fargate 提供的是容器。”与 ECS 不同，你无需自行配置集群节点，然后将它们连接到控制平面。你只需要定义一个任务，其实就是一组指令，说明如何运行容器镜像并启动它。该服务以秒为单位按照任务消耗的 CPU 和内存资源量计费。

平心而论，Fargate 适用于简单、自包含、运行时间较长，且不需要大量定制或与其他服务集成的计算任务或批处理作业（例如数据处理）。此外，在构建寿命很短的容器，以及任何不值得对工作节点进行管理的情况下，Fargate 是理想之选。

如果你已经在使用 ECS 以及 EC2 工作节点，那么换成 Fargate 可以免却设置和管理这些节点的工作。如今某些区域可以利用 Fargate 运行 ECS 任务，并且 Fargate 计划于 2019 年开始支持 EKS。

3.7.2 Azure Container Instances（ACI）

微软的 Azure Container Instances（ACI）服务类似于 Fargate，但它还提供与 Azure Kubernetes Service（AKS）的集成。例如，你可以通过配置 AKS 集群，在 ACI 中提供额外的临时 Pod，以处理高峰期或突发的需求。

同样，你可以在 ACI 中运行临时的批处理作业，这样节点在无所事事的时候就不必处于闲置状态了。微软称这种想法为无服务器容器，但我们觉得这个术语既令人费解（无服务器通常指云函数，或者叫函数即服务）又不准确（实际上有服务器，只不过无法访问）。

ACI 还集成了 Azure Event Grid（微软的托管事件路由服务）。ACI 容器可以通过 Event Grid 与 AKS 中运行的云服务、云函数或 Kubernetes 应用程序通信。

你可以使用 Azure Functions 创建或运行 ACI 容器，也可以将数据传递给 ACI 容器。这样做的好处是可以通过云函数运行任何工作负载，而不仅仅是那些使用官方支持的语言（例如 Python 或 JavaScript）的工作负载。

如果可以容器化工作负载，就可以作为云函数运行，连同所有相关的工具一起。例如，Microsoft Flow 甚至可以让非程序员以图形的方式构建工作流，连接容器、函数和事件。

3.8 小结

Kubernetes 无处不在！本章我们快速介绍了大量 Kubernetes 工具、服务以及产品，希望对你有所帮助。

尽管我们介绍了最新的产品和功能，但这个世界正在快速发展，可能在你阅读本书时，情况已经发生了很多变化。

但是，我们的基本观点是：如果服务提供商提供了更好更便宜的服务，那么就不值得自行管理 Kubernetes 集群。

根据我们为多家迁移到 Kubernetes 的公司提供咨询服务的经验，通常人们对这个观点感到很惊讶，至少很多人都没有想到。我们经常发现，各个组织已经使用 kops 之类的工具，朝着自托管集群迈出了第一步，却没有仔细考虑使用 GKE 之类的托管服务。然而，这些服务确实值得考虑。

此外，本章的要点还包括：

- Kubernetes 集群由运行控制平面的主节点和运行工作负载的工作节点组成。
- 生产集群必须具有高可用性，也就是说即便主节点发生故障也不应该丢失数据或影响集群的运行。

- 简单的演示集群远不足以运行关键的生产工作负载。需要解决的问题很多，高可用性、安全性和节点管理只是其中的一部分。
- 管理自己的集群需要付出大量的时间、精力和专业知识投资。即便你做到了，也仍然有可能做错。
- Google Kubernetes Engine 等托管服务可以承担所有的繁重工作，而成本却远低于自托管。
- 一站式服务是自我托管与完全托管的 Kubernetes 之间的折中。你可以一面在自己的计算机上运行工作程序节点，一面利用一站式服务管理主节点。
- 如果必须托管自己的集群，那么 kops 是一款成熟且使用广泛的工具，可以利用它在 AWS 和 Google 云上配置和管理生产级集群。
- 尽可能使用托管的 Kubernetes。从成本、开销和质量的角度来看，这是大多数企业的最佳选择。
- 如果不能选择托管服务，则可以考虑使用一站式服务。
- 如果没有合理的业务原因，则不要自托管集群。如果你决定自托管，请不要低估初始设置和持续维护所需要付出的开销及时间。

第 4 章

Kubernetes 对象

I can't understand why people are frightened of new ideas. I'm frightened of the old ones.

—— John Cage

在第 2 章中，我们构建了一个应用程序，并将其部署到了 Kubernetes 中。在本章中，我们将学习这个过程中涉及的基本 Kubernetes 对象：Pod、部署以及服务。我们还将介绍如何使用 Helm 这个必不可少的工具来管理 Kubernetes 中的应用程序。

经过 2.5.1 节“运行演示应用”的学习，你的容器镜像已经能够在 Kubernetes 集群中运行了，但它究竟是如何工作的呢？实际上，`kubectl run` 命令会创建一个名为部署（Deployment）的 Kubernetes 资源。那么，部署又是如何运行容器镜像的呢？

4.1 部署

回想一下你使用 Docker 运行演示应用程序的经过。`docker container run` 命令启动容器，而这个容器会一直运行，直到你用 `docker stop` 干掉它。

但是，假设容器因为其他原因退出。可能是因为程序崩溃了，或者是发生了系统错误，或者计算机上的磁盘空间耗尽，或者宇宙射线意外地击中了你的CPU（虽然不太可能，但确实会发生）。假设这是一个生产应用程序，那么就意味着你的用户不高兴了，直到有人打开终端，并通过 `docker container run` 再次启动该容器。

这种做法可不太理想。你真正想要的是一种管理程序，能够持续检查容器是否正在运行，如果容器停止运行，则立即再次启动。在传统的服务器中，你可以使用 `systemd` 、`runit` 或 `supervisord` 等工具来执行此操作。Docker 也有类似的功能，而且可想而知，Kubernetes 也有管理程序的功能，那就是部署。

4.1.1 监督与调度

Kubernetes 会针对每个需要监管的程序创建一个相应的部署对象，其中记录了有关该程序的一些信息：容器镜像的名称，想要运行的副本数，以及启动该对象所需的其他信息。

与部署资源配合使用的是一种名为控制器的 Kubernetes 组件。控制器会监视它们负责的资源，确保资源存在并正常工作。如果出于某种原因，某个部署没有运行足够的副本，那么控制器就会创建一些新副本（如果由于某种原因副本过多，则控制器会关闭多余的副本。无论是哪种情况，控制器都会确保实际状态与所需状态相符）。

实际上，部署并不会直接管理副本，它会自动创建一个名叫副本集（ReplicaSet）的关联对象来处理。我们将在稍后 4.3 节中进一步讨论副本集，但由于通常你只与部署交互，所以我们先来介绍一下它们。

4.1.2 重新启动容器

初看之下，部署的行为方式可能会让你感到惊讶。如果你的容器完成工作并退出，则部署会重新启动它。如果容器崩溃，或者如果你通过信号杀死容器，亦或者用 kubectl 终止容器，部署也会重新启动它（从概念上你可以这么理解，但实际情况会比这复杂一些，我们后面再说）。

大多数 Kubernetes 应用程序都以长期、可靠地运行为目标，因此上述行为是合理的：容器可以因为种种原因退出，并且在大多数情况下，运维人员能做的也仅仅是重启它们，因此 Kubernetes 默认也会这样做。

你可以针对某个容器修改这个策略：例如，永远不要重启它，或者仅在失败时重新启动，正常退出的时候则不重启（请参见 8.5 节）。但是，默认的行为（即始终重启）通常就是你想要的。

部署的工作是监视与其关联的容器，并确保指定数量的容器始终处于运行状态。如果数量太少，则启动更多容器。如果数量太多，则终止一些容器。这比传统的管理程序更强大、更灵活。

4.1.3 查询部署

通过运行以下命令，可以看到当前命名空间（请参见 5.3 节）中所有活动的部署：

```
kubectl get deployments
NAME      DESIRED   CURRENT   UP-TO-DATE   AVAILABLE   AGE
demo      1         1         1            1           21h
```

如果想获取有关特定部署的更多详细信息，请运行以下命令：

```
kubectl describe deployments/demo
Name:                   demo
Namespace:              default
CreationTimestamp:      Tue, 08 May 2018 12:20:50 +0100
...
```

如你所见，这里的信息量很大，但暂时大部分信息都不重要。不过，我们来仔细看看 Pod Template 一节：

```
Pod Template:
  Labels:  app=demo
  Containers:
   demo:
    Image:        cloudnatived/demo:hello
    Port:         8888/TCP
    Host Port:    0/TCP
    Environment:  <none>
    Mounts:       <none>
  Volumes:        <none>
```

你已经知道部署包含 Kubernetes 运行容器所需的信息，而这些信息就在这里。但 Pod Template 是什么？而且在回答这个问题之前，Pod 又是什么？

4.2 Pod

Pod 是 Kubernetes 对象，代表一组（一个或多个）容器（Pod 也有一群鲸鱼的意思，非常符合 Kubernetes 隐含的依稀航海风）。

为什么部署不直接管理各个容器呢？原因在于，有时我们需要将一组容器调度到一起，在同一个节点上运行，并在本地通信或共享存储。

举个例子，某个博客应用程序拥有一个容器，其内容与 Git 代码库同步，还有一个 Nginx Web 服务器容器，负责将博客内容发给用户。由于二者共享数据，因此需要将这两个容器调度到一个 Pod 中。但实际上，许多 Pod 仅有一个容器，就像我们的例子一样（更多信息请参见 8.1.3 节）。

因此，Pod 规范拥有一个 `Containers` 列表，而在我们的示例中，只有一个容器 `demo`：

```
demo:
 Image:        cloudnatived/demo:hello
 Port:         8888/TCP
```

```
    Host Port:     0/TCP
    Environment:  <none>
    Mounts:        <none>
```

在这个例子中，Image的规范是**YOUR_DOCKER_ID**/myhello，还有端口号，这些就是部署启动Pod并保持其运行所需的所有信息。

这点很重要，实际上kubectl run命令并不会直接创建Pod。它创建了一个部署，然后部署启动了Pod。部署声明了所需的状态："运行一个Pod，其中应该包含myhello容器。"

4.3 副本集

我们说过，部署会启动Pod，但它要做的还不止这些。实际上，部署不会直接管理Pod，那是副本集（ReplicaSet）对象的工作。

副本集负责一组相同的Pod（即副本，*replica*）。如果Pod数量少于（或多于）规范指定的数量，则副本集控制器会启动（或停止）一些Pod，以纠正这种情况。

部署则负责管理副本集，并控制副本更新时的行为，例如，推出新版本的应用程序（请参见13.2节）。在更新部署时，创建一个新的副本集来管理新的Pod，更新完成后，再终止旧的副本集及其Pod。

在图4-1中，每个副本集（V1、V2、V3）代表应用程序的不同版本，以及与其对应的Pod。

通常，你不需要直接与副本集交互，因为部署会负责这项工作，但了解这些工作很有好处。

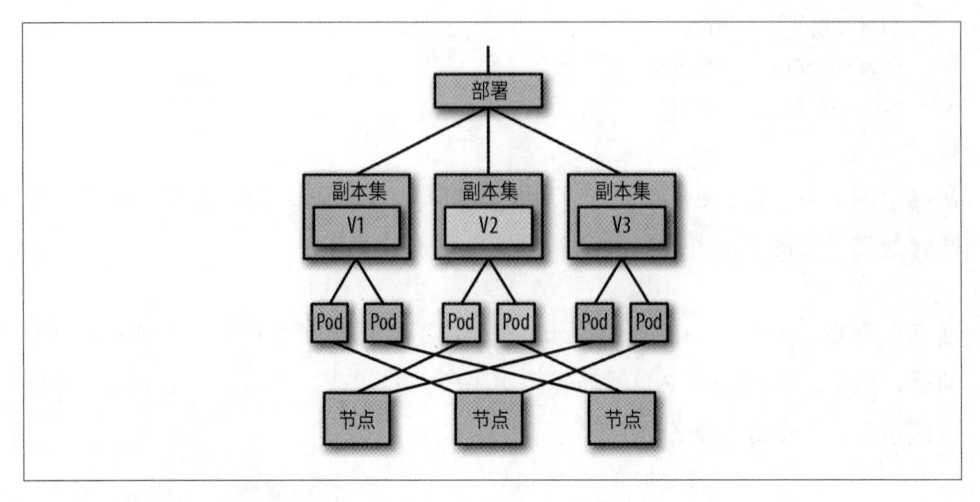

图 4-1：部署、副本集与 Pods

4.4 维持所需状态

Kubernetes 控制器会不断根据集群的实际状态检查每个资源指定的所需状态，并进行必要的调整以保证二者的同步。这个过程叫作协调循环，因此这个协调过程会无休止地循环下去，设法让实际状态与所需状态保持一致。

举个例子，当你第一次创建 demo 部署时，没有运行任何的 demo Pod。此时，Kubernetes 会立即启动所需的 Pod。如果这个 Pod 停止，只要部署仍然存在，Kubernetes 就会再次启动它。

接下来，我们通过手动停止 Pod 来验证这一点。首先，检查 Pod 是否确实在运行：

```
kubectl get pods --selector app=demo
NAME                    READY     STATUS    RESTARTS   AGE
demo-54df94b7b7-qgtc6   1/1       Running   1          22h
```

下面，运行如下命令来停止 Pod：

```
kubectl delete pods --selector app=demo
pod "demo-54df94b7b7-qgtc6" deleted
```

再次查看 Pod：

```
kubectl get pods --selector app=demo
NAME                    READY     STATUS        RESTARTS    AGE
demo-54df94b7b7-hrspp   1/1       Running       0           5s
demo-54df94b7b7-qgtc6   0/1       Terminating   1           22h
```

你可以看到原来的 Pod 正在关闭（状态为 Terminating），但是它已经被新的 Pod 所取代，而新 Pod 才只有五秒钟。这就是协调循环在工作。

我们通过创建的部署告诉 Kubernetes demo Pod 必须始终处于运行状态。它会遵照执行，即使你自己删掉 Pod，Kubernetes 仍然认为你一定是犯了一个错误，所以它会启动一个新 Pod 来代替。

在完成部署的实验后，你可以使用以下命令关闭并清理资源：

```
kubectl delete all --selector app=demo
pod "demo-54df94b7b7-hrspp" deleted
service "demo" deleted
deployment.apps "demo" deleted
```

4.5 Kubernetes 调度器

我们说过，部署会创建 Pod，而 Kubernetes 会启动所需的 Pod，但我们还没有详细解释事情的发生经过。

负责这部分工作的组件是 Kubernetes 调度器。当部署通过关联的副本集判断出需要一个新副本时，它就会在 Kubernetes 数据库中创建 Pod 资源。同时，这个 Pod 会被添加到队列中，而这个队列相当于调度器的收件箱。

调度器的工作是监视未调度的 Pod 队列，从中获取下一个 Pod，并找到一个节点来运行。它会根据一系列不同的条件（包括 Pod 的资源请求）来选择合适的节点（如果存在符合条件的节点的话）。我们将在第 5 章更进一步讨论这个过程。

在 Pod 被调度到某个节点后，该节点上运行的 kubelet 就会启动它的容器（请参见 3.1.2 节）。

当你删除某个 Pod 时（请参见 4.4 节），节点上的副本集就会发现，并启动替换的 Pod。它知道 demo Pod 应该在这个节点上运行，如果找不到，就会启动一个（如果你连节点一起关闭会怎么样？节点上的 Pod 就会变成未调度状态，并返回到调度器的队列中，然后重新分配给其他节点）。

Stripe 的工程师 Julia Evans 撰写的这篇文章清晰地解释了 Kubernetes 的调度（地址：*https://jvns.ca/blog/2017/07/27/how-does-the-kubernetes-scheduler-work/*）。

4.6 YAML 格式的资源清单

现在你已经知道如何在 Kubernetes 中运行应用程序，这样就行了吗？还不行。使用 `kubectl run` 命令创建一个部署非常简便，但有一定的局限性。假设你想修改部署规范，比如修改镜像的名称或版本。你可以删除现有的部署（使用 `kubectl delete`），然后使用正确的字段再创建一个新的部署。但是，我们来看看还有没有更好的办法。

由于 Kubernetes 本质上是一个声明式系统，能够持续保持实际状态与所需状态一致，因此你只需修改所需状态（即部署规范），其余的工作交给 Kubernetes 就可以了。那么应该怎么做呢？

4.6.1 资源就是数据

所有的 Kubernetes 资源（比如部署或 Pod）都由内部数据库中的记录表示。协调循环会监视数据库中记录的变动，并采取适当的措施。实际上，`kubectl` `run` 命令只是在数据库中添加一个与部署相对应的新纪录，其余的工作都是由 Kubernetes 完成的。

然而，与 Kubernetes 进行交互并不一定要使用 `kubectl run`。你可以直接创建和编辑资源清单（*manifest*，即资源所需状态的规范）。你可以将清单文件保存在版本控制系统中，修改清单文件，然后告诉 Kubernetes 读取更新后的数据，这样就不需要通过命令修改规范了。

4.6.2 部署清单

Kubernetes 清单文件的常用格式是 YAML，尽管 JSON 格式也可以接受。那么部署的 YAML 清单是什么样的呢？

下面，我们来看看演示应用程序的清单文件（*hello-k8s/k8s/deployment.yaml*）：

```
apiVersion: apps/v1
kind: Deployment
metadata:
  name: demo
  labels:
    app: demo
spec:
  replicas: 1
  selector:
    matchLabels:
      app: demo
  template:
    metadata:
      labels:
        app: demo
    spec:
      containers:
        - name: demo
          image: cloudnatived/demo:hello
```

```
        ports:
        - containerPort: 8888
```

乍一看，这个文件似乎非常复杂，其实大部分内容都是样板代码。唯一值得关注的部分正是之前以其他形式看到的信息：容器镜像名称和端口。之前，你将这些信息提供给 kubectl run，得到的结果与将该 YAML 清单文件提交给 Kubernetes 完全一样。

4.6.3 使用 kubectl apply

如果想让 Kubernetes 充分发挥声明式基础设施的威力，就像代码系统一样，则可以使用 kubectl apply 命令将 YAML 清单提交给集群。

让我们利用示例部署清单 *hello-k8s/k8s/deployment.yaml* 来试试看。[注1]

在你的 demo 代码库中运行以下命令：

```
cd hello-k8s
kubectl apply -f k8s/deployment.yaml
deployment.apps "demo" created
```

几秒钟后，demo Pod 就应该开始运行了：

```
kubectl get pods --selector app=demo
NAME                    READY     STATUS    RESTARTS   AGE
demo-6d99bf474d-z9zv6   1/1       Running   0          2m
```

不过，我们的工作还未结束，为了能够通过 Web 浏览器连接到 demo Pod，我们需要创建一个服务（Service），这种 Kubernetes 资源可以让你连接到已部署的 Pod（详细内容我们稍后再讨论）。

注 1： *k8s* 是 Kubernetes 的常用缩写，这是一种数字缩写（Numeronym）方式：保留开头和结尾的最后一个字母，加上中间的字母数（*k-8-s*）。类似的缩写还有 *i18n*（internationalization）、*a11y*（accessibility）以及 *o11y*（observability）。

首先，我们来讨论一下什么是服务，以及为什么需要一个服务。

4.6.4 服务资源

假设你想与Pod建立网络连接(例如我们的示例应用程序)。那么应该怎么做?你可以找出Pod的IP地址，然后直接连接到该地址和应用程序的端口上。但是，当Pod重启时，IP地址就可能会改变，因此你必须不断查找并确保总是连接到正确的地址。

更糟糕的是，Pod可能有多个副本，每个副本都有不同的地址。任何需要连接这些Pod的应用程序都必须维护这些地址的列表，这个办法可不理想。

幸运的是，我们有更好的方法：服务资源可以提供一个不变的IP地址或DNS名称，并自动路由到与之匹配的Pod上。我们将在9.6节中讨论Ingress资源，该资源允许使用更高级的路由，而且还可以使用TLS证书。

但是现在，我们先来仔细看看Kubernetes服务的工作方式。

你可以将服务当成Web代理或负载均衡器，负责将请求转发到一组后端的Pod上（见图4-2）。但是，服务并非只能用于Web端口，它可以将流量从任意端口转发到其他端口，如规范的ports部分所示。

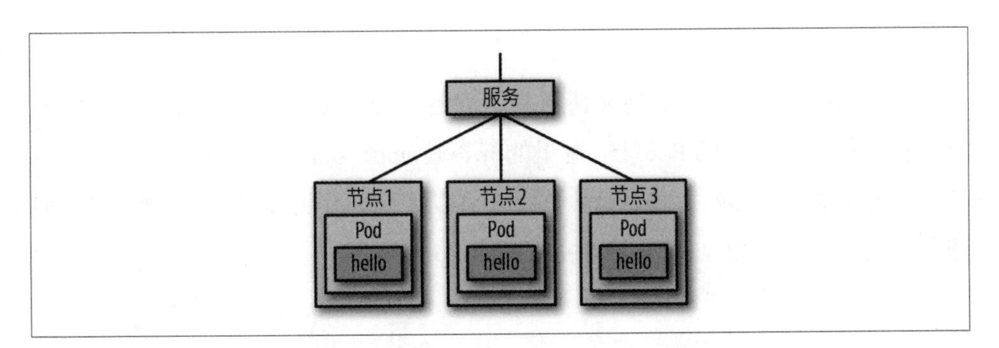

图4-2：服务为一组Pod提供永久的端点

以下是我们的演示应用程序服务的YAML清单：

```yaml
apiVersion: v1
kind: Service
metadata:
  name: demo
  labels:
    app: demo
spec:
  ports:
  - port: 8888
    protocol: TCP
    targetPort: 8888
  selector:
    app: demo
  type: ClusterIP
```

你可以看到，这个清单与我们之前看过的部署资源有些类似。只不过，kind 是 Service，而不是 Deployment，而且 spec 仅包括一个 ports 列表，还有 selector 和 type。

仔细看看，你就会发现该服务将端口 8888 转发到了 Pod 的端口 8888：

```yaml
...
ports:
- port: 8888
  protocol: TCP
  targetPort: 8888
```

selector 部分告诉服务如何将请求路由到特定的 Pod 上。请求会被转发到所有与指定标签集匹配的 Pod 上；这里的标签是 app: demo（关于标签请参见 9.1 节）。在我们的示例中，只有一个 Pod 可以匹配，但是如果有多个 Pod，则服务会将每个请求发送到一个随机选择的 Pod 上。[注 2]

注 2： 这是默认的负载均衡算法；Kubernetes 1.10+ 版本也支持其他算法，例如最少连接。请参见 *https://kubernetes.io/blog/2018/07/09/ipvs-based-in-cluster-load-balancing-deep-dive/*。

从这个角度来看，Kubernetes的服务有点像传统的负载均衡器，实际上，服务和Ingress都可以自动创建云负载均衡器（关于Ingress资源，请参见9.6节）。

目前只需要记住，部署负责管理应用程序的一组Pod，而服务提供请求这些Pod的入口。

下面试试看通过应用清单来创建服务：

```
kubectl apply -f k8s/service.yaml
service "demo" created

kubectl port-forward service/demo 9999:8888
Forwarding from 127.0.0.1:9999 -> 8888
Forwarding from [::1]:9999 -> 8888
```

和前面一样，kubectl port-forward将demo pod连接到本地计算机的端口上，接下来你可以通过Web浏览器连接到*http://localhost:9999/*。

在一切工作正常，你感到很满意后，请运行以下命令进行清理，然后我们进入下一节：

```
kubectl delete -f k8s/
```

你可以在kubectl delete中使用标签选择器来删除与选择器匹配的所有资源，就像我们之前所做的那样（关于标签请参见9.1节）。或者，也可以在执行kubectl delete -f时指定清单的目录，如上所示。清单文件描述的所有资源都会被删除。

> **练习**
>
> 修改 *k8s/deployment.yaml* 文件，将副本数改为 3。使用 kubectl apply 重新应用资源清单，然后通过 kubectl get pods 命令检查是否获得了 3 个 demo（而不是一个）。

4.6.5 使用 kubectl 查询集群

kubectl 工具是 Kubernetes 界的“瑞士军刀”：它可以应用配置、创建、修改和销毁资源，还可以查询集群以获取有关现有资源及其状态的信息。

我们已经介绍了如何使用 kubectl get 查询 Pod 和部署。你还可以使用它来看看集群中有哪些节点：

```
kubectl get nodes
NAME                STATUS   ROLES    AGE     VERSION
my-machine          Ready    <none>   3d20h   v1.18.4-1+6f17be3f1fd54a
```

如果想查看所有类型的资源，请使用 kubectl get all（实际上，这条命令并不会真的显示所有资源，只能显示最常见的类型，但我们暂时先不讨论）。

如果想查看某个 Pod（或任何其他资源）的综合信息，可以使用 kubectl describe：

```
kubectl describe pod/demo-dev-6c96484c48-69vss
Name:           demo-dev-6c96484c48-69vss
Namespace:      default
Node:           docker-for-desktop/10.0.2.15
Start Time:     Wed, 06 Jun 2018 10:48:50 +0100
...
Containers:
  demo:
    Container ID:   docker://646aaf7c4baf6d...
    Image:          cloudnatived/demo:hello
...
```

```
Conditions:
  Type           Status
  Initialized    True
  Ready          True
  PodScheduled   True
...
Events:
  Type    Reason     Age  From               Message
  ----    ------     ---- ----               -------
  Normal  Scheduled  1d   default-scheduler  Successfully assigned demo-dev...
  Normal  Pulling    1d   kubelet            pulling image "cloudnatived/demo...
...
```

在这个示例的输出中，可以看到 `kubectl` 提供了有关容器本身的一些基本信息，包括镜像的 ID 和状态，还按照顺序列出了容器上发生的事件（我们将在第 7 章中介绍更多有关 `kubectl` 的功能）。

4.6.6 资源的高级使用方式

到这里为止，你已经学习了如何使用声明式 YAML 清单将应用程序部署到 Kubernetes 集群。但是这些文件中有很多重复的内容，例如，名称 `demo`、标签选择器 `app: demo` 以及端口 `8888` 都重复了很多次。

这些值能不能只指定一次，然后在 Kubernetes 清单的其他地方直接引用呢？

例如，如果能够定义 `container.name` 和 `container.port` 等变量，然后在 YAML 文件需要的地方引用，那就太好了。接下来，如果需要更改应用程序的名称或监听的端口号，则只需更改一个地方，所有清单都会自动更新。

所幸真的有一个这样的工具，在本章的最后一节，我们来介绍一下这个工具能做些什么。

4.7 Helm：Kubernetes 包管理器

Kubernetes 有一款流行的包管理器叫做 Helm，它的工作方式如上节所述。你可以使用 `helm` 命令行工具来安装和配置应用程序（你自己的或其他人的应用程序），而且还可以创建名为 Helm *Chart* 的软件包，通过该软件包指定运行应用程序所需的资源、依赖项以及可配置的设置。

Helm 是云原生计算基金会系列项目之一（有关云原生请参见 1.6 节），这正体现出了它的稳定性和广泛的接受度。

你需要知道，与 APT 或 Yum 等工具使用的二进制软件包不同，实际上 Helm Chart 并不包含容器镜像本身。它与 Kubernetes 部署一样，只包含可在何处找到镜像的元数据。

在安装 Helm Chart 时，Kubernetes 会从指定的地方找到并下载二进制容器镜像。实际上，Helm Chart 只是 Kubernetes YAML 清单的包装而已。

4.7.1 安装 Helm

请按照相应操作系统的说明安装 Helm（地址：*https://helm.sh/docs/intro/*）。

如果想验证 Helm 已安装且正常工作，则可以运行：

```
helm version
version.BuildInfo{Version:"v.3.2.3",
GitCommit:"8f832046e258e2cb800894579b1b3b50c2d83492",
GitTreeState:"clean", GoVersion:"go1.13.12"}
```

如果该命令运行成功，则表明你可以使用 Helm 了。

4.7.2 安装 Helm Chart

我们的演示应用程序的 Helm Chart 是什么样子呢？在 *hello-helm3* 目录中，有一个 *k8s* 子目录，在上一个示例（`hello-k8s`）中，该子目录仅包含用于部署该应用程序的 Kubernetes 清单文件。现在，它的 *demo* 目录中包含一个 Helm Chart：

```
ls k8s/demo
Chart.yaml          prod-values.yaml staging-values.yaml    templates
values.yaml
```

我们将在 12.1.1 节中详细介绍这些文件的用途，但现在我们使用 Helm 来安装演示应用程序。首先，清理前面部署的资源：

```
kubectl delete all --selector app=demo
```

然后运行以下命令：

```
helm install demo ./k8s/demo
NAME:   demo
LAST DEPLOYED: Fri Jul  3 08:06:01 2020
NAMESPACE: default
STATUS: deployed
REVISION: 1
TEST SUITE: None
```

可以看到 Helm 创建了一个部署资源（用于启动 Pod）和一个服务，与前面的示例完全一样。`helm install` 还创建了一个 Kubernetes Secret（Type 为 *helm.sh/release*）来跟踪这个 *release*。

4.7.3 Chart、Repository 与 Release

以下是你需要了解的 Helm 三大术语：

- *Chart* 是一个 Helm 包，其中包含在 Kubernetes 中运行应用程序所需的所有资源定义。
- *Repository* 是收集和共享 Chart 的地方。
- *Release* 是在 Kubernetes 集群中运行的 Chart 的一个实例。

通常，一个 Chart 可多次安装到同一集群中。例如，同一个 Nginx Web 服务器 Chart 可以运行多个，每个运行实例服务于一个不同的站点。Chart 的每个单独的实例都是一个不同的 Release。

每个 Release 有一个唯一的名称，你可以在 `helm install` 中通过 `-name` 标志指定（如果你不指定名称，则 Helm 会为你选择一个随机的名称。你不一定会喜欢）。

4.7.4 查看 Helm Release

如果想随时查看正在运行的 Release 有哪些，则可以运行 `helm list`：

```
helm list
NAME     NAMESPACE REVISION UPDATED           STATUS   CHART       APP
VERSION
demo     default   1        2020-07-03 ...  deployed demo-1.0.1
```

如果想查看特定 Release 确切的状态，则可以在运行 `helm status` 的时候加上 Release 的名称。你会看到与首次部署 Release 时相同的信息。

在本书后面的章节，我们将向你展示如何为应用程序构建自己的 Helm Chart（请参见 12.1.1 节）。眼下你只需要知道 Helm 是通过公共 Chart 安装应用程序的便捷方法。

你可以通过 GitHub 查看公共 Helm Chart 的完整列表（地址：*https://github.com/helm/charts/tree/master/stable*）。

你还可以运行 `helm search repo`，不带任何参数，就可以获取所有可以使用的 Chart 的列表。（或者也可以使用 `helm search redis` 来搜索 Redis 的 Chart）。

4.8 小结

本书不打算介绍Kubernetes内部的机制（不好意思，本书一经出售概不退换）。我们的目标是向你展示 Kubernetes 能干些什么，并帮助你快速掌握如何在生产中运行实际的工作负载。然而，了解些许工作中会用到的主要机制也很有用，例如 Pod 和部署等。在本章中，我们简要介绍了一些重要概念。

尽管像我们这样的极客十分崇尚这门技术，但我们也热衷于干实事。因此，我们并没有过分详细地介绍 Kubernetes 提供的每种资源，因为这些资源太多了，而且许多资源你几乎用不到（至少目前还用不到）。

本章你需要掌握的要点包括：

- Pod 是 Kubernetes 的基本工作单元，代表一个或一组调度到一起可相互通信的容器。
- 部署是 Kubernetes 的高级资源，可通过声明式的方式管理 Pod，并在必要时部署、调度、更新和重新启动 Pod。
- Kubernetes 的服务相当于负载均衡器或代理，它通过一个众所周知的持久 IP 地址或 DNS 名，将流量路由到与其匹配的 Pod 上。
- Kubernetes 的调度器会监视尚未在任何节点上运行的 Pod，为其找到合适的节点，并指示该节点上的 kubelet 运行 Pod。
- 部署等资源由 Kubernetes 内部数据库的记录表示。在外部，这些资源可由 YAML 格式的文本文件（即清单）表示。清单是所需资源状态的声明。

- `kubectl` 是与 Kubernetes 进行交互的主要工具，你可以利用应用清单、查询资源、更改资源、删除资源或执行其他各项任务。
- Helm 是 Kubernetes 的包管理器。它简化了 Kubernetes 应用程序的配置和部署，你可以使用一组值（比如应用程序的名称或监听端口）和一组模板来生成 Kubernetes YAML 文件，从而免却手动维护原始 YAML 文件的工作。

第 5 章

资源管理

Nothing is enough to the man for whom enough is too little.

—— Epicurus

在本章中，我们将介绍如何充分利用集群：如何管理和优化资源的使用，如何管理容器的生命周期，以及如何使用命名空间对集群进行分区。我们还将介绍一些技巧和最佳实践，帮助你降低集群的成本，同时充分利用你的资金。

你将学习如何使用资源的请求、约束和默认值，以及如何使用 Pod 垂直自动扩展器来优化这些值；如何使用就绪探针、存活探针和 Pod 中断预算来管理容器；如何优化云存储；了解如何以及何时使用可抢占或预留的实例来控制成本。

5.1 了解资源

假设你有一个给定容量的 Kubernetes 集群，该集群拥有合理数量的大小合适的节点。你该如何充分利用这些资源呢？也就是说，如何让你的工作负载最有效地利用集群的可用资源，同时又确保你有足够的余量来应对需求高峰、节点故障以及部署上的问题呢？

为了回答这个问题，你需要从 Kubernetes 调度器的角度来看问题。调度器的任务是决定在哪里运行某个 Pod。哪个节点拥有足够的空闲资源来运行 Pod？

调度器必须知道运行 Pod 需要多少资源，才能回答这个问题。你不能将需要 1GiB 内存的 Pod 调度到只有 100MiB 闲置内存的节点上。

同样，当有些 Pod 过于贪婪占用过多资源，导致同一节点上的其他 Pod 资源不足时，调度器必须能够采取措施。但是多少才算过多呢？为了有效地调度 Pod，调度器必须知道每个 Pod 需要的最小和最大资源量。

这两个值在 Kubernetes 中用资源请求值（Request）和约束值（Limit）表示。Kubernetes 知道如何管理两种资源：CPU 和内存。还有其他重要的资源类型，例如网络带宽、磁盘 I/O 操作（IOPS）和磁盘空间，这些资源可能引发集群内的竞争，但是 Kubernetes 还没有办法描述 Pod 对这些资源的要求。

5.1.1 资源单位

如你所料，Pod 的 CPU 使用率以 CPU 为单位表示。一个 Kubernetes CPU 单元等于一个 AWS vCPU、一个 Google Cloud Core、一个 Azure vCore，或等于支持超线程裸金属处理器上的一个超线程。换句话说，Kubernetes 术语中的 1 个 CPU 就是字面的意思。

由于大多数 Pod 不需要整个 CPU，因此通常请求和约束以毫 CPU（millicpus）或毫核（millicores）表示。内存以字节为单位，更方便的做法是以兆字节（MiB）为单位。

5.1.2 资源请求

Kubernetes 资源请求指定的是运行 Pod 所需的最小资源量。例如，资源请求 `100m` （100 毫 CPU）和 `250Mi` （250 MiB 内存）意味着不能将 Pod 调度到可用资源量小于这两个数目的节点上。如果没有任何节点拥有足够的空闲容量，则 Pod 将一直处于 pending 状态，直到有空闲资源出现。

例如，如果所有的集群节点都只有两个 CPU 核心和 4GiB 内存，那么一个请求 2.5 个 CPU 的容器永远也不会被调度，同样请求 5GiB 内存的容器也不会被调度。

下面，来看看在我们的演示应用程序中，资源请求是怎样表示的：

```
spec:
  containers:
  - name: demo
    image: cloudnatived/demo:hello
    ports:
    - containerPort: 8888
    resources:
      requests:
        memory: "10Mi"
        cpu: "100m"
```

5.1.3 资源约束

资源约束可以指定允许 Pod 使用的最大资源量。如果 Pod 使用的 CPU 量超出分配的上限，那么就会被限流，从而导致性能降低。

但是，如果 Pod 使用的内存量超过允许的内存上限，则 Pod 会被终止。如果可以的话，被终止的 Pod 会被重新调度。重新调度的实际效果可能就是在同一节点上重新启动 Pod。

某些应用程序（比如网络服务器）消耗的资源随着时间推移可能会越来越多。如果想防止这类 Pod 使用的容量超出集群的合理份额，那么指定资源约束是一个很好的办法。

下面是演示应用程序设置的资源约束的示例：

```
spec:
  containers:
  - name: demo
    image: cloudnatived/demo:hello
    ports:
    - containerPort: 8888
    resources:
      limits:
        memory: "20Mi"
        cpu: "250m"
```

我们通过观察和判断就可以知道应该为特定的应用程序设置多少约束（有关优化 Pod 请参见 5.4.2 节）。

Kubernetes 允许资源被过度使用，也就是说，一个节点上所有容器的资源约束值总和可以超过该节点实际的总资源量。这是一种赌博，调度器赌的是在大多数情况下，大多数容器需要的资源量不会达到各自的资源约束。

如果赌博失败，而且资源使用总量接近节点的最大容量，则 Kubernetes 会更加积极地终止容器。在面临资源压力的时候，即使那些超出了请求值但未超过约束值的容器也可能会被终止[注1]。

在所有其他条件都相同的情况下，如果 Kubernetes 需要终止 Pod，则它会从超出请求值最多的 Pod 开始下手。除非在极少数情况下（例如 Kubernetes 无法运行 kubelet 等系统组件），否则在请求值内的 Pod 不会被终止。

最佳实践

请务必为容器指定资源请求和约束。这有助于 Kubernetes 正确调度并管理你的 Pod。

注 1：可以使用服务质量（Quality of Service，QoS）类来自定义各个容器的这种行为。

5.1.4 控制容器的大小

我们曾在第 2 章中提到过，出于多种原因，我们应该尽可能减小容器的大小：

- 容器越小，构建速度越快。
- 镜像占用的存储空间越少。
- 拉取镜像的速度越快。
- 受到攻击的可能性越小。

如果你使用 Go，那么已经处于领先地位了，因为 Go 可以将应用程序编译成一个静态链接的二进制文件。如果你的容器中只有一个文件，那么容器就很小！

5.2 管理容器的生命周期

我们已经看到，如果 Kubernetes 知道 Pod 所需的 CPU 和内存，那么就能更好地管理 Pod。但是，它还需要知道容器何时在工作，也就是说，容器何时正常运行，处于可以处理请求的状态。

容器化的应用程序陷入阻塞状态是很常见的，虽然进程仍在运行，但不会处理任何请求。Kubernetes 需要一种方法来检测这种情况， 以便通过重新启动容器来解决问题。

5.2.1 存活探针

Kubernetes 允许在容器的规范中指定存活探针。这是一种健康检查的手段，用于确定容器是否处于活动状态（即正在运行）。

对于 HTTP 服务器容器，存活探针的规范通常如下：

```
livenessProbe:
  httpGet:
    path: /healthz
    port: 8888
  initialDelaySeconds: 3
  periodSeconds: 3
```

httpGet 探针会向指定的 URI 和端口发送 HTTP 请求。在上述示例中，URI 为 /healthz，端口为 8888。

如果你的应用程序没有特定的健康检查端点，则可以使用 /，或任何对应用程序来说有效的 URL。但是，常见的做法是为健康检查创建一个 /healthz 端点（为什么末尾加了 z？是为了确保整个地址不会与已有的路径冲突，比如 health 是与健康信息有关的页面）。

如果应用程序响应的 HTTP 状态代码为 2xx 或 3xx，则 Kubernetes 认为该容器处于活动状态。如果返回其他代码，或者根本不响应，则 Kubernetes 认为该容器已死，然后它会重新启动该容器。

5.2.2 探针延迟及频率

Kubernetes 应该多久检查一次存活探针？由于任何应用程序的启动都需要时间，如果 Kubernetes 在启动容器后，立即尝试存活探针，则很可能会失败，那么就会导致容器重新启动，而且这个循环会一直重复下去！

initialDelaySeconds 字段可以告诉 Kubernetes 在首次尝试存活探针之前需要等待多长时间，从而避免这种死循环。

同样，Kubernetes 每秒发送数千次的请求猛烈轰炸应用程序的 healthz 端点也不是好事。periodSeconds 字段可以指定检查存活探针的频率，在我们的示例中，每 3 秒钟一次。

5.2.3 其他类型的探针

httpGet 不是唯一可以选择的探针。对于不使用 HTTP 的网络服务器，可以使用 tcpSocket：

```
livenessProbe:
  tcpSocket:
    port: 8888
```

如果能够与指定端口成功建立 TCP 连接，则表明该容器处于活动状态。

此外，你还可以使用 *exec* 探针，在容器上运行任意命令：

```
livenessProbe:
  exec:
    command:
    - cat
    - /tmp/healthy
```

exec 探针指定在容器内运行特定的命令，如果命令成功（即以零状态退出），则探针成功。通常 exec 更适合用作就绪探针，我们将在下一节中介绍如何使用就绪探针。

5.2.4 gRPC 探针

尽管许多应用程序和服务都通过 HTTP 进行通信，但是 gRPC 协议也越来越流行，尤其是对于微服务而言。 gRPC 是由 Google 开发，并由云原生计算基金会托管的高效、可移植的二进制网络协议。

httpGet 探针不能用于 gRPC 服务器，尽管你可以改用 tcpSocket 探针，但它只能告诉你可以与套接字建立连接，而无法判断服务器本身是否正在运行。

gRPC 拥有标准的健康检查协议，大多数 gRPC 服务都支持该协议，而且如果使用 Kubernetes 存活探针来进行健康检查，则可以使用 grpc-health-probe

工具（地址：*https://kubernetes.io/blog/2018/10/01/health-checking-grpc-servers-on-kubernetes/*）。将这个工具添加到容器中，就可以使用 exec 探针来检查。

5.2.5 就绪探针

就绪探针与存活探针相关，但语义不同。有时，应用程序需要向 Kubernetes 发出信号，表明它暂时无法处理请求。可能是因为它正在执行冗长的初始化进程，或者是等待某些子过程完成。就绪探针可以提供这种功能。

如果应用程序在没有准备好提供服务之前不会开始监听 HTTP，那么可以使用同一个 URI 作为就绪探针和活动探针：

```
readinessProbe:
  httpGet:
    path: /healthz
    port: 8888
  initialDelaySeconds: 3
  periodSeconds: 3
```

如果就绪探针失败，则该容器会从与 Pod 匹配的所有服务中删除。这有点像将发生故障的节点从负载均衡器池中移除，这样就不会有任何流量发送到该 Pod，直到就绪探针成功为止。

通常，在 Pod 启动后，一旦容器处于运行状态，Kubernetes 就会开始向其发送流量。但是，如果容器包含就绪探针，则 Kubernetes 会等到探针成功后再向其发送请求，这样用户就不会看到未就绪容器产生的错误。对于零停机时间升级来说，这一点至关重要（有关部署策略的更多信息，请参见 13.2 节）。

尚未准备就绪的容器也会显示成 Running，但 READY 列将显示 Pod 中有一个或多个未就绪的容器：

```
kubectl get pods
NAME              READY     STATUS    RESTARTS   AGE
readiness-test    0/1       Running   0          56s
```

就绪探针应仅返回 HTTP 200 OK 的状态码。尽管 Kubernetes 本身认为 2xx 和 3xx 状态码都代表准备就绪，但云负载均衡器并不一定这样认为。例如，如果你结合使用 Ingress 资源与云负载均衡器（有关 Ingress 资源，请参见 9.6 节），而且就绪探针返回 301 重定向，则负载均衡器可能会将所有 Pod 标记为不健康。请确保就绪探针仅返回状态码 200。

5.2.6 基于文件的就绪探针

还有一种办法，你可以让应用程序在容器的文件系统上创建一个名为 */tmp/healthy* 的文件，并使用 exec 就绪探针来检查该文件是否存在。

这种就绪探针非常实用，因为如果你为了调试问题，想暂时停止使用该容器，则可以进入该容器并删除 */tmp/healthy* 文件。这样下一次就绪探针就会失败，然后 Kubernetes 就会从匹配的服务中删除该容器。（不过，更好的方法是调整容器的标签，使其不再与服务匹配，请参见 4.6.4 节）。

现在，你可以随意检查容器并进行故障排除。结束后，你可以终止容器并部署特定的版本，或恢复探测文件，这样容器就可以再次开始接收流量了。

最佳实践

使用就绪性探针与存活探针可以方便 Kubernetes 知道应用程序何时准备就绪可以处理请求，或者何时出现问题并需要重新启动。

5.2.7 minReadySeconds

在默认情况下，就绪探针成功就意味着容器或 Pod 准备就绪。在某些情况下，你可能需要让容器运行一会儿，以确保其稳定。在部署期间，Kubernetes 会等到每个新 Pod 就绪后，再开始下一个（有关滚动更新，请参见 13.2.1 节）。如果出现故障容器立即崩溃的现象，部署就会停止，但如果等到几秒钟后再崩溃，那么有可能在你发现问题之前，所有的副本都已经推出了。

为了避免这种情况，可以在容器上设置 `minReadySeconds` 字段（默认值为 0）。只有等到容器或 Pod 的就绪探针成功 `minReadySeconds` 后，才会被认为就绪。

5.2.8 Pod 中断预算

有时，Kubernetes 需要停止你的 Pod（这个过程叫作驱逐），即使 Pod 处于活动状态，且已准备就绪。例如，也许运行 Pod 的节点在升级之前已处于排空的状态，需要将 Pod 移动到另一个节点上。

然而，只要有足够的副本运行，这种行为就不会导致应用程序停机。你可以使用 Pod 中断预算（PodDisruptionBudget）资源指定应用程序在任何给定时间内可以承受损失多少 Pod。

例如，你可以指定一次中断的数量不能超过应用程序 Pod 的 10%。或者指定 Kubernetes 可以驱逐任意数量的 Pod，但需要保证至少有三个副本在运行。

minAvailable

下面是一个 Pod 中断预算的示例，我们通过 `minAvailable` 字段指定需要保持运行的最小 Pod 数量：

```
apiVersion: policy/v1beta1
kind: PodDisruptionBudget
metadata:
  name: demo-pdb
```

```
spec:
  minAvailable: 3
  selector:
    matchLabels:
      app: demo
```

在这个示例中，minAvailable: 3 指定至少需要 3 个与标签 app: demo 匹配的 Pod 始终处于运行状态。Kubernetes 可以根据需要驱逐任意数量的 demo Pod，但必须保证至少剩下三个。

maxUnavailable

你还可以使用 maxUnavailable 指定允许 Kubernetes 驱逐的 Pod 总数或百分比：

```
apiVersion: policy/v1beta1
kind: PodDisruptionBudget
metadata:
  name: demo-pdb
spec:
  maxUnavailable: 10%
  selector:
    matchLabels:
      app: demo
```

在这个示例中，任何时候都不得驱逐超过 10% 的 demo Pod。但是，这仅适用于“自愿驱逐”，即由 Kubernetes 发起的驱逐。但如果出现诸如某个节点发生硬件故障或被删除的情况，则该节点上的 Pod 会被“非自愿”地驱逐，即使这会违反中断预算。

在所有其他条件相同的情况下，Kubernetes 倾向于让 Pod 均匀地分布在各个节点上，因此考虑集群需要多少个节点时需要牢记这一点。如果你有三个节点，那么一个节点发生故障就有可能让你失去三分之一的 Pod，从而导致无法维持可接受的服务水平（有关高可用性，请参见 3.1.3 节）。

最佳实践

对于重要的业务应用程序，设置 Pod 中断预算可确保即使有 Pod 被驱逐，也有足够的副本来维持服务。

5.3 命名空间

管理整个集群资源使用情况的另一种非常有用的方法是使用命名空间。Kubernetes 的命名空间可以根据各种目的将集群划分成小块。

例如，你可以在 `prod` 命名空间中运行生产应用程序，然后在 `test` 命名空间中进行各种试验。顾名思义，一个命名空间中的名称在其他命名空间中是不可见的。

这意味着，`prod` 命名空间可以拥有一个名为 `demo` 的服务，而 `test` 命名空间也可以拥有另一个名为 demo 服务，二者不会有任何冲突。

你可以通过运行以下命令查看集群上已有的命名空间：

```
kubectl get namespaces
NAME          STATUS    AGE
default       Active    1y
kube-public   Active    1y
kube-system   Active    1y
```

命名空间有点像计算机硬盘上的文件夹。尽管你可以将所有文件都放在同一文件夹中，但这样做很不方便。查找特定文件会非常耗时，而且也很难查看哪些文件之间有关联。命名空间可以将相关的资源组织到一起，方便你的使用。然而与文件夹不同的是，命名空间不能嵌套。

5.3.1 使用命名空间

到目前为止，在使用 Kubernetes 时，我们使用的始终是默认的命名空间。如果在运行 kubectl 命令（比如 kubectl run）时不指定命名空间，则命令会在默认的命名空间中运行。kube-system 命名空间是运行 Kubernetes 内部系统组件的地方，Kubernetes 利用这个命名空间将内部系统组件与你自己的应用程序分开。

如果使用 --namespace 标志（简写为 -n）指定命名空间，则命令将使用指定的命名空间。例如，如果想获取 prod 命名空间中的 pod 列表，则可以运行：

```
kubectl get pods --namespace prod
```

5.3.2 应该使用哪些命名空间？

如何将集群划分成命名空间，完全由你自己决定。一种直观的做法是每个应用程序或每个团队拥有一个命名空间。例如，你可以创建一个 demo 命名空间来运行演示应用程序。你可以使用 Kubernetes Namespace 资源来创建命名空间，如下所示：

```
apiVersion: v1
kind: Namespace
metadata:
  name: demo
```

使用 kubectl apply -f 命令可以应用这个资源清单（有关 YAML 格式的资源清单，请参见 4.6 节）。你可以在演示应用程序代码库的 *hello-namespace* 目录中找到本节所有示例的 YAML 清单：

```
cd demo/hello-namespace
ls k8s
deployment.yaml   limitrange.yaml   namespace.yaml    resourcequota.yaml
service.yaml
```

你还可以进一步为运行应用程序的每个环境创建命名空间，例如 demo-prod、demo-staging、demo-test 等。你可以将命名空间作为一种临时的虚拟集群，并在使用完成后将其删除。但删除时务必小心！删除命名空间会删除其中的所有资源。千万不要在错误的命名空间中运行这个命令（有关如何授权或拒绝用户访问各个命名空间，请参见 11.1.2 节）。

在当前版本的 Kubernetes 中，我们无法保护命名空间等资源不被删除（有关此功能的提议正在讨论中，请参见：*https://github.com/kubernetes/kubernetes/issues/10179*）。因此，请勿删除命名空间，除非确实是临时的命名空间，而且你确定其中不包含任何生产资源。

最佳实践

为基础设施中的每个应用程序或每个逻辑组件创建单独的命名空间。不要使用默认的命名空间，因为很容易出错。

如果你需要阻止所有网络流量传入或传出特定命名空间，则可以使用 Kubernetes 网络策略来强制执行（请参见：*https://kubernetes.io/docs/concepts/services-networking/network-policies/*）。

5.3.3 服务地址

尽管命名空间彼此隔离，但它们仍然可以与其他命名空间中的服务通信。回顾一下，我们曾在 4.6.4 节中讲过，每个 Kubernetes 服务都有一个关联的 DNS 名称，可用来与之通信。连接到主机名 demo 就可以连接到名为 demo 的服务。那么，如何跨越不同的命名空间进行通信呢？

服务的 DNS 名称始终遵循以下格式：

```
服务 . 命名空间 .svc.cluster.local
```

.svc.cluster.local 部分是可选的，命名空间也是可选的。但是，假如你想与 prod 命名空间中的 demo 服务进行对话，则可以使用：

```
demo.prod
```

即使你有十几个不同的服务都叫 demo，每个服务都在自己的命名空间中，则只需在服务的 DNS 名称中加入命名空间，就可以明确指定你要访问哪个服务。

5.3.4 资源配额

我们可以给每个容器设置 CPU 和内存的使用限制（请参见 5.1.2 节的介绍），同样我们也可以（并且应该）限制命名空间的资源使用量。为此，你可以在命名空间中创建资源配额（ResourceQuota）。下面是资源配额的一个示例：

```
apiVersion: v1
kind: ResourceQuota
metadata:
  name: demo-resourcequota
spec:
  hard:
    pods: "100"
```

将这个清单应用到特定的命名空间（例如 demo），就可以设定一个硬性限制：该命名空间内一次最多只能运行 100 个 Pod（请注意，ResourceQuota 的 metadata.name 可以是任何你喜欢的名称。它只会影响应用清单的命名空间）。

```
cd demo/hello-namespace
kubectl create namespace demo
namespace "demo" created
kubectl apply --namespace demo -f k8s/resourcequota.yaml
resourcequota "demo-resourcequota" created
```

这样 Kubernetes 就会阻止 `demo` 命名空间中任何超出配额的 API 操作。在上述示例中，资源配额限制该命名空间只能有 100 个 Pod，因此，如果已有 100 个 Pod 正在运行，而你尝试再启动一个新 Pod，就会看到如下错误消息：

```
Error from server (Forbidden): pods "demo" is forbidden: exceeded quota:
demo-resourcequota, requested: pods=1, used: pods=100, limited: pods=100
```

使用资源配额可以有效地阻止一个命名空间中的应用程序占用过多资源，造成集群其他部分资源紧张。

虽然你可以限制命名空间中 Pod 使用 CPU 和内存的总量，但我们不建议这样做。如果将这些使用量设置得很低，那么当你的工作负载接近限制时，就会引发意想不到而且很难发现的错误。如果将使用量设置得很高，则根本没意义。

但是，Pod 限制有助于防止因配置错误或输入错误而生成无限 Pod。我们很容易忘记清理常规任务中的某些对象，直到有一天突然发现成千上万的对象阻塞了集群。

最佳实践

在每个命名空间中使用资源配额来限制该命名空间中可以运行的 Pod 数量。

如果想检查特定命名空间中资源配置是否处于活动状态，则可以使用 `kubectl get resourcequotas` 命令：

```
kubectl get resourcequotas -n demo
NAME                 AGE
demo-resourcequota   15d
```

5.3.5 默认资源请求和约束

预先得知容器需要多少资源并不是很容易。你可以使用 LimitRange 资源为命名空间中所有的容器设置默认请求值和约束值：

```
apiVersion: v1
kind: LimitRange
metadata:
  name: demo-limitrange
spec:
  limits:
  - default:
      cpu: "500m"
      memory: "256Mi"
    defaultRequest:
      cpu: "200m"
      memory: "128Mi"
    type: Container
```

与 ResourceQuota 一样，LimitRange 的 `metadata.name` 可以是任何你想要的名称，它并不对应 Kubernetes 的命名空间。LimitRange 或 ResourceQuota 仅在你应用清单时指定的命名空间中生效。

命名空间中任何未指定资源约束或请求的容器都会继承 LimitRange 的默认值。例如，未指定 `cpu` 请求的容器会继承 LimitRange 的值：`200m`。同样，没有指定内存限制的容器将继承 LimitRange 的值：`256Mi`。

从理论上讲，你只需在 LimitRange 中设置默认值，而不必为每个容器指定请求或约束。但这不是一个好习惯。要想知道容器的请求和约束，应该只需要查看容器的规范即可，而不必知道是否有 LimitRange 在起作用。我们应该将 LimitRange 作为最后一道防线，防止容器的所有者忘记指定请求和约束而引发问题。

最佳实践

在每个命名空间中使用 LimitRanges 来设置容器默认的资源请求和约束，但不要依赖它们。把它们当成最后一道防线。请务必在容器规范中指定明确的请求和约束。

5.4 优化集群的成本

我们将在 6.1 节中介绍决定集群初始大小以及随着工作负载的增加扩展集群时的一些注意事项。但是，假设你的集群大小合适且拥有足够的容量，那么你应该如何以性价比最高的方式运行它呢？

5.4.1 优化部署

你真的需要这么多副本吗？这个问题的答案似乎很明显，但是集群中的每个 Pod 都会占用一些资源，导致其他 Pod 无法使用这些资源。

为了确保某个 Pod 发生故障或在滚动升级期间，服务质量永远不会下降，我们常常忍不住想运行大量的副本。此外，副本越多，应用程序可以处理的流量就越大。

但是，我们应该理智地使用副本。集群只能运行有限数量的 Pod。我们应该将这些有限的 Pod 用到真正需要最大化可用性和性能的应用程序。

如果在升级过程中关闭某个部署几秒钟也没关系，那么就不需要大量的副本。很多应用程序和服务只需要一两个副本也完全可以正常运行。

重新审视为每个部署配置的副本数，然后问问自己：

- 该服务有哪些性能和可用性方面的业务要求？
- 我们是否可以用更少的副本满足这些要求？

如果应用在处理需求时很吃力，或者用户在升级部署期间遇到太多错误，则该应用需要更多副本。但在很多情况下，即使大幅缩减部署也不会引发用户能注意到的服务降级。

最佳实践

在满足性能和可用性要求的前提下，最小化部署使用的 Pod 数量。逐渐减少副本数量，直到刚好达到服务水平目标。

5.4.2 优化 Pod

在本章前面，我们强调了为容器设置正确的资源请求和约束的重要性。如果资源请求设置得太小，那么很快你就会知道，因为 Pod 会出现问题。但是，如果资源请求设置得太大，那么你要等收到第一个月的云账单时才会发现。

你应该定期审查各种工作负载的资源请求和约束，并与实际使用的资源进行比较。

大多数托管的 Kubernetes 服务都提供某种形式的仪表板，显示一段时间内容器使用 CPU 和内存的情况。有关集群状态的更多信息，请参见 11.4 节。

你也可以使用 Prometheus 和 Grafana 构建自己的仪表板和统计信息，我们将在第 15 章中详细介绍这方面的内容。

设置最理想的资源请求值和约束值是一门艺术，每种工作负载的理想值都不同。有些容器可能在大多数时候都是空闲状态，偶尔在处理某个请求时才会出现资源使用的高峰。而有些容器始终忙忙碌碌，而且使用的内存越来越多，直到达到约束值。

通常，容器的资源约束应该略高于正常操作中使用的最大资源量。例如，如果在一段时间内某个容器的内存使用量从未超过 500 MiB，则可以将它的内存限制设置为 600 MiB。

容器应该设置约束吗？有一派的观点认为，生产中的容器不应有任何约束，或者应该将约束设置得很高，这样容器永远也不会超过约束值。如果容器规模非常大，占用大量资源，重启的成本很高，那么这种做法很合理，但总的来说，我们认为最好设置约束。如果没有约束，一旦容器发生内存泄漏，或占用太多 CPU，那么就有可能吞噬节点上所有的空闲资源，导致其他容器无资源可用。

为了避免出现这种资源“吃豆人”（Pac-Man）的情况，请将容器的约束设置为略高于 100% 的正常使用量。这样能保证容器在正常工作的情况下不会被杀死，但是如果出了问题，也可以将影响降到最低。

请求的设置没有约束那么重要，但仍然不能将它们设置得太高（这会导致 Pod 永远无法被调度）或太低（因为超过请求值的 Pod 会成为首先被驱逐的对象）。

5.4.3 Pod 垂直自动伸缩器

有一个名叫 Pod 垂直自动伸缩器的 Kubernetes 插件，可以帮助你找出资源请求的理想值。它会监视指定的部署，并根据实际使用情况自动调整 Pod 的资源请求。它提供演习模式，而且在演习模式下只提供建议，而不会真的修改正在运行的 Pod，因此可能会很有帮助。

5.4.4 优化节点

Kubernetes 支持各种大小的节点，但其中某些节点的性能会更好一些。为了让花出去的钱能换来最理想的集群容量，你需要在真实的需求条件下，运行真实的工作负载，并观察节点的实际性能。这种方式可以帮助你确定性价比最高的实例类型。

记住，每个节点上都必须有一个操作系统，而这个操作系统会占用磁盘、内存和 CPU 资源。Kubernetes 系统组件和容器运行时也是如此。节点越小，这部分开销所占的总资源比例就越大。

因此，节点越大，工作负载所占的资源比例就越大，性价比就越高。而代价是失去某个节点对集群的可用容量产生的影响也就越大。

小型节点更有可能出现被搁浅资源的现象。被搁浅资源指的是，虽然存在未使用的内存空间和 CPU 时间，但对任何现有的 Pod 来说都太小了，导致无法分配。

一条很好的经验法则是，节点应该能够运行至少 5 个典型的 Pod，并将被搁浅资源的比例保持在 10% 以下。如果节点可以运行 10 个或更多 Pod，则被搁浅资源应低于 5%。

Kubernetes 中默认的约束是每个节点 110 个 Pod。尽管你可以通过调整 `kubelet` 的 `--max-pods` 设置来提高这个约束，但在某些托管服务中无法这样做，而且最好还是保留 Kubernetes 的默认值，除非你有充分的更改理由。

每个节点上的 Pod 数量约束意味着云提供商支持的最大实例无法得到完全利用。相反，你应该考虑运行大量较小的节点，以获得更好的利用率。例如，不要运行 6 个拥有 8 个 vCPU 的节点，而是改为运行 12 个拥有 4 个 vCPU 的节点。

你可以通过云提供商的仪表板或 `kubectl top nodes`，查看每个节点资源利用率百分比。CPU 的使用百分比越大，利用率就越好。如果集群中较大的节点利用率较好，那么建议你删除一些小节点，并替换成更大的节点。

相反，如果较大的节点利用率较低，则表明集群的容量过大，因此你可以删除某些节点，或者缩减节点的大小，从而降低总费用。

最佳实践

节点越大性价比越高，因为系统开销消耗的资源更少。你可以通过查看集群的实际利用率来确定节点的大小，最好保持每个节点 10 ~ 100 个 Pod。

5.4.5 优化存储

磁盘存储的云成本常常被忽略。云提供商为不同大小的实例提供不同大小的磁盘空间，各种大型存储的价格也各异。

虽然使用 Kubernetes 资源请求和约束可以实现很高的 CPU 和内存利用率，但存储却无法做到这一点，而且许多集群节点配置的磁盘空间都远远超过了需要。

除了许多节点拥有超出需求的存储空间之外，存储类型也可能是一个因素。大多数云提供商都会根据每秒 I/O 操作数（I/O operations per second，IOPS）或占用的带宽提供不同类别的存储。

例如，使用持久性磁盘卷的数据库通常需要很高的 IOPS，才能实现快速、高吞吐量的存储访问。这类存储很昂贵。为了节省云成本，你可以为不需要那么多带宽的工作负载配置低 IOPS 存储。另一方面，如果你的应用程序在等待存储 I/O 上花费了大量时间而导致性能很差，则应该提供更多 IOPS 来解决这个问题。

通常，云或 Kubernetes 提供商的控制台能够显示节点上实际使用了多少 IOPS，而且你可以通过这些数字来决定削减何处的成本。

在理想情况下，你能够为需要高带宽或大量存储的容器设置资源请求值。然而，目前 Kubernetes 还不支持这个功能，尽管将来可能会添加对 IOPS 请求值的支持。

最佳实践

不要使用存储空间超过实际需要的实例类型。根据实际使用的吞吐量和空间，尽可能使用最小、IOPS 最低的磁盘卷。

5.4.6 清理未使用的资源

随着 Kubernetes 集群的增长，你会发现许多未使用或丢失的资源在黑暗的角落里徘徊。长此以往，如果这些丢失的资源没有得到清理，它们将占据总成本的很大一部分。

在最高层面，你可能会发现一些不属于任何集群的云实例，因为你很容易忘记关闭某台不再使用的机器。

还有一些类型的云资源即使不使用也要花钱，例如负载均衡器、公共 IP 和磁盘卷。你应该定期检查每种资源的使用情况，找出并删除未使用的实例。

同理，Kubernetes 集群中的某些部署或 Pod 可能并没有被任何服务实际引用，因此它们无法接收到流量。

那些没有运行的容器镜像也会占据节点上的磁盘空间。幸运的是，当节点上的磁盘空间不足时，Kubernetes 会自动清理未使用的镜像[注 2]。

注 2：你可以通过调整 kubelet 垃圾回收设置来定制这种行为（参考链接：*https://kubernetes.io/docs/concepts/cluster-administration/kubelet-garbage-collection/*）。

利用所有者的元数据

减少未使用资源的一种有效方法是在整个组织范围内制定策略，给每个资源都打上标签来表明其所有者。你可以使用 Kubernetes 注释来实现这一点（有关标签与注释的详细内容，请参见 9.1.5 节）。

例如，你可以按照如下方式给每个部署添加注释：

```
apiVersion: apps/v1
kind: Deployment
metadata:
  name: my-brilliant-app
  annotations:
    example.com/owner: "Customer Apps Team"
...
```

所有者的元数据应指定为某个人或团队，在遇到有关该资源的问题时可以与之联系。这种方法很有效，尤其在识别废弃或未使用的资源时特别方便（最好在自定义注释的开头加上公司的域名，例如 `example.com`，以防止与其他同名的注释发生冲突）。

你可以定期查询集群中没有所有者注释的所有资源，整理出一张列表，以便终止这些资源。特别严苛的策略是立即终止一切没有所有者的资源。但是，不要太过于严苛，至少应该明白开发人员并无恶意，这一点与节约集群容量同等重要，甚至有过之而无不及。

最佳实践

为所有的资源设置所有者注释，让大家知道当该资源出现问题，或者资源似乎已被弃用且可以被终止时，应当与何人联系。

寻找未充分利用的资源

有些资源接收的流量可能很低，甚至根本没有。这可能是由于标签的更改导致它们与服务前端断开了连接，或者这些资源是临时的或试验性的。

每个 Pod 都应该将接收到的请求数量作为指标公开（请参见第 16 章）。我们可以使用指标来查找流量较低或为零的 Pod，并列出可以被终止的候选资源。

此外，你还可以通过 Web 控制台，检查每个 Pod 使用 CPU 以及内存的情况，并找到集群中利用率最低的 Pod。如果存在没有执行任何操作的 Pod，则说明资源没有被充分利用。

如果 Pod 拥有所有者元数据，则请联系其所有者，以查明这些 Pod 是否确实有必要（例如，它们可能是仍在开发中的应用程序的 Pod）。

你可以使用另一个自定义的 Kubernetes 注释（比如 `example.com/lowtraffic`）来标记那些没有接收请求但出于某种原因仍然有必要存在的 Pod。

最佳实践

定期检查集群，找出未充分利用或废弃的资源并消灭它们。所有者注释可以提供帮助。

清理已完成的作业

Kubernetes 作业（请参见 9.5.3 节）也是 Pod，但它们运行一次就完成了，并且不会重新启动。但是，Job 对象仍然会留在 Kubernetes 的数据库中，如果有大量已完成的 Job，就有可能影响 API 性能。`kube-job-cleaner` 是一款非常便捷的清理已完成作业的工具。

5.4.7 检查备用容量

无论何时，集群都应该有足够的备用容量来应对某个工作节点发生故障。如果想检查备用容量是否足够，你可以把最大的节点排干（有关缩小规模，请参见 6.1.3 节）。在节点上所有的 Pod 都被驱逐之后，检查所有应用程序是否仍能够工作，且副本数能够达到配置的要求。如果不满足，则需要向集群添加更多容量。

如果在节点发生故障时，没有足够的容量重新安排工作负载，则最好的结果就是服务会降级，而在最糟糕的情况下服务将无法使用。

5.4.8 使用预留实例

有些云提供商会根据计算机的生命周期提供不同的实例类。预留实例可在价格和灵活性之间取得平衡。

例如，AWS 预留实例的价格约为按需实例（默认类型）的一半。你可以选择不同的预留时间，如 1 年、3 年等。AWS 预留实例的大小是固定的，因此，如果在三个月内你发现需要一个更大的实例，则预留的大部分都会被浪费掉。

Google 云提供了与预留实例等价的服务：承诺使用折扣，你可以预付一定数量的 vCPU 以及一定量的内存。这种形式比 AWS 的预留实例更灵活，因为你可以使用超出预留的资源量，超出预留的部分只需按照正常的按需价格付费即可。

如果你很清楚可预见未来的需求，则预留实例和承诺使用折扣是一个不错的选择。但是，没有使用的预留也不予退款，你必须提前付清整个预留期的费用。因此，只有在需求不太可能发生显著变化的期间内，才应该选择预留实例。

然而，如果你能够提前做出一年或两年的计划，那么使用预留实例可以省一大笔钱。

最佳实践

当你的需求在一两年之内不太可能改变时，请使用预留实例，但务必三思而后行，因为一旦完成付款后就无法更改或退款。

5.4.9 抢占式（Spot）实例

AWS 称这种实例为 Spot 实例，Google 称之为抢占式虚拟机，它们不提供可用性保证，而且生命周期通常都是有限的。因此，它们是价格与可用性之间的折中。

Spot 实例很便宜，但随时可能被暂停或继续，并且可能被完全终止。幸运的是，即便丢失某个集群节点，Kubernetes 仍可提供高可用的服务。

可变价格或可变抢占率

根据上述介绍，对于你的集群而言，Spot 实例是一种性价比很高的选择。AWS 的 Spot 实例每小时的价格会根据需求量变化。当某个区域和可用区内的某个实例类型的需求量很高时，价格就会上涨。

相反，Google 云的抢占式虚拟机是按固定费率计费的，但抢占率会随时变化。根据 Google 的说法，一周内平均 5% ～ 15% 的节点是抢占式的。但是，有些实例类型的抢占式虚拟机可能比按需便宜 80%。

抢占式节点可使成本减半

因此，使用抢占式节点是减少 Kubernetes 集群成本的一种非常有效的方法。尽管你可能需要多运行几个节点，以确保工作负载能够在抢占发生时存活下来，但事实证明，抢占式节点可以将每个节点的成本降到一半。

你可能还会发现，使用抢占式节点可以在集群中加入一些混乱工程（有关混乱测试，请参见 6.4 节），前提是你的应用程序已做好准备接受混乱测试。

但是请记住，你应该确保足够的不可抢占节点来处理集群最低限度的工作负载。风险不能超过你的承受范围。如果你有很多抢占式节点，那么最好使用集群自动伸缩来确保尽快替换所有被抢占的节点（有关自动伸缩，请参见 6.1.3 节）。

从理论上讲，有可能所有可抢占节点会同时消失。因此，尽管能够节省成本，但最好还是将抢占式节点限制在集群的三分之二以内。

最佳实践

让某些节点使用抢占式节点或 Spot 实例可以降低成本，但是不要让损失超过你能够承受的范围。务必保留一些非抢占式节点。

使用节点亲和性控制调度

你可以使用 Kubernetes 的节点亲和性来保证无法承受失败的 Pod 不会被调度到抢占式节点上（有关节点亲和性，请参见 9.2 节）。

例如，Google Kubernetes Engine 的可抢占节点带有标签 `cloud.google.com/gke-preemptible`。如果想告诉 Kubernetes 不要将 Pod 调度到这些节点上，你需要在 Pod 或部署规范中添加以下内容：

```
affinity:
  nodeAffinity:
    requiredDuringSchedulingIgnoredDuringExecution:
      nodeSelectorTerms:
      - matchExpressions:
        - key: cloud.google.com/gke-preemptible
          operator: DoesNotExist
```

节点亲和性 `requiredDuringScheduling...` 是必须的，凡是拥有该亲和性的 Pod 永远不会被调度到与选择器表达式不匹配的节点上（这叫作硬亲和性）。

或者，你也可以告诉Kubernetes，有些不太重要的Pod（允许偶尔出现故障）应该优先被调度到抢占式节点上。在这种情况下，可以使用软亲和性（相对于硬亲和性而言）：

```
affinity:
  nodeAffinity:
    preferredDuringSchedulingIgnoredDuringExecution:
    - preference:
        matchExpressions:
        - key: cloud.google.com/gke-preemptible
          operator: Exists
      weight: 100
```

上述内容的真正含义是："如果可以，请将该Pod调度到抢占式节点上；如果不可以也没关系。"

最佳实践

如果你正在运行抢占式节点，请使用Kubernetes节点亲和性来确保重要的工作负载不会被抢占。

5.4.10 保持工作负载均衡

我们已经讨论了Kubernetes调度器的工作，它会确保工作负载均匀地分散到尽可能多的节点中，并尝试将Pod副本放置在不同的节点上以实现高可用性。

一般来讲，调度器可以很好地完成这些工作，但是你需要注意一些极端情况。

例如，假设你有两个节点以及两个服务A和B，每个服务都有两个副本。在平衡的集群中，每个节点都有服务A的一个副本，而且每个节点还有服务B的一个副本（见图5-1）。如果其中一个节点发生故障，则A和B仍然可以使用。

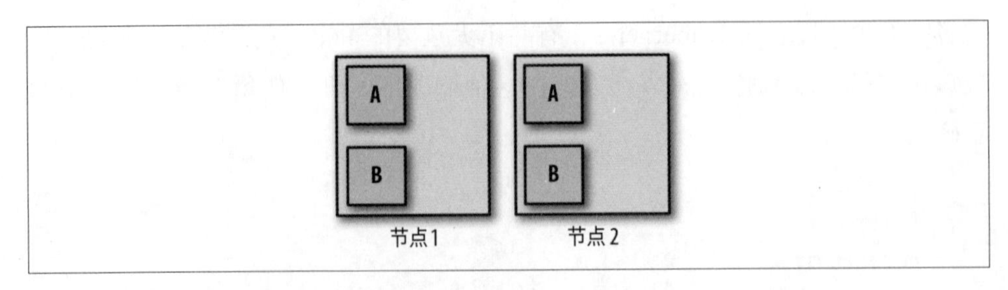

图 5-1：平衡地分布在可用节点上的服务 A 和 B

目前来看，一切都没问题。但是，假设节点 2 发生了故障。调度器会注意到 A 和 B 都需要一个额外的副本，并且现在只能在一个节点上创建副本，所以它只好在节点 1 上创建副本。那么此时，节点 1 同时运行服务 A 的两个副本和服务 B 的两个副本。

现在，假设我们启动了一个新节点来替换发生故障的节点 2。即便新的节点可用之后，上面也不会有 Pod。调度器永远不会将正在运行的 Pod 从一个节点移动到另一个上。

于是，我们的集群失去了平衡，所有 Pod 都集中在节点 1 上，而节点 2 上一个都没有（见图 5-2）。

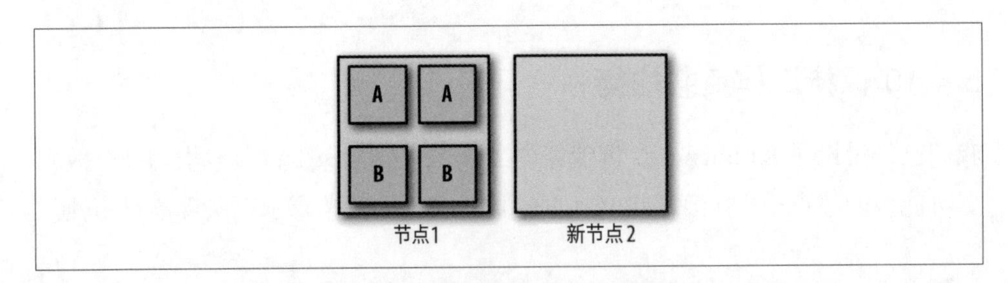

图 5-2：在节点 2 发生故障后，所有的副本都转移到了节点 1 上

而且情况还会更糟。假设你要为服务 A 部署一次滚动更新（我们称新版本的服务为 A*）。调度器需要为服务 A* 启动两个新副本，等到新副本起来后，再终止旧副本。那么它将在哪里启动新副本呢？在新节点 2 上，因为它处于

空闲状态，而节点 1 已经运行了 4 个 Pod。因此，新服务 A* 的两个副本都在节点 2 上启动，而旧副本会从节点 1 上删除（见图 5-3）。

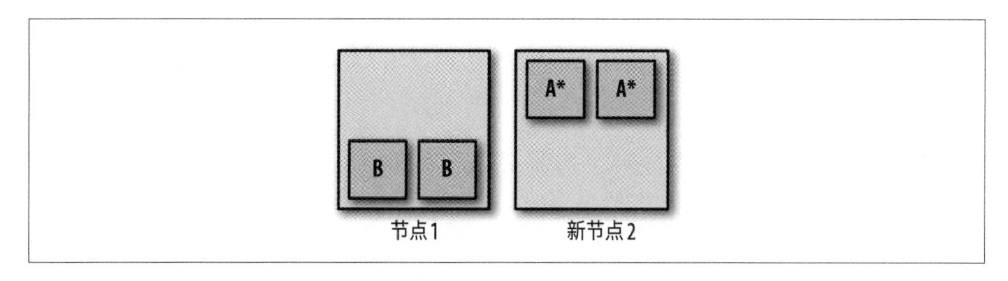

图 5-3：在推出服务 A* 后，集群依然不平衡

现在的情况很糟，因为服务 B 的两个副本都在同一节点（节点 1）上，而服务 A* 的两个副本也都在同一节点（节点 2）上。尽管你有两个节点，但没有高可用性。一旦节点 1 或节点 2 发生故障，服务就会中断。

这个问题的关键在于，调度器永远不会将 Pod 从一个节点移动到另一个上，除非它们由于某种原因而重新启动。此外，调度器的目标是将工作负载均匀地分散到节点上，但这个目标有时会与维持某个服务的高可用性冲突。

解决这个问题的方法之一是使用一种名叫解调度器的工具。你可以频繁运行这个工具，就像 Kubernetes 作业一样，它会尽力重新平衡集群，方法是找到需要移动的 Pod 并干掉它们。

解调度器具有可供配置的各种策略和方针。例如，有一种策略会寻找未充分利用的节点，并杀死其他节点上的 Pod，强制将它们重新调度到这个空闲的节点上。

还有一种策略是寻找重复的 Pod，即找到在同一个节点上运行的同一个 Pod 的两个或多个副本，并驱逐它们。在上述示例中，工作负载在名义上是平衡的，但实际上两个服务都不具备高可用性，而这种策略就可以解决我们的问题。

5.5 小结

Kubernetes 非常擅长以可靠、高效的方式运行工作负载，且无需手动干预。只需为调度器提供容器所需资源的准确估计值，你就可以放手让 Kubernetes 负责一切了。

你可以更好地利用原来花在解决运维问题上的时间，比如用这些时间来开发应用程序。谢谢 Kubernetes！

了解 Kubernetes 管理资源的方式是正确构建和运行集群的关键。本章的要点如下：

- Kubernetes 根据请求和约束为容器分配 CPU 及内存资源。
- 容器的请求值是运行容器所需的最少资源量。容器的约束值指定的是允许使用的最大资源量。
- 最低限度的容器镜像可以更快地构建、推送、部署和启动。容器越小，潜在的安全漏洞越少。
- 存活探针告诉 Kubernetes 容器是否正常工作。如果容器的存活探针失败，那么容器会被干掉并重新启动。
- 就绪探针告诉 Kubernetes 容器已准备就绪，可以处理需求。如果就绪探针失败，则容器会从所有引用它的服务中删除，从而导致容器与用户流量断开连接。
- Pod 中断预算能够限制在驱逐期间内可以一次性停止的 Pod 数量，目的是为了保证应用程序的高可用性。
- 命名空间是对集群进行逻辑分区的一种方法。你可以为每个应用程序或一组相关的应用程序创建一个命名空间。
- 如果想在另一个命名空间中引用服务，则可以使用如下格式的 DNS 地址：服务 . 命名空间。

- 资源配额允许你为命名空间设置资源的使用总额约束。
- LimitRanges 指定命名空间中容器默认的资源请求值和约束值。
- 设置资源约束，可以确保应用程序在正常使用中不会超过这个限制。
- 不要分配超过需求的云存储，也不要置备高带宽存储，除非这些存储对应用程序的性能至关重要。
- 在所有资源上设置所有者注释，并定期审查集群，找到没有所有者的资源。
- 找出并清理未使用的资源（但不要忘记与所有者联系）。
- 如果你有长期的使用计划，则预留实例可以为你省很多钱。
- 抢占式实例可在短期内省钱，但要做好它们随时可能会消失的准备。使用节点亲和性可以避免不允许发生故障的 Pod 被分配到抢占节点上。

第 6 章

集群运维

If Tetris has taught me anything, it's that errors pile up and accomplishments disappear.

—— Andrew Clay Shafer

在 Kubernetes 集群建立好后，你怎么知道集群的状态是否良好，而且正在正常运行？如何伸缩集群才能满足需求，同时将云成本降至最低？在本章中，我们将讨论有关运维生产工作负载的 Kubernetes 集群所涉及的问题，以及一些可以提供帮助的工具。

我们曾在第 3 章中介绍过，关系到 Kubernetes 集群的重要考虑事项有很多，包括可用性、身份认证、升级等。如果你按照我们的推荐，使用优秀的托管 Kubernetes 服务，则大多数问题都应该得到了解决。

然而，实际如何运维集群则完全由你自己决定。在本章中，你将学习如何控制和扩展集群的规模，检查集群的一致性，发现安全问题以及使用 Chaos Monkey（混乱的猴子）来测试基础设施的弹性。

6.1 集群的规模与伸缩

你需要多大的集群？在使用自托管的 Kubernetes 集群，或任何托管的服务时，集群的持续成本直接取决于其节点的数量和大小。如果集群的容量过小，则你的工作负载将无法正常运行，或者在流量过大时崩溃；如果集群的容量过大，那就是浪费钱。

适当地调整集群的大小和规模非常重要，下面我们来看看其中涉及的一些决策。

6.1.1 容量规划

初步估算所需容量的一种方法是，想一想运行同一款应用程序需要多少传统服务器。例如，如果当前体系结构在 10 个云实例上运行，则为了运行相同的工作负载，Kubernetes 集群所需的节点数不会超过 10 个，再加上 1 个冗余节点。事实上，你可能不需要那么多，因为 Kubernetes 可以在多个机器上均匀分布工作负载，因此可以实现比传统服务器更高的利用率。但是，可能需要一些时间和实践经验才能将集群调整到最佳容量。

最小集群

在第一次设置集群时，你可能需要在集群上进行尝试和实验，弄清楚如何运行应用程序。因此，在对所需容量有所了解之前，不需要烧钱购买大型集群。

最小的 Kubernetes 集群就是单节点集群。正如我们第 2 章的介绍，你可以通过最小集群尝试 Kubernetes，并运行少量用于开发的工作负载。然而，单节点集群无法抵抗节点硬件、Kubernetes API 服务器或 kubelet（负责在每个节点上运行工作负载的代理守护程序）的故障。

如果你使用的是 GKE 之类的托管 Kubernetes 服务（有关 GKE，请参见 3.3.1 节），则无需担心如何分配主节点，交给 GKE 负责即可。而另一方面，如果你想构建自己的集群，则需要决定使用多少个主节点。

一个健壮的 Kubernetes 集群至少需要 3 个主节点。1 个主节点不够健壮，而 2 个节点无法在谁是主节点的问题上达成一致，因此需要 3 个主节点。

虽然你可以在这么小的 Kubernetes 集群上做一些有意义的工作，但不建议这样做。更妥当的做法是添加一些工作节点，确保你自己的工作负载不会与 Kubernetes 控制平面争夺资源。

如果集群控制平面具备高可用性，那么你可以只使用一个工作节点，但是以防万一节点发生故障，至少应该准备两个工作节点，并允许 Kubernetes 至少为每个 Pod 运行两个副本。节点越多越好，尤其是因为 Kubernetes 调度器无法总是确保工作负载非常均匀地分布在各个可用节点之上（有关保持工作负载平衡，请参见 5.4.10 节）。

最佳实践

Kubernetes 集群至少需要三个主节点才能具备高可用性，而且你可能还需要更多的主节点来处理大型集群的工作。最少需要两个工作节点，工作负载才能承受单个工作结点出错，而三个工作节点则更好。

最大集群

Kubernetes 集群的规模有上限吗？简单来说有，但是你几乎不用担心这个问题。Kubernetes 版本 1.12 支持最多 5000 个节点的集群。

由于集群需要节点之间的通信，因此通信路径数量以及底层数据库的负载会随着集群的增大呈指数增长。虽然 Kubernetes 可以在 5000 多个节点上运行，但不能保证正常工作，或者至少无法达到生产工作负载要求的响应速度。

Kubernetes 文档建议，官方支持的集群配置不能超过 5000 个节点，Pod 总量不能超过 150000 个，容器总量不能超过 300000 个，且每个节点上 Pod 数不能超过 100 个（参考链接：*https://kubernetes.io/docs/setup/best-practices/cluster-large/*）。请注意，集群越大，主节点上的负载就越大。如果你自己负责运行主节点，则应对成千上万个节点的集群需要极其强大的机器。

最佳实践

为了最大化可靠性，请确保 Kubernetes 集群不超过 5000 个节点以及 150000 个 Pod（对大多数用户而言这不是问题）。如果需要更多资源，请运行多个集群。

联合集群

如果你的工作负载需要非常多的资源，或者需要运维超大规模的集群，那么这些限制可能会成为现实问题。在这种情况下，你可以运行多个 Kubernetes 集群，并在必要时联合所有的集群，这样工作负载就可以跨集群复制了。

联合能够保持两个或多个集群同步，运行完全相同的工作负载。你可以利用联合集群，通过多个云提供商的 Kubernetes 集群增强健壮性，或通过位于不同的地理位置的集群来减少用户的延迟。即使某个集群发生故障，一组联合集群也可以继续运行。

有关更多联合集群的信息，请参见 Kubernetes 文档（地址：*https://kubernetes.io/docs/concepts/cluster-administration/federation/*）。

大多数 Kubernetes 用户可能并不需要关心联合，而且实际上，大多数大规模用户都可以使用多个无联合集群（每个集群有几百到几千个节点）来处理工作负载。

最佳实践

如果你需要跨多个集群复制工作负载，例如为了增加地理位置冗余或减少延迟等原因，则可以使用联合。但是，大多数用户不需要联合集群。

我需要多个集群吗？

除非像上一节说的那样你需要运维大规模的集群，否则一般情况下一两个集群就够用了，例如一个用于生产，另一个用于预发布和测试。

为了方便又轻松地管理资源，你可以使用命名空间将集群划分为逻辑分区，详细内容请参见 5.3 节的介绍。除了少数例外情况之外，通常多个集群带来的管理开销都得不偿失。

在某些特定情况下，例如为了安全性和遵从法规，你可能需要某个集群中的服务与另一个集群绝对隔离（例如，在处理需要保护的健康信息时，或出于法律原因数据不能从某个地理位置传输到其他地方时）。只有在这些情况下，你才需要创建单独的集群。而大多数 Kubernetes 用户都不会遇到这种问题。

最佳实践

除非一组工作负载或团队确实需要与另一组完全隔离，否则一个生产集群和一个预发布集群就足够了。如果只是为了便于管理想对集群进行分区，那么请使用命名空间。

6.1.2 节点与实例

某个节点的容量越大，它可以完成的工作就越多。节点的容量主要用 CPU 内核数（虚拟或其他）以及可用的内存量表示，其次是磁盘空间。但是，运行 10 个非常大的节点，还是运行 100 个非常小的节点，哪种方式更好呢？

选择正确的节点大小

Kubernetes 集群的节点大小没有统一的正确答案。这取决于你的云提供商或硬件提供商，以及工作负载的情况。

不同大小的实例的单位容量平均成本可能会影响你决定节点大小的方式。例如，某些云提供商可能会提供大型实例的折扣，因此，如果你的工作负载是计算密集型的，那么与大量的小型节点相比，在少数几个规模非常大的节点上运行可能会更便宜。

另外，集群所需的节点数也会影响节点大小的选择。为了享受 Kubernetes 提供的优势（例如Pod副本和高可用性），你需要将工作分散到多个节点上。但是，节点的备用容量过多也会造成资金浪费。

例如，如果你需要至少 10 个节点来实现高可用性，但是每个节点只需要运行几个 Pod，则节点实例可以很小。另一方面，如果只需要两个节点，那么你就可以使用大规模的节点，利用更优惠的实例价格来节省资金。

最佳实践

选用提供商提供的性价比最高的节点类型。通常，大型节点的价格更加便宜，但是如果你只有少数几个节点，则可能需要添加一些小节点来实现冗余。

云实例类型

由于 Kubernetes 组件本身（例如 kubelet）也需要使用一定量的资源，而且你需要一些备用的容量，因此云提供商提供的最小实例可能并不适合 Kubernetes。

小型集群（约 5 个节点以内）的主节点应该至少具备一个虚拟 CPU（vCPU）和 3 ~ 4 GiB 内存，而大型集群的每个主节点则需要更多的内存和 CPU。这相当于 Google 云上的 `n1-standard-1` 实例、AWS 上的 `m3.medium`，以及 Azure 上的 Standard DS1 v2。

最低限度的工作节点也应该拥有一个单 CPU 和 4 GiB 内存的实例，但是，正如我们上述的讨论，有时配置大节点可能更划算。例如，Google Kubernetes Engine 中默认的节点大小为 `n1-standard-1`，其规格大致能满足这个要求。

对于只有几十个节点的大型集群而言，最好混合使用两种或三种不同大小的实例。也就是说，需要大量内存、计算密集型工作负载的Pod可以被Kubernetes调度到大型节点上，而小节点则负责处理较小的Pod（有关节点亲和性，请参见9.2节）。这种方法可以在Kubernetes调度器决定在何处运行某个Pod时，提供最大的选择自由度。

异构节点

并非所有节点的创建初衷都相同。有时也需要一些具有特殊属性的节点，例如图形处理单元（GPU）。GPU是高性能并行处理器，在许多与图形无关的计算密集型问题中也得到了广泛应用，比如机器学习或数据分析。

你可以使用Kubernetes的资源约束功能（请参见5.1.3节）来指定某个Pod至少需要一个GPU。这可以确保这些Pod仅在启用了GPU的节点上运行，而且能够获得比那些可在任意节点上运行的Pod更高的优先级。

大多数Kubernetes节点都运行了某种Linux，其上几乎可以运行任何应用程序。回顾一下，容器不是虚拟机，因此容器内的进程直接在底层节点的操作系统内核上运行。而Windows二进制文件无法在Linux Kubernetes节点上运行，因此，如果你需要运行Windows容器，则必须提供Windows节点。

最佳实践

大多数容器都是面向Linux的，因此我们运行的节点主要也都是基于Linux。你可能需要添加一两种特殊类型的节点（例如GPU或Windows）来满足特定的需求。

裸金属服务器

Kubernetes最实用的特性之一就是能够连接各种大小、体系结构和功能的机器，提供一个统一的、可以运行各种工作负载的逻辑机器。尽管Kubernetes

常常与云服务器密不可分，但许多组织的数据中心的大量物理裸金属机器也可以在 Kubernetes 集群中使用。

我们曾在第 1 章中讲过，云技术将基础设施的资本支出（购买机器为资本支出）转变成了运营费用（租赁计算能力为运营费用），从财务的角度来看这种转变很合理，但是如果你的企业已拥有大量裸金属服务器，那也不必立即注销这些资产，可以考虑让它们加入 Kubernetes 集群（关于如何在裸金属服务器上运行 Kubernetes 集群，请参见 3.6.6 节）。

最佳实践

如果你的硬件服务器有空闲容量，或者尚未准备好完全迁移到云，则可以使用 Kubernetes 在现有的计算机上运行容器工作负载。

6.1.3 伸缩集群

为集群选择一个合理的起始规模，再按照合适的比例选择不同实例大小的工作节点，然后就万事大吉了吗？当然不是，过一段时间之后，你还需要扩展或缩小集群才能适应需求或业务要求的变化。

实例组

将节点添加到 Kubernetes 集群很容易。如果你运行的是自托管集群，则可以使用 kops 之类的集群管理工具（请参见 3.5.1 节）。kops 有一个实例组的概念，就是一组相同实例类型（例如 `m3.medium`）的节点。Google Kubernetes Engine 等托管服务也有相同的功能，叫做节点池。

通过更改组的最小和最大规模，或更改指定的实例类型，或同时更改两者，即可缩放实例组或节点池。

缩小规模

原则上，缩小 Kubernetes 集群的规模不会有任何问题。你只需告诉 Kubernetes 排空你想要删除的节点，就可以逐步关闭所有正在运行的 Pod，或将它们移至其他节点上。

大多数集群管理工具会自动帮你排空节点，或者你也可以使用 kubectl drain 命令。前提是集群的其余部分有足够的备用容量，可以重新调度这些不幸的 Pod，在节点被排空后，就可以终止它们了。

为了避免某个服务的 Pod 副本数量减少过多，可以通过 Pod 中断预算指定最小可用 Pod 数，或指定在任意时刻最大不可用 Pod 数（请参见 5.2.8 节）。

如果排空节点会导致 Kubernetes 超出这些限制，则排空操作就会阻塞，直到你更改约束，或释放集群中的一些资源。

排空操作可以让 Pod 优雅地关闭，清理并保存所有必要的状态。对于大多数应用程序而言，排空比直接关闭节点（会立即终止 Pod）更可取。

最佳实践

当不再需要节点时，不能简单地关闭它们。应该首先排空节点，以确保工作负载已被迁移到其他节点，同时还要保证集群中有足够的备用容量。

自动伸缩

大多数云提供商都支持自动伸缩，即根据某些指标或计划，自动增加或减少组中的实例数。例如，AWS 自动伸缩组（AWS Autoscaling Groups，ASG）可以维护最小以及最大数量的实例，如果一个实例失败，则启动另一个取代它。而当运行的实例过多时，则关闭其中一些实例。

还有一种方法，如果一天中的需求会随着时段而波动，则可以计划在指定的时间点扩大和缩小规模。此外，你还可以将伸缩组的配置改为根据需要动态扩展或收缩，例如，如果 CPU 的平均使用率在 15 分钟内超过 90%，则可以自动添加实例，直到 CPU 的使用率低于阈值。当需求再次下降时，可以按比例缩小组，以节省资金。

Kubernetes 有一个名叫 Cluster Autoscaler 的插件，kops 等集群管理工具可以利用这个插件来激活云自动伸缩，而且 Azure Kubernetes Service 等托管集群也提供自动伸缩。

然而，你需要花费一些时间，进行一些试验，才能正确地设置自动伸缩，并且对于许多用户而言，这根本没有必要。大多数 Kubernetes 集群都是从小规模开始，并随着资源使用量的增加通过不断添加节点而逐渐增长。

但是，对于大规模用户或需求变化很大的应用程序来说，集群自动伸缩是非常实用的功能。

最佳实践

不要因为集群有自动伸缩的功能就启用。除非工作负载或需求变化很大，否则不太需要这个功能。你应该手动管理集群的规模，至少等运行一段时间，掌握规模需求随着时间的变化规律之后再考虑自动伸缩。

6.2 一致性检查

Kubernetes 一定是 Kubernetes 吗？Kubernetes 的灵活性意味着你可以采用各种方法来建立 Kubernetes 集群，而这就可能产生一个问题。如果将 Kubernetes 作为通用的平台，那么同一个工作负载应该能够在任何 Kubernetes 集群上运行，而且能够按照预期的方式工作。这意味着任何 Kubernetes 集群都必须具备相同的 API 调用和 Kubernetes 对象，它们必须具有相同的行为，它们的工作方式必须与宣称的一样等。

好消息是，Kubernetes 本身包含一个测试套件，可验证某个 Kubernetes 集群是否符合要求。也就是说，满足某个 Kubernetes 版本的一系列核心要求。这些一致性测试对于 Kubernetes 管理员非常有用。

如果你的集群没有通过这些测试，则说明你的设置存在问题，需要解决。如果通过了，则表示你的集群符合标准，你可以相信为 Kubernetes 设计的应用程序都可以在你的集群上运行，而且你在集群上构建的东西也可以在其他地方使用。

6.2.1 CNCF 认证

云原生计算基金会（Cloud Native Computing Foundation，CNCF）是 Kubernetes 项目和商标的官方所有者（有关云原生，请参见 1.6 节），该组织还提供 Kubernetes 相关产品、工程师以及提供商的各种认证。

Kubernetes 官方认证

如果你使用托管或部分托管的 Kubernetes 服务，那么请检查它是否带有 Kubernetes 官方认证标志（见图 6-1）。该标志表明该提供商和服务符合云原生计算基金会规定的 Kubernetes 官方认证标准。

如果产品名称中包含 Kubernetes，则必须由 CNCF 认证。认证意味着客户清楚地知道他们能得到什么，而且可以放心地认为，该服务的操作方式与其他符合标准的 Kubernetes 服务相同。提供商可以通过运行 Sonobuoy 一致性检查工具（请参见 6.2.2 节）对产品进行自我认证。

Kubernetes 官方认证的产品必须随时保持 Kubernetes 的最新版本，每年至少需要提供一次更新。能够获取 Kubernetes 官方认证标识的不仅仅是托管服务，分发和安装程序工具也可以。

图 6-1：Kubernetes 官方认证标志，代表该产品或服务通过了 CNCF 认证

Kubernetes 管理员认证（CKA）

如果想成为 Kubernetes 认证的管理员，你需要证明自己掌握了在生产中管理 Kubernetes 集群的关键技术，包括安装和配置、网络、维护，以及有关 API、安全性和故障排除的知识。任何人都可以参加在线的 CKA 考试，其中包括一系列具有挑战性的实践考试。

CKA 考试的难度很大、范围很全面，需要真正考验你的技术力和知识。我们相信，每一位通过 CKA 认证的工程师都真正掌握了 Kubernetes。如果你也开展 Kubernetes 业务，那么请考虑让你的员工参加 CKA 培训，特别是直接负责管理集群的员工。

Kubernetes 认证服务提供商（KCSP）

提供商可以申请 Kubernetes 认证服务提供商（Kubernetes Certified Service Provider，KCSP）计划。申请对象必须是 CNCF 成员，提供企业支持（例如，为向客户站点提供现场工程师），对 Kubernetes 社区做出积极贡献，并雇用 3 名或 3 名以上拥有 CKA 认证的工程师。

最佳实践

Kubernetes 官方认证标志可以确保产品符合 CNCF 标准。在寻找提供商时，请确认 KCSP 认证。如果你想招聘 Kubernetes 管理员，则请确认 CKA 资格。

6.2.2 Sonobuoy 一致性测试

如果你自己管理集群，或者即使你使用托管服务，但想确认一下它的配置是否正确而且是最新的，则可以运行 Kubernetes 一致性测试来证明。标准的运行这些测试的工具是 Sonobuoy。

最佳实践

请在集群首次建立后运行 Sonobuoy，以验证其是否符合标准且一切正常。之后要经常运行它，以确保没有一致性问题。

6.3 验证与审计

集群一致性是一个基准：任何生产集群都应该符合一致性标准，但是一致性测试并不能发现 Kubernetes 的配置和工作负载中可能存在的许多常见问题。例如：

- 使用过大的容器镜像会造成大量时间和集群资源的浪费。
- 仅指定一个 Pod 副本的部署不具备高可用性。
- 以 root 身份在容器中运行进程可能存在安全风险（请参见 8.3 节）。

在本节中，我们将介绍这方面的工具以及技术，并通过这些工具和技术帮助你发现集群的问题及其原因。

6.3.1 K8Guard

Target 开发的 K8Guard 工具可以检查 Kubernetes 集群的常见问题，并采取纠正措施或只向你发送通知。你可以根据集群的特定策略来配置这个工具(例如，如果任何容器镜像大于 1GiB，或入口规则允许从任何地方访问，则可以指定 K8Guard 向你发出警告）。

K8Guard 还可以导出指标供 Prometheus 等监控系统收集（请参见第 16 章），例如有多少部署违反策略，以及 Kubernetes API 响应的性能等。这可以帮助你尽早发现并解决问题。

你可以在集群上一直运行 K8Guard，以便出现任何违规现象时向你发出警告。

6.3.2 Copper

Copper 是一种工具，可用于在部署 Kubernetes 清单之前对清单进行检查，并标记出常见的问题，或执行自定义的策略。它支持一种领域特定语言（Domain-Specific Language，DSL），用于表示验证规则和策略。

例如，以下是用 Copper 语言表达的规则，可以防止任何容器使用 `latest` 标签（请参见 8.2.2 节）：

```
rule NoLatest ensure {
    fetch("$.spec.template.spec.containers..image")
        .as(:image)
        .pick(:tag)
        .contains("latest") == false
}
```

如果针对包含 `latest` 容器镜像规范的 Kubernetes 清单运行 `copper check` 命令，你会看到如下错误消息：

```
copper check --rules no_latest.cop --files deployment.yml
Validating part 0
    NoLatest - FAIL
```

你可以添加一些类似的 Copper 规则，并将该工具作为版本控制系统的一部分运行（例如，在提交 Kubernetes 清单之前进行验证，或者作为拉取请求自动检查的一部分执行）。

还有一个相关的工具名叫 kubeval，可以根据 Kubernetes API 规范验证清单文件（更多有关 kubeval 的信息，请参见 12.4.6 节）。

6.3.3 kube-bench

kube-bench 是一种工具，可以根据互联网安全中心（Center for Internet Security，CIS）制定的一组基准审核 Kubernetes 集群。实际上，它可以验证你的集群是否根据最佳安全实践进行了设置。你可以配置 kube-bench 运行的测试，甚至可以通过 YAML 文档添加自己的基准（尽管可能不需要这样做）。

6.3.4 Kubernetes 审计日志

假设你发现了某个集群的问题，例如某个不认识的 Pod，你想知道它的来源。怎样才能找出谁在集群上做了些什么呢？ Kubernetes 审计日志可以告诉你。

启用审计日志记录后，集群 API 的所有请求都会被记录，且带有时间戳，能够告诉你谁发送了这些请求（哪个服务账号），以及请求的详细信息（例如查询的资源以及响应是什么）。

审计事件可以发送到中央日志记录系统，你可以像处理其他日志数据一样，过滤日志并发出警告（请参见第 15 章）。优秀的托管服务（例如 Google Kubernetes Engine）默认都包括审计日志记录；如果没有的话，则可能需要自行修改集群配置才能启用。

6.4 混乱测试

我们曾在 3.1.3 节介绍过，验证高可用性的唯一有效方法是干掉一个或多个集群节点，然后看看结果会怎样。这种方法同样适用于 Kubernetes Pod 和应用程序的高可用性。你可以随机选择一个 Pod 并终止它，确保 Kubernetes 会重新启动它，并且不会影响错误率。

手动执行该操作很耗时，而且一不小心就有可能消耗掉对应用程序至关重要的资源。为了保证测试正确执行，该过程必须自动化。

这种针对生产服务的自动化随机干扰有时被称为 Chaos Monkey 测试，这个名字来自 Netflix 开发的测试基础设施的同名工具：

> 想象一下，一只猴子进入了数据中心，这些服务器承载着所有在线活动的关键功能。猴子随机撕扯电缆、破坏设备……
>
> IT 经理面临的挑战是设计好信息系统，无论这些猴子怎么捣乱，系统都能正常工作，尽管没有人知道这些猴子何时前来造访以及它们会破坏什么。
>
> —— Antonio Garcia Martinez，Chaos Monkey

除了随机终止云服务器的 Chaos Monkey 本身之外，Netflix Simian Army 还包括其他混乱工程工具，例如 Latency Monkey（引入通信延迟来模拟网络问题）、Security Monkey（寻找已知漏洞）以及 Chaos Gorilla（删除整个 AWS 可用区）。

6.4.1 生产环境是无法复制的

你可以将 Chaos Monkey 的想法应用到 Kubernetes 应用程序。尽管你可以在预发布集群上运行混乱工程工具来避免干扰生产环境，但这样做只能了解到预发布集群的情况。如果想了解生产环境，就必须在生产环境上测试：

> 许多系统过于庞大和复杂，因此克隆的成本非常高昂。想象一下，如何复制一个Facebook（及其分布在全球的众多数据中心）进行测试。
>
> 用户流量的不可预测性导致我们无法模拟。即使你可以完美地再现昨天的流量，也仍然无法预测明天的流量。生产环境是无法复制的。
>
> —— Charity Majors

另外还需要注意重要的一点，混乱实验必须自动化且连续进行才能发挥最大的作用。只做一次无法确保系统永远可靠：

> 自动化混乱实验的主要目的是，你可以反复运行，以建立对系统的信任和信心。不仅要解决新的弱点，而且首先还需要确保已克服的弱点。
>
> —— Russ Miles（ChaosIQ）

你可以使用多种工具来自动执行集群的自动混乱工程。以下是一些选择。

6.4.2 Chaoskube

chaoskube会随机干掉集群中的Pod。在默认情况下，它会以演习的模式进行，只显示即将执行的操作，而不会实际终止任何东西。

你可以通过配置chaoskube，根据标签、注释和命名空间包含或排除某些Pod，或避免某些时间段或日期（例如，不要在圣诞节前夕干掉任何东西）。但是在默认情况下，它可能会干掉任何一个命名空间中的任何一个Pod，包括Kubernetes系统的Pod，甚至是chaoskube本身。

在你满意chaoskube过滤器的配置后，就可以关掉演习模式，让它正常工作了。

chaoskube的安装和设置很简单，是混乱工程的理想工具。

6.4.3 kube-monkey

kube-monkey会在预设时间(默认是工作日的上午8点)运行,并制定日程计划,确定在其余时间内(默认是上午10点至下午4点)哪些部署会成为破坏的目标。与其他工具不同，kube-monkey采用了选择加入的方式，即只有通过注释专门启用了kube-monkey的Pod才会成为破坏的对象。

这意味着你可以在特定的应用程序或服务的开发过程中加入kube-monkey测试，并根据服务设置不同级别的频率和攻击程度。例如，如下Pod注释将两次故障之间的平均时间（Mean Time Between Failures，即MTBF）设置为2天：

```
kube-monkey/mtbf: 2
```

你可以使用`kill-mode`注释指定干掉多少个部署的Pod，也可以指定最大百分比。以下注释会干掉目标部署中最多50%的Pod：

```
kube-monkey/kill-mode: "random-max-percent"
kube-monkey/kill-value: 50
```

6.4.4 PowerfulSeal

PowerfulSeal是一款开源的Kubernetes混乱工程工具，它有两种工作模式：交互模式和自动模式。在交互式模式下，你可以探索集群并手动搞破坏，然后看看后果会怎样。它可以终止节点、命名空间、部署以及各个Pod。

自动模式使用一组由你指定的策略：操作哪个资源、避开哪个资源、何时运行（例如，你可以指定仅在周一至周五的工作时间内运行）以及攻击程度为多高（例如干掉一定比例的匹配部署）。PowerfulSeal的策略文件非常灵活，可以方便你设置所有可能的混乱工程方案。

最佳实践

如果你的应用程序需要高可用性，那么请定期运行 chaoskube 之类的混乱测试工具，以确保节点发生意外或 Pod 出现故障时不会引发问题。但要提前向负责运维集群以及测试目标应用程序的人员说明情况。

6.5 小结

确定第一个 Kubernetes 集群的大小并完成配置绝非易事。你可以做出很多选择，但没有生产环境中的经验，你就不知道自己需要什么。

虽然无法替你做这些决定，但我们希望至少给出一些在做决定时你应该考虑的注意事项：

- 在配置生产 Kubernetes 集群之前，请思考你需要多少个节点以及各个节点的大小。
- 你至少需要 3 个主节点（如果使用托管服务则不需要）和至少 2 个（最好是 3 个）工作节点。刚开始时，你只需要运行少量的工作负载，这样的 Kubernetes 集群看似有点奢侈，但是请不要忘记集群的弹性和伸缩带来的优势。
- Kubernetes 集群可以扩展到几千个节点以及几十万个容器。
- 如果集群的扩展超过了上述规模，则请使用多个集群（有时出于安全或合规性原因也需要使用多个集群）。如果需要跨集群复制工作负载，则可以使用联合将集群连接在一起。
- 一般 Kubernetes 节点的实例大小为 1 CPU、4 GiB RAM。不过，最好混合使用多种不同大小的节点。
- Kubernetes 不仅仅适用于云。它也可以在裸金属服务器上运行。如果你有裸金属机器，又何必舍近求远呢？

- 手动伸缩集群不是很难，而且你不必频繁地执行该操作。自动伸缩非常好用，但并没有那么重要。
- Kubernetes 提供商和产品有明确的标准：CNCF 认证的 Kubernetes 标志。如果你的提供商和产品没有这个标志，那么应该问问为什么没有。
- 混乱测试可以随机关闭 Pod 并查看你的应用程序是否仍然正常工作。这种方式很有效，但是即便你不这样做，云也总会“给自己找麻烦”。

第 7 章

强大的 Kubernetes 工具

My mechanic told me, “I couldn’t repair your brakes, so I made your horn louder.”

—— Steven Wright

人们常常问我们：“这些 Kubernetes 工具有何用？我需要吗？我需要哪些工具呢？它们能干什么？”

在本章中，我们就来介绍一些可以帮助你使用 Kubernetes 的工具和实用程序。我们将展示一些 kubectl 的高级使用技巧，以及一些实用程序，例如 jq、kubectx、kubens、kube-ps1、kube-shell、Click、kubed-sh、Stern 和 BusyBox 等。

7.1 掌握 kubectl

我们曾在第 2 章中提到过 kubectl，它是与 Kubernetes 进行交互的主要工具，所以你可能已经很熟悉基础的使用方法了。下面让我们来看一些 kubectl 的高级功能，包括一些你可能没听说过的要诀和技巧。

7.1.1 Shell 别名

大多数 Kubernetes 用户做的第一件事就是给 kubectl 命令创建一个 shell 别名。例如，我们在 *.bash_profile* 文件中设置了下述别名：

```
alias k=kubectl
```

这样我们就不必在每个命令中输入完整的 kubectl，只需输入 k：

```
k get pods
```

你也可以为一些经常使用的 kubectl 命令创建别名。以下是一些示例：

```
alias kg=kubectl get
alias kgdep=kubectl get deployment
alias ksys=kubectl --namespace=kube-system
alias kd=kubectl describe
```

Google 工程师 Ahmet Alp Balkan 设计出了像这样的一套别名逻辑系统（地址：*https://ahmet.im/blog/kubectl-aliases/index.html*），还创建了一个脚本可以生成所有的别名（截止到目前大约包含 800 个别名）。

虽然你不必使用这些别名，但我们建议你先从使用 k 开始，然后针对最常使用的命令，创建方便记忆的别名。

7.1.2 使用缩写的标志

像大多数命令行工具一样，kubectl 的许多标志和开关都支持缩写形式。这种写法可以节省很多打字的时间。

例如，标志 --namespace 可以缩写为 -n（有关命名空间，请参见 5.3 节）：

```
kubectl get pods -n kube-system
```

还有一种很常见的用法，即通过 `--selector` 标志指定 kubectl 操作的一组与标签匹配的资源（有关标签，请参见 9.1 节）。幸运的是，这个标志可以缩写为 `-l`（代表 labels）：

```
kubectl get pods -l environment=staging
```

7.1.3 缩写资源的类型

kubectl 常见的用法之一是列出各种类型的资源，例如 Pod、部署、服务以及命名空间。通常的做法是在 `kubectl get` 后面加上资源，例如 deployments。

为了加快输入，kubectl 支持以下资源类型的缩写形式：

```
kubectl get po
kubectl get deploy
kubectl get svc
kubectl get ns
```

还有一些缩写，包括：no 代表 nodes、cm 代表 configmaps、sa 代表 serviceaccounts、ds 代表 daemonsets、pv 代表 persistentvolumes 等。

7.1.4 自动补齐 kubectl 命令

如果你使用的是 bash 或 zsh shell，则可以让它们自动补齐 kubectl 命令。运行以下命令可以看到有关如何启用 Shell 中的自动补齐的说明：

```
kubectl completion -h
```

按照说明进行操作，按下 Tab 键应该就能自动补齐 kubectl 命令。现在来试试看：

```
kubectl cl<TAB>
```

该命令应该自动补齐成 `kubectl cluster-info`。

如果输入 kubectl，再按两下 Tab 键，就可以看到所有的命令：

```
kubectl <TAB><TAB>
alpha          attach          cluster-info   cordon          describe   ...
```

你可以使用相同的技巧列出所有可以与当前命令一起使用的标志：

```
kubectl get pods --<TAB><TAB>
--all-namespaces   --cluster=   --label-columns=   ...
```

另外，kubectl 还可以自动补齐 Pod、部署、命名空间等的名称：

```
kubectl -n kube-system describe pod <TAB><TAB>
event-exporter-v0.1.9-85bb4fd64d-2zjng
kube-dns-autoscaler-79b4b844b9-2wglc
fluentd-gcp-scaler-7c5db745fc-h7ntr
...
```

7.1.5 获取帮助

优秀的命令行工具都会包含详尽的文档，kubectl 也不例外。你可以通过 kubectl -h 获取完整的命令列表：

```
kubectl -h
```

你可以输入 kubectl COMMAND -h 来进一步获取每个命令的详细文档，以及所有的选项，还有一组示例：

```
kubectl get -h
```

7.1.6 获取有关 Kubernetes 资源的帮助

除了文档本身以外，kubectl 还提供有关 Kubernetes 对象（例如部署或 Pod）的帮助。kubectl explain 命令可以显示指定类型资源的文档：

```
kubectl explain pods
```

你可以通过“kubectl explain 资源.字段”获取有关资源特定字段的更多信息。事实上，你可以通过 explain 命令一直挖到底，深入任何字段：

```
kubectl explain deploy.spec.template.spec.containers.livenessProbe.exec
```

另外，试试看 kubectl explain --recursive，它可以显示字段内的、字段内的、字段……小心一点，不要绕晕了！

7.1.7 显示更详细的输出

上述我们介绍了 kubectl get 可以列出各种类型的资源，例如 Pod：

```
kubectl get pods
NAME                     READY     STATUS    RESTARTS   AGE
demo-54f4458547-pqdxn    1/1       Running   6          5d
```

你可以通过 -o wide 标志看到更多信息，例如每个 Pod 所在的节点：

```
kubectl get pods -o wide
NAME                     ... IP           NODE
demo-54f4458547-pqdxn    ... 10.76.1.88   gke-k8s-cluster-1-n1-standard...
```

（出于篇幅的原因，此处省略了不带 -o wide 时也会显示的信息）

-o wide 会根据资源类型显示不同的信息。例如，对于节点：

```
kubectl get nodes -o wide
NAME              ... EXTERNAL-IP      OS-IMAGE       KERNEL-VERSION
gke-k8s-...8l6n   ... 35.233.136.194   Container...   4.14.22+
gke-k8s-...dwtv   ... 35.227.162.224   Container...   4.14.22+
gke-k8s-...67ch   ... 35.233.212.49    Container...   4.14.22+
```

7.1.8 使用 JSON 数据和 jq

kubectl get 的默认输出格式是纯文本，但它也可以输出 JSON 格式的信息：

```
kubectl get pods -n kube-system -o json
{
    "apiVersion": "v1",
    "items": [
        {
            "apiVersion": "v1",
            "kind": "Pod",
            "metadata": {
                "creationTimestamp": "2018-05-21T18:24:54Z",
                ...
```

可以想象，上述命令会产生大量输出（在我们的集群上大约为 5000 行）。好消息是，由于输出采用了广泛使用的 JSON 格式，因此你可以使用其他工具进行过滤，例如强大的 jq 工具。

如果你还没有 jq，那么请以常见的方式在你的系统上安装（macOS 运行 brew install jq；Debian/Ubuntu 运行 apt install jq 等）。

在安装好 jq 之后，就可以使用它来查询和过滤 kubectl 的输出结果：

```
kubectl get pods -n kube-system -o json | jq '.items[].metadata.name'
"event-exporter-v0.1.9-85bb4fd64d-2zjng"
"fluentd-gcp-scaler-7c5db745fc-h7ntr"
"fluentd-gcp-v3.0.0-5m627"
"fluentd-gcp-v3.0.0-h5fjg"
...
```

jq 是非常强大的查询和转换 JSON 数据的工具。

例如，按照每个节点上运行的 Pod 数量列出最繁忙的节点：

```
kubectl get pods -o json --all-namespaces | jq '.items |
  group_by(.spec.nodeName) | map({"nodeName": .[0].spec.nodeName,
  "count": length}) | sort_by(.count) | reverse'
```

网上有一个非常方便的 jq 练习环境（地址：*https://jqplay.org/*），你可以把 JSON 数据粘贴进去，然后尝试通过不同的 jq 查询获得想要的准确结果。

如果你无法使用 jq，那么 kubectl 还支持 JSONPath 查询。JSONPath 是一种 JSON 查询语言，虽然功能不如 jq 强大，但也可以用来执行单行的快速查询：

```
kubectl get pods -o=jsonpath={.items[0].metadata.name}
demo-66ddf956b9-pnknx
```

7.1.9 监视对象

在等待一堆 pod 启动的时候，每隔几秒钟就输入一次 kubectl get pods... 来查看进展如何，是一件很麻烦的事情。

kubectl 提供的 --watch 标志（缩写为 -w）可以省去这些麻烦。例如：

```
kubectl get pods --watch
NAME                     READY     STATUS              RESTARTS   AGE
demo-95444875c-z9xv4   0/1       ContainerCreating   0          1s
... [time passes] ...
demo-95444875c-z9xv4   0/1       Completed           0          2s
demo-95444875c-z9xv4   1/1       Running             0          2s
```

每当有一个匹配的 Pod 状态发生改变时，你就可以在终端中看到更新。（有关利用 kubespy 监视 Kubernetes 资源的介绍，请参见 7.3.3 节）。

7.1.10 描述对象

如果你想获得 Kubernetes 对象的详细信息，则可以使用 kubectl describe 命令：

```
kubectl describe pods demo-d94cffc44-gvgzm
```

对无法正常运行的容器进行故障排除时，Events 部分的信息非常有帮助，因为它记录了容器生命周期的各个阶段以及发生的错误。

7.2 处理资源

到目前为止，我们主要使用 kubectl 查询或列出资源，以及通过 kubectl apply 应用声明式的 YAML 清单。然而，kubectl 还有一整套命令式的命令，可用于直接创建或修改资源。

7.2.1 命令式的 kubectl 命令

我们曾在 2.5.1 节中展示过使用 kubectl run 命令运行演示应用程序的例子，这个命令会创建一个部署来运行指定的容器。

绝大多数资源都可以通过 kubectl create 创建：

```
kubectl create namespace my-new-namespace
namespace "my-new-namespace" created
```

同样，也可以通过 kubectl delete 删除资源：

```
kubectl delete namespace my-new-namespace
namespace "my-new-namespace" deleted
```

此外，你还可以通过 kubectl edit 命令查看和修改任何资源：

```
kubectl edit deployments my-deployment
```

上述命令会用默认的编辑器打开代表指定资源的 YAML 清单文件。

你可以通过这种方式详细查看资源的配置，而且你可以在编辑器中随意修改文件。保存好文件并退出编辑器后，kubectl 就会更新资源，与运行 kubectl apply 应用资源清单文件的效果完全一样。

如果你的修改引发任何错误（例如非法的 YAML），则 `kubectl` 会报告错误并重新打开文件，让你修复问题。

7.2.2 何时不应该使用命令式的命令

在本书中，我们一直强调使用声明式基础设施即代码的重要性。因此，我们不建议你使用命令式的 `kubectl` 命令。

尽管这种命令在快速测试某个东西或想法的时候非常好用，但使用命令式命令的主要问题在于，这样做会导致你没有唯一的正确标准。我们无法得知是谁、在什么时候、在集群上运行了哪些命令式的命令，以及结果是什么。一旦运行任何命令式的命令，集群的状态就无法再与版本控制中存储的清单文件保持同步。

下次有人应用 YAML 清单后，之前做出的命令式修改都会被覆盖和丢失。这会引发意料之外的结果，还有可能对关键服务产生不利影响：

> Alice 在值班，突然间她管理的服务负载出现激增。Alice 使用 `kubectl scale` 命令将副本数从 5 增加到 10。几天后，Bob 编辑了版本控制中的 YAML 清单，使用新的容器镜像，但是他没有注意到文件中的当前副本数依然为 5，而不是生产中正在使用的 10。Bob 推出了更新，于是，副本数减少了一半，当场就引发了过载或中断。
>
> ——Kelsey Hightower 等，《Kubernetes 即学即用》

Alice 在进行了命令式的改动之后，忘记了更新版本控制中的文件，这也情有可原，尤其是在面临紧急事件的压力之下（请参见 16.5.2 节）。实际情况并不一定总是遵循最佳实践。

同样，在重新应用清单文件之前，Bob 应该使用 `kubectl diff`（请参见 7.2.5 节）检查此次修改会引发哪些变化。但如果你没有意识到会发生变化，那么就容易漏掉。也有可能是因为 Bob 没有读过本书。

避免此类问题的最佳方法是，坚持使用版本控制来编辑和应用资源文件。

最佳实践

不要在生产集群中运行命令式的 `kubectl` 命令，例如 `create` 或 `edit` 等。在管理资源时，请坚持使用版本控制的 YAML 清单，并通过 `kubectl apply`（或 Helm chart）来应用清单。

7.2.3 生成资源清单

尽管我们不建议在命令式模式下使用 `kubectl` 来更改集群，但从头开始创建 Kubernetes YAML 文件时，命令式命令可以节省大量时间。

你可以使用 `kubectl` 生成一个 YAML 清单，这样可以省却在一个空文件中输入大量样板代码：

```
kubectl create deployment demo --image=cloudnatived/demo:hello --dry-
run=client -o yaml
apiVersion: apps/v1
kind: Deployment
...
```

标志 `--dry-run=client` 告诉 `kubectl` 不必实际创建资源，只需输出需要创建的资源。标志 `-o yaml` 可以输出 YAML 格式的资源清单。你可以将这个输出保存到文件中，再进行必要的编辑，然后应用到集群即可创建资源：

```
kubectl create deployment demo --image=cloudnatived/demo:hello --dry-
run=client -o yaml
    >deployment.yaml
```

接下来，使用你喜欢的编辑器进行一些编辑，保存并应用结果：

```
kubectl apply -f deployment.yaml
deployment.apps/demo created
```

7.2.4 导出资源

除了帮助你创建新的资源清单外，kubectl 还可以生成集群中已有资源的清单文件。假设，你已使用命令式的命令（kubectl create）创建了一个部署，并通过编辑和调整得到了正确的设置，接下来你想编写一个声明式 YAML 清单，并将其添加到版本控制中。

此时只需在 kubectl get 的后面加上 -o 标志：

```
kubectl create deployment newdemo --image=cloudnatived/demo:hello
deployment.apps/newdemo created
kubectl get deployments newdemo -o yaml >deployment.yaml
```

这个输出包含一些额外的信息，比如 status 小节等，这些信息需要事先移除，才能与其他清单一起保存、更新，并通过 kubectl apply -f 应用。

如果到现在为止你一直在使用命令式的 kubectl 命令来管理集群，而且你希望换成本书中建议的声明式风格，就可以采用上述方法。通过 -o 标志将集群中所有的资源导出到清单文件即可，如上述示例所示。

7.2.5 对比资源的差异

在使用 kubectl apply 应用 Kubernetes 清单之前，最好弄清楚集群上即将发生的变化。kubectl diff 命令可以完成该操作。

```
kubectl diff -f deployment.yaml
-  replicas: 10
+  replicas: 5
```

你可以通过上述对比的结果来检查你所做的更改是否真的会产生预期的效果。另外，如果在上次应用清单之后，有人通过命令式编辑了清单，导致当前资源的状态与 YAML 清单不一致，你也会收到警告。

最佳实践

在将任何更新应用到生产集群之前，请使用 `kubectl diff` 检查即将发生的变化。

7.3 处理容器

Kubernetes 集群上的大部分变化都发生在容器内部，因此当出现问题时，我们很难发现原因所在。以下是一些使用 `kubectl` 运行容器的技巧。

7.3.1 查看容器的日志

当容器的行为不正常，而你在设法让容器正常工作时，最重要的信息来源之一就是容器的日志。在 Kubernetes 中，日志包含容器写入到标准输出流和标准错误流的所有内容。如果你在终端中运行程序，那么就会在终端中看到这些内容。

在生产应用程序中，尤其是分布式应用程序中，你需要汇总来自多个服务的日志，将它们存储在持久性数据库中，并执行查询操作以及绘制成图表。这是一个重要的话题，我们将在第 15 章中详细介绍。

此外，检查特定容器的日志消息也是一种非常重要的故障排除技术，你可以直接使用 `kubectl logs` 和 Pod 名称来执行此操作：

```
kubectl logs -n kube-system --tail=20 kube-dns-autoscaler-69c5cbdcdd-94h7f
autoscaler.go:49] Scaling Namespace: kube-system, Target: deployment/kube-dns
autoscaler_server.go:133] ConfigMap not found: configmaps "kube-dns-autoscaler"
k8sclient.go:117] Created ConfigMap kube-dns-autoscaler in namespace kube-system
plugin.go:50] Set control mode to linear
linear_controller.go:59] ConfigMap version change (old:  new: 526) - rebuilding
```

大多数长时间运行的容器都会生成大量的日志输出，因此，一般情况下，你需要使用 `--tail` 标志限制只输出最新几行，如上所示。（本来容器日志包含时间戳，但此处受版面限制我们去掉了时间戳）。

如果想在运行期间查看容器，并将日志输出流传输到终端，请使用 `--follow` 标志（缩写为 `-f`）：

```
kubectl logs --namespace kube-system --tail=10 --follow etcd-docker-for-desktop
etcdserver: starting server... [version: 3.1.12, cluster version: 3.1]
embed: ClientTLS: cert = /var/lib/localkube/certs/etcd/server.crt, key = ...
...
```

只要 `kubectl logs` 命令在运行，你就可以持续看到 `etcd-docker-for-desktop` 容器的输出。

查看 Kubernetes API 服务器的日志非常有帮助性，例如 RBAC 权限错误（有关 RBAC 权限的介绍，请参见 11.1.2 节）也会显示在日志中。如果你能访问主节点，则可以在 `kube-system` 命名空间中找到 `kube-apiserver` 这个 Pod，并通过 `kubectl logs` 查看其输出。

如果使用 GKE 之类的托管服务，则看不到主节点，所以只能通过提供商的文档了解如何查看控制平面日志（例如，GKE 的控制平面日志在 Stackdriver Logs Viewer 中）。

如果 Pod 中有多个容器，则可以通过标志 `--container`（缩写为 `-c`）指定要查看哪个容器的日志：

```
kubectl logs -n kube-system metrics-server
    -c metrics-server-nanny
...
```

至于更复杂的日志监视，可以尝试 Stern 之类的专业工具（请参见 7.5.4 节）。

7.3.2 附着到容器

如果查看容器日志还不够的话，你可能需要将本地终端附着到容器。这样就可以直接查看容器的输出。具体命令为 `kubectl attach`：

```
kubectl attach demo-54f4458547-fcx2n
Defaulting container name to demo.
Use kubectl describe pod/demo-54f4458547-fcx2n to see all of the containers
in this pod.
If you don't see a command prompt, try pressing enter.
```

7.3.3 利用 kubespy 监视 Kubernetes 资源

将更改部署到 Kubernetes 清单时，通常需要焦急地等待一段时间才能看到接下来会发生什么。

通常，在部署应用程序时，后台发生了许多事情，例如 Kubernetes 创建资源、启动 Pod 等。

工程师们经常说，由于这一切都是自动发生的，因此很难讲清楚究竟发生了什么。`kubectl get` 和 `kubectl describe` 可以为你提供单个资源的快照，但是我们真正想要的是一种实时查看 Kubernetes 资源状态的方法。

你可以试试看 kubespy，这是一款非常出色的工具，源自 Pulumi 项目[注1]。kubespy 可以监视集群内部的单个资源，并向你展示一段时间内的情况。

例如，如果将 kubespy 指向服务资源，那么它就会显示服务的创建时间、为服务分配 IP 地址的时间、连接端点的时间等。

7.3.4 转发容器端口

在 2.5.1 节中，我们曾使用 `kubectl port-forward` 将 Kubernetes 服务转发到本地计算机的端口上。其实，如果你想直接连接到特定的 Pod，也可以使用这个命令转发容器端口。只需指定 Pod 名称以及本地和远程端口即可：

```
kubectl port-forward demo-54f4458547-vm88z 9999:8888
Forwarding from 127.0.0.1:9999 -> 8888
Forwarding from [::1]:9999 -> 8888
```

通过上述命令，本地计算机上的端口 9999 就会转发到容器的端口 8888 上，然后你就可以使用 Web 浏览器连接到该端口上了。

7.3.5 在容器上执行命令

如果想运行可靠、安全的工作负载，那么容器的隔离性可以助你一臂之力。但是出现问题时看不到为什么，可能会有些许不便。

当某个在本机计算机上运行的程序行为异常时，你随时可以使用命令行的功能对其进行故障排除：你可以使用 `ps` 查看正在运行的进程，使用 `ls` 和 `cat` 列出和显示文件，甚至可以用 `vi` 编辑它们。

对于发生故障的容器，最好能在容器内部运行一个 shell，这样就可以进行这种交互式的调试了。

注 1： Pulumi 是一个云原生、基础设施即代码的框架。

你可以使用 kubectl exec 命令，在任何容器中运行指定的命令，包括启动一个 shell：

```
kubectl run alpine --image alpine --command -- sleep 999
deployment.apps "alpine" created

kubectl get pods
NAME                       READY     STATUS        RESTARTS   AGE
alpine-7fd44fc4bf-7gl4n    1/1       Running       0          4s

kubectl exec -it alpine-7fd44fc4bf-7gl4n /bin/sh
/ # ps
PID   USER     TIME   COMMAND
    1 root       0:00 sleep 999
    7 root       0:00 /bin/sh
   11 root       0:00 ps
```

如果 Pod 中有多个容器，则默认情况下，kubectl exec 将在第一个容器中运行命令。或者，你可以使用 -c 标志指定容器：

```
kubectl exec -it -c container2 POD_NAME /bin/sh
```

（如果容器没有 shell，请按照 7.3.7 的方法添加一个）

7.3.6 容器的故障排除

就像在已有的容器上运行命令一样，有时还需要在集群中运行 wget 或 nslookup 等命令查看应用程序得到的结果。你已经学习了如何使用 kubectl run 在集群中运行容器，下面的示例展示了如何通过一次性的容器命令进行调试。

首先，我们来运行演示应用程序的实例，并以它为测试对象：

```
kubectl run demo --image cloudnatived/demo:hello --expose --port 8888
service/demo created
pod/demo created
```

我们已经为demo服务分配了可从集群内部访问的demo的IP地址和DNS名称。下面，我们来试试看在容器内运行nslookup命令：

```
kubectl run nslookup --image=busybox:1.28 --rm -it --restart=Never \
--command -- nslookup demo
Server:     10.79.240.10
Address 1: 10.79.240.10 kube-dns.kube-system.svc.cluster.local

Name:       demo
Address 1: 10.79.242.119 demo.default.svc.cluster.local
```

好消息是，DNS名称有效，所以我们应该能够使用wget发送HTTP请求，而且还能看到结果：

```
kubectl run wget --image=busybox:1.28 --rm -it --restart=Never \
--command -- wget -qO- http://demo:8888
Hello, 世界
Pod "wget" deleted
```

你可以看到此处kubectl run使用了一组常见的标志：

```
kubectl run NAME --image=IMAGE --rm -it --restart=Never --command -- ...
```

这些标志是干什么的？

--rm

这个标志告诉Kubernetes删除该命令为被附着的容器创建的资源，以免弄乱节点的本地存储。

-it

这个标志以交互式的方式（i）通过终端（t）运行容器，如此一来你就可以在终端中看到容器的输出，并在需要的时候通过键盘输入。

--restart=Never

这个标志告诉 Kubernetes 在容器退出时，不要像常见容器那样重新启动。由于这个容器只想运行一次，因此可以禁用默认的重启策略。

--command --

这个标志指定了要运行的命令，用于取代容器的默认入口。-- 之后的所有内容都将作为命令行的参数传递给容器。

7.3.7 BusyBox 命令

尽管你可以运行任何容器，但是 busybox 镜像非常方便，因为它包含许多最常用的 Unix 命令，例如 cat、echo、find、grep 和 kill。完整的 BusyBox 命令列表请参考官方网站（地址：*https://busybox.net/downloads/BusyBox.html*）。

BusyBox 还包括一个轻量级 shell（类似 bash），可与标准的 /bin/sh shell 脚本兼容。因此，如果想在集群中获得交互式的 shell，则可以运行：

```
kubectl run busybox --image=busybox:1.28 --rm -it --restart=Never /bin/sh
```

因为运行 BusyBox 镜像命令的方法始终不变，所以你甚至可以创建一个 shell 别名（有关 Shell 别名，请参见 7.1.1 节）：

```
alias bb=kubectl run busybox --image=busybox:1.28 --rm -it --restart=Never
    -- command --
bb nslookup demo
...
bb wget -qO- http://demo:8888
...
bb sh
```

```
If you don't see a command prompt, try pressing enter.
/ #
```

7.3.8 将 BusyBox 添加到容器

如果你的容器内已有一个 shell（例如，构建在 Linux 基础镜像之上的 `alpine` 等），则可以通过运行以下命令来访问容器：

```
kubectl exec -it Pod名 /bin/sh
```

但如果容器中没有 */bin/sh*，该怎么办？例如，如果你使用的是 2.3.1 节提到的最低限度的空白镜像。

最简单的构建易于调试且镜像非常小的容器的方法是，在构建时将 `busybox` 可执行文件复制到容器中。仅 1MiB 就能换来一个 shell 和一组 UNIX 实用程序，这个代价很小。

在前面讨论多阶段构建的时候，我们曾提到可以使用 Dockerfile 的 `COPY --from` 命令将文件从之前构建的容器复制到新容器中。该命令还有一个鲜为人知的功能，你可以从任何公开的镜像复制文件，而不仅仅是本地生成的文件。

以下 Dockerfile 显示了如何使用我们的演示镜像来完成这个操作：

```
FROM golang:1.14-alpine AS build

WORKDIR /src/
COPY main.go go.* /src/
RUN CGO_ENABLED=0 go build -o /bin/demo

FROM scratch
COPY --from=build /bin/demo /bin/demo
COPY --from=busybox:1.28 /bin/busybox /bin/busybox
ENTRYPOINT ["/bin/demo"]
```

上述 `--from=busybox:1.28` 引用了公开的 BusyBox 库镜像[注2]。你可以从任何自己喜欢的镜像中复制文件（例如 `alpine`）。

现在的容器仍然很小，但是你可以通过运行以下命令启动一个 shell：

```
kubectl exec -it Pod名称 /bin/busybox sh
```

之后就无需再直接执行 `/bin/sh` 了，你可以执行 `/bin/busybox`，后面接的是要执行的命令名称，如上述示例中就是 `sh`。

7.3.9 在容器上安装程序

如果你需要一些 BusyBox 中没有或者公共容器镜像中不存在的程序，则可以运行 `alpine` 等 Linux 镜像或 ubuntu，然后在其上安装任何你需要的程序：

```
kubectl run alpine --image alpine --rm -it --restart=Never /bin/sh
If you don't see a command prompt, try pressing enter.
/ # apk --update add emacs
```

7.3.10 通过 kubesquash 实时调试

在本章中，我们简单地讨论了怎样通过调试来找出容器中出现的问题。但是，如果你想将一个真正的调试器（例如，GNU 项目的调试器 `gdb`，或 Go 的调试器 `dlv`）附着到一个正在容器中运行的进程，该怎么办？

调试器（例如 `dlv`）是一种非常强大的工具，可以附着到进程中，显示执行中的源代码行，检查和更改局部变量的值，设置断点，还可以逐行执行代码。如果你遇到一些神秘的难题，那么最终可能只能求助于调试器。

注2： 版本 1.28 之后的 BusyBox 镜像在 Kubernetes 中执行 DNS 查找时会有问题。

在本地计算机上运行程序时，你可以直接访问程序的进程，因此调试根本不是问题。但是，如果是在容器中，那么就非常棘手了。

kubesquash 工具可以帮助你将调试器附着到容器。你可以按照 GitHub 上的说明安装这款工具（地址：*https://github.com/solo-io/kubesquash*）。

在安装完成之后，你需要为 kubesquash 指定一个正在运行的容器名称：

```
/usr/local/bin/kubesquash-osx demo-6d7dff895c-x8pfd
? Going to attach dlv to pod demo-6d7dff895c-x8pfd. continue? Yes
If you don't see a command prompt, try pressing enter.
(dlv)
```

在幕后，kubesquash 在 squash 命名空间中创建了一个 Pod，由它运行调试器的可执行文件，然后 kubesquash 会将这个 Pod 附着到在你指定的 Pod 中运行的进程。

由于技术的原因，kubesquash 要求能够在目标容器中使用 ls 命令。如果你使用的是一个空白的容器，则可以通过添加 BusyBox 来引入 ls 命令（请参见 7.3.8 节的介绍）：

```
COPY --from=busybox:1.28 /bin/busybox /bin/ls
```

我们没有将可执行文件复制到 /bin/busybox，而是将其复制到了 /bin/ls。目的是为了保证 kubesquash 正常工作。

我们不打算在此讨论使用 dlv 的细节，但如果你在使用 Go 编写 Kubernetes 应用程序，那么 dlv 可以助你一臂之力，而且可以通过 kubesquash 在容器中使用 dlv。

更多有关 dlv 的信息，请参见官方文档（*https://github.com/derekparker/delve/tree/master/Documentation*）。

7.4 上下文与命名空间

本书到这里为止，我们一直在使用单个 Kubernetes 集群，运行的所有 kubectl 命令自然都会应用到这个集群。

如果你拥有多个集群，那么情况会怎样？例如，你的机器上有一个用于本地测试的 Kubernetes 集群，云中有一个生产集群，或许还有另一个预发布以及开发的远程集群。Kubectl 怎么知道你指的是哪个集群？

为了解决这个问题，kubectl 引入了上下文的概念。集群、用户以及命名空间组合在一起就构成了上下文。

kubectl 的命令总是在当前的上下文中执行。举个例子：

```
kubectl config get-contexts
CURRENT   NAME                 CLUSTER          AUTHINFO       NAMESPACE
          gke                  gke_test_us-w    gke_test_us    myapp
*         docker-for-desktop   docker-for-d     docker-for-d
```

这些就是 kubectl 当前掌握的上下文。每个上下文都有一个名称，并指向特定的集群，以及该集群的用户名（用于身份验证）和集群内的命名空间。你可能已经猜到了，上下文 docker-for-desktop 指的就是本地 Kubernetes 集群。

当前上下文会在第一列中显示 *（在上述示例中，当前上下文为 docker-for-desktop）。如果现在运行一个 kubectl 命令，则它将在 Docker Desktop 集群的默认命名空间中运行（因为 NAMESPACE 列为空，表明上下文指向默认命名空间）：

```
kubectl cluster-info
Kubernetes master is running at https://192.168.99.100:8443
KubeDNS is running at https://192.168.99.100:8443/api/v1/...

To further debug and diagnose cluster problems, use 'kubectl cluster-info dump'.
```

你可以使用 kubectl config use-context 命令切换上下文：

```
kubectl config use-context gke
Switched to context "gke".
```

你可以把上下文视为书签：它们可以帮助你轻松地松切换到特定的集群和特定的命名空间。如果想创建一个新的上下文，请使用 kubectl config set-context：

```
kubectl config set-context myapp --cluster=gke --namespace=myapp
Context "myapp" created.
```

现在，无论何时切换到 myapp 上下文，当前的上下文都是 Docker Desktop 集群上的 myapp 命名空间。

如果你忘记了当前上下文，kubectl config current-context 会告诉你：

```
kubectl config current-context
myapp
```

7.4.1 kubectx 与 kubens

如果你和我们一样，以敲键盘为谋生手段，那么肯定希望敲的键越少越好。为了更快地切换 kubectl 上下文，你可以使用 kubectx 和 kubens 工具。请按照 GitHub 上的说明安装 kubectx 和 kubens（地址：*https://github.com/ahmetb/kubectx*）。

然后，你就可以使用 kubectx 命令切换上下文：

```
kubectx docker-for-desktop
Switched to context "docker-for-desktop".
```

kubectx 有一个很不错的功能：kubectx -，可以切换到前一个上下文，因此你可以在两个上下文之间快速切换：

```
kubectx -
Switched to context "gke".
kubectx -
Switched to context "docker-for-desktop".
```

只输入 kubectx 会列出已存储的所有上下文，并高亮显示当前上下文。

比起切换上下文，可能你需要更频繁地切换命名空间，因此 kubens 工具是理想之选：

```
kubens
default
kube-public
kube-system

kubens kube-system
Context "docker-for-desktop" modified.
Active namespace is "kube-system".

kubens -
Context "docker-for-desktop" modified.
Active namespace is "default".
```

工具 kubectx 和 kubens 各有所长，你可以利用二者来丰富 Kubernetes 工具箱。

7.4.2 kube-ps1

如果你使用 bash 或 zsh shell，那么有一个小工具可以将当前的 Kubernetes 上下文添加到命令行提示符中。

安装好 kube-ps1 后，你就不会再忘记当前在哪个上下文中：

```
source "/usr/local/opt/kube-ps1/share/kube-ps1.sh"
PS1="[$(kube_ps1)]$ "
[(⎈ |docker-for-desktop:default)]
kubectx cloudnativedevops
Switched to context "cloudnativedevops".
(⎈ |cloudnativedevops:cloudnativedevopsblog)
```

7.5 Kubernetes shell 与工具

虽然在普通的 shell 中使用 kubectl 就足以满足 Kubernetes 集群的大多数操作，但是我们还有其他选择。

7.5.1 kube-shell

如果 kubectl 的自动补齐功能还不能让你满意，那么可以试试 kube-shell，该工具包装了 kubectl，可以在你输入每个命令的时候弹出自动补齐候选列表（见图 7-1）。

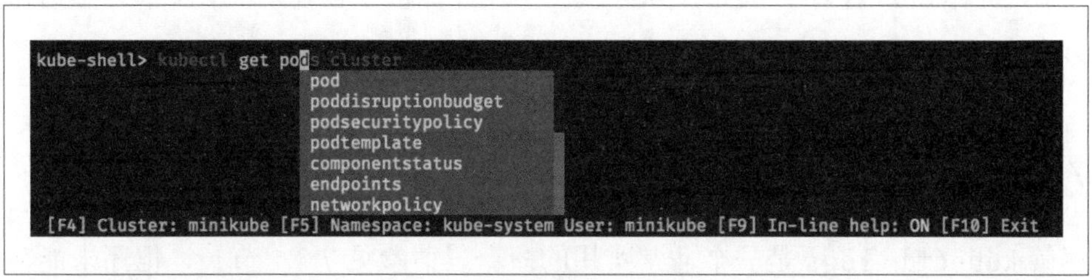

```
kube-shell> kubectl get pods cluster
                      pod
                      poddisruptionbudget
                      podsecuritypolicy
                      podtemplate
                      componentstatus
                      endpoints
                      networkpolicy
 [F4] Cluster: minikube [F5] Namespace: kube-system User: minikube [F9] In-line help: ON [F10] Exit
```

图 7-1：kube-shell 是一个 Kubernetes 的交互式客户端

7.5.2 Click

Click 提供了更复杂的 Kubernetes 终端体验（请参见：*https://databricks.com/blog/2018/03/27/introducing-click-the-command-line-interactive-controller-for-kubernetes.html*）。

Click 类似于交互版本的 `kubectl`，它会记住你正在处理的当前对象。例如，当你想在 `kubectl` 中查找和描述 Pod 时，通常需要先列出所有匹配的 Pod，然后将感兴趣的 Pod 名称复制粘贴到新命令中。

在 Click 中，你只需输入编号即可选中资源（例如，`1` 代表第一个资源）。而且这个资源就会成为当前资源，下一个 Click 命令会默认在该资源上运行。为了方便你查找所需对象，Click 支持使用正则表达式进行搜索。

Click 是一款功能非常强大的工具，为 Kubernetes 的使用提供了非常愉悦的环境。尽管目前 Click 还处于实验阶段的 Beta 版，但已经可以完美地用于集群管理的日常任务了，绝对值得一试。

7.5.3 Kubed-sh

`kube-shell` 和 Click 提供的本地 shell 实际上只对 Kubernetes 有基本的了解，而 `kubed-sh`（读作 *kube-dash*）的形式更新奇：从某种意义上说，这是一个在集群上运行的 shell。

`kubed-sh` 会拉取并运行必要的容器，以方便在当前集群上执行 JavaScript、Ruby 或 Python 程序。例如，你可以在本地计算机上创建 Ruby 脚本，然后通过 `kubed-sh` 把这个脚本当成 Kubernetes 部署执行。

7.5.4 Stern

尽管 `kubectl logs` 是一个非常实用的命令（请参见 7.3.1 节），但还未能在方便性上做到极致。例如，在使用之前，首先必须找到要查看的日志属于哪个 Pod 和容器，它们的名称是什么，而且还要在命令行上逐一指定，也就是说通常至少需要一次复制和粘贴。

另外，如果使用 `-f` 跟踪特定容器的日志，则一旦该容器被重启，日志流就会停止。你必须找到容器的新名称，然后再次运行 `kubectl logs`。而且一次只能跟踪一个 Pod 中的日志。

更高级的日志流传输工具应当允许你通过正则表达式指定一组 Pod 的名称或标签，即便个别容器重启，也依然能够保持日志流的传输。

Stern 工具就可以胜任上述所有的工作。Stern 会跟踪所有与正则表达式（例如 `demo.*` ）相匹配的 Pod 的日志。如果 Pod 中有多个容器，则 Stern 会显示每个容器的日志消息，并在前面显示容器名称。

你可以通过 `--since` 标志限制输出只显示最近的消息（例如，只显示最近 10 分钟的消息）。

如果不想使用正则表达式来指定特定 Pod 的名称，还可以使用 Kubernetes 标签选择器表达式，就像 `kubectl` 一样。与 `--all-namespaces` 标志结合使用，可以让你随心所欲地监视来自多个容器的日志。

7.6 构建自己的 Kubernetes 工具

通过 `kubectl` 搭配 `jq` 等查询工具以及标准的 UNIX 实用工具集（`cut`、`grep`、`xargs` 和 `friends`），就可以编写出操作 Kubernetes 资源的高级脚本。如本章所述，还有许多第三方的工具也可用作自动化脚本的一部分。

然而，这种方法有其局限性。你可以编写巧妙的单行命令和临时的 shell 脚本进行交互式调试和探索，但是很难理解和维护。

如果你想编写真正的系统程序，自动化生产工作流程，则我们强烈建议你使用真正的系统编程语言。Go 是一个不错的选择，因为 Kubernetes 的作者就选择了 Go，所以 Kubernetes 自然包含一个功能齐全的客户端库，供 Go 程序使用。

由于 `client-go` 库可以完整地访问所有 Kubernetes API，因此你可以使用它执行任何 `kubectl` 可以执行的操作，以及其他操作。例如以下代码段显示了如何列出集群中的所有 Pod：

```go
...
podList, err := clientset.CoreV1().Pods("").List(metav1.ListOptions{})
if err != nil {
	log.Fatal(err)
}
fmt.Println("There are", len(podList.Items), "pods in the cluster:")
for _, i := range podList.Items {
	fmt.Println(i.ObjectMeta.Name)
}
...
```

此外，你还可以创建或删除 Pod、部署或任何其他资源。你甚至可以实现自己的自定义资源类型。

如果你需要某个 Kubernetes 缺少的功能，则可以通过这个客户端库自行实现。

其他编程语言（比如 Ruby、Python 和 PHP）也拥有 Kubernetes 客户端库，你可以按照同样的方式使用。

7.7 小结

Kubernetes 的工具层出不穷，令人眼花缭乱。每当又看到另一个不可或缺的工具时，你可能会感到有些心累，这也情有可原。

事实上，大多数工具都不是必需的。Kubernetes 本身可以通过 kubectl 来完成大多数的工作，而其余的工具只是为了让工作更有趣、更方便。

没有人无所不知，但是每个人都有自己的积累。在撰写本章之际，我们结合了许多经验丰富的 Kubernetes 工程师、书籍、博客文章和文档的技巧和窍门，以及我们自己的一点心得。每个阅读了本章的人都有所收获，无论他们的专业水平如何。我们为此感到十分荣幸。

花一点时间来熟悉 kubectl，并探索其可能性是非常值得的。kubectl 是最重要的 Kubernetes 工具，而且你会频繁使用它。

以下是本章的要点：

- kubectl 本身包含完整详尽的文档，你可以通过 kubectl -h 查看文档，还可以使用 kubectl explain 查询每个 kubernetes 资源、字段或功能的文档。
- 如果你想针对 kubectl 的输出进行复杂的过滤和转换，例如在脚本中，请使用 -o json 选择 JSON 格式。在拿到 JSON 数据后，可以使用 jq 等强大的工具进行查询。
- 同时使用 kubectl 的选项 --dry-run=client 以及 -o YAML 就可以获得 YAML 格式的输出，你可以通过这个命令式的命令生成 Kubernetes 清单。在为新应用程序创建清单文件时，这种方式可以节省大量时间。
- 你也可以将现有资源转换为 YAML 清单，只需在 kubectl get 中加入 -o 标志。
- kubectl diff 会告诉你，如果应用清单会发生哪些改变，但该命令本身不会更改任何内容。
- 你可以使用 kubectl logs 查看容器的输出和错误消息，使用 --follow 标志可以连续传输日志输出流，还可以使用 Stern 查看多个 Pod 的日志。
- 为了针对有问题的容器进行故障排除，你可以通过 kubectl attach 附着到容器上，或者通过 exec -it ... /bin/sh 在容器上启动一个 shell。
- 你可以使用 kubectl run 来运行任何公共容器镜像，包括用途广泛的 BusyBox 工具（BusyBox 中包含所有常用的 Unix 命令）。
- Kubernetes 的上下文就像书签一样，标记你在特定集群和命名空间中的位置。你可以使用 kubectx 和 kubens 工具切换上下文和命名空间。

- Click 是一款强大的 Kubernetes shell，不仅可以提供 kubectl 的所有功能，而且还可以保持状态，也就是说它可以将当前选定的对象带到下一个命令，因此你不必每次都指定操作对象。

- Kubernetes 旨在通过代码实现自动化和控制。当你需要某个 kubectl 没有提供的功能时，你可以通过 Kubernetes client-go 库，用 Go 代码全权控制集群的各个方面。

第 8 章

运行容器

If you have a tough question that you can’t answer, start by tackling a simpler question that you can ’ t answer.

—— Max Tegmark

在前面几章中，我们重点从运维方面介绍了 Kubernetes：从哪里获取集群，如何维护集群以及如何管理集群资源。下面我们来介绍最基本的 Kubernetes 对象：容器。我们将从技术层面探讨容器的工作方式，它们与 Pod 的关系，以及如何将容器镜像部署到 Kubernetes。

在本章中，我们还将介绍一个重要的主题——容器的安全，以及根据最佳实践，如何使用 Kubernetes 的安全功能以安全的方式部署应用程序。最后，我们来看看如何将磁盘挂载到 Pod 上，供容器共享及持久存储数据。

8.1 容器与 Pod

我们已经在第 2 章中介绍了 Pod，并讨论了部署如何使用副本集来维护一组 Pod 副本，但是我们还没有详细地研究 Pod 本身。Pod 是 Kubernetes 的调度单位。Pod 对象代表一个容器或一组容器，Kubernetes 中运行的所有操作都是通过 Pod 来实现的：

> Pod 代表在同一个执行环境中运行的应用程序的容器和卷集合。Pod（不是容器）是 Kubernetes 集群的最小可部署单位。这意味着一个 Pod 中所有的容器始终位于同一台机器上。
>
> —— Kelsey Hightower 等，《Kubernetes 即学即用》

本书到目前为止并没有明确区分 Pod 和容器这两个术语，因为我们的演示应用程序 Pod 仅包含一个容器。但是，在更复杂的应用程序中，Pod 很可能会包含两个或更多容器。下面，我们来看看这种情况，以及何时、在何种原因下你需要将 Pod 中的容器组织到一起。

8.1.1 什么是容器？

在探讨为什么要将多个容器放入 Pod 之前，我们先来花点时间回顾一下容器的实际含义。

我们曾在 1.3 节中提到，容器是一个标准化的软件包，其中包含软件本身以及各个依赖项、配置、数据等运行软件所需的一切。但是，容器实际的工作原理是怎样的呢？

在 Linux 和大多数其他操作系统中，计算机上运行的一切都是通过进程来完成的。进程表示正在运行的应用程序（例如 Chrome、iTunes 或 Visual Studio Code）的二进制代码和内存状态。所有进程都在同一个全局命名空间中，它们可以相互查看和交互，它们共享同一个资源池，例如 CPU、内存和文件系统等（Linux 的命名空间有点像 Kubernetes 的命名空间，尽管从技术上讲二者不是同一个东西）。

从操作系统的角度来看，容器代表一个（或一组）位于各自命名空间中的隔离进程，容器内部的进程看不到外部的进程，反之亦然。容器不能访问属于其他容器或容器外部进程的资源。容器的边界就像栅栏，可以阻止进程暴走并耗尽彼此的资源。

对于容器内部的进程而言，它就像在自己的计算机上运行，可以访问所有的资源，而且没有其他正在运行的进程。想验证一下的话，可以试试看在容器中运行一些命令：

```
kubectl run busybox --image busybox:1.28 --rm -it --restart=Never /bin/sh
If you don't see a command prompt, try pressing enter.
/ # ps ax
PID   USER     TIME  COMMAND
    1 root      0:00 /bin/sh
    8 root      0:00 ps ax

/ # hostname
busybox
```

通常，ps ax 命令会列出计算机上运行的所有进程，而且一般会有很多（一般的 Linux 服务器有几百个）。然而，这里仅显示了两个进程：/bin/sh 和 ps ax。因此，容器内部唯一可见的进程就是实际正在容器中运行的进程。

类似地，hostname 命令通常会显示主机的名称，而这里却返回了 busybox，实际上这是容器的名称。因此，busybox 容器就像是在一台名为 busybox 的机器上运行，而且它独占整个机器。对于在同一台计算机上运行的每个容器来说都是如此。

不依赖 Docker 等容器运行时，自己动手创建一个容器是一个有趣的练习。Liz Rice 在精彩的演讲“什么是容器？”中讨论了如何在 Go 程序中从头创建容器（地址：*https://www.youtube.com/watch?v=HPuvDm8IC-4&feature=youtu.be*）。

8.1.2 容器中有什么？

一个容器中可以运行任意多个进程，这一点在技术上没有任何问题。你可以在同一个容器中运行完整的Linux发行版，其中包含多个正在运行的应用程序、网络服务等。这就是为什么有人称容器为轻量级虚拟机的原因。但这不是使用容器的最佳方法，因为这样就无法享受资源隔离的优势了。

如果进程不需要彼此了解，那么就不必在同一容器中运行。关于容器，有一个很好的经验法则，即一个容器只做一件事。例如，我们的演示应用程序容器监听端口，并将字符串“`Hello，世界`”发送给与之连接的任何人。这是一个非常简单的自包含服务，不依赖任何其他程序或服务，反过来也没有任何其他程序或服务依赖于它。它最适合拥有自己的容器。

容器有一个入口点，即在容器启动时运行的命令。通常运行该命令只需要创建一个进程，尽管某些应用程序通常会启动一些子进程来充当辅助进程或工作进程。如果想在容器中启动多个单独的进程，你需要编写一个包装脚本作为入口，并由脚本来启动你想要的进程。

每个容器应该只运行一个主进程。如果在容器中运行大量无关的进程，那么就无法充分发挥容器的优势，因此应考虑将应用程序拆分成多个互相通信的容器。

8.1.3 Pod 中有什么？

以上我们介绍了容器是什么，现在你明白通过 Pod 将容器组织到一起非常有利。Pod 代表一组需要相互通信和共享数据的容器；它们需要一起调度，它们需要一起启动和停止，而且它们还需要在同一台物理计算机上运行。

举一个例子，在本地缓存中保存数据的应用程序，比如 Memcached。你需要运行两个进程：应用程序进程，以及处理存储和检索数据的 `memcached` 服务器进程。尽管你可以在一个容器中运行这两个进程，但没有必要，因为它们仅需要通过网络套接字进行通信。最好将它们分到两个单独的容器，每个容器只需要关心构建和运行自己的进程即可。

事实上，你可以使用 Docker Hub 提供的公共 Memcached 容器镜像，它可以直接作为 Pod 的一部分与其他容器一起运行。

因此，你创建的 Pod 拥有两个容器：Memcached，以及你的应用程序。该应用程序可以通过网络连接与 Memcached 通信，并且由于两个容器位于同一个 Pod 中，因此二者之间的连接始终在本地发生，因为这两个容器将始终在同一个节点上运行。

同理，想象一个博客应用程序，它由一个 Web 服务器容器（比如 Nginx）和一个 Git 同步器容器（负责克隆包含 HTML 文件、图像等博客数据的 Git 代码库）组成。博客容器将数据写入磁盘，并且由于 Pod 中的容器可以共享磁盘卷，因此 Nginx 容器也可以使用该数据来提供 HTTP 服务。

> 一般，在设计 Pod 时你需要考虑："如果这些容器不在同一个机器上，它们是否可以正常工作？"如果答案为"否"，则应该通过一个 Pod 将这些容器组织到一起；如果答案是"是"，则多个 Pod 才是正确的解决方案。
>
> —— Kelsey Hightower 等，《Kubernetes 即学即用》

Pod 中的容器应该共同完成一项工作。如果你只需要一个容器即可完成工作，则请使用一个容器。如果你需要两个或三个，也没关系。如果你需要更多，则需要考虑是否可以将这些容器拆分为单独的 Pod。

8.2 容器清单

上述我们概述了容器是什么，容器中应该包含什么，以及何时应该将容器组织到 Pod 中。那么，我们应当如何在 Kubernetes 中实际运行一个容器呢？

在 4.6.2 节中，你创建的第一个部署包含 `template.spec` 一节，用于指定要运行的容器（在这个示例中只有一个容器）：

```
spec:
  containers:
  - name: demo
    image: cloudnatived/demo:hello
    ports:
    - containerPort: 8888
```

下面的示例是带有两个容器的部署中 template.spec 一节的写法：

```
spec:
  containers:
  - name: container1
    image: example/container1
  - name: container2
    image: example/container2
```

每个容器的规范中必须指定的字段只有 name 和 image：容器必须有名称，以方便其他资源引用，而且你必须告诉 Kubernetes 在容器中运行哪个镜像。

8.2.1 镜像标识符

到目前为止，本书已经使用了多个不同的容器镜像标识符。例如，cloudnatived/demo:hello、alpine、busybox:1.28 等。

实际上，每个镜像标识符都有四个不同的部分：镜像仓库的主机名、镜像仓库的命名空间、镜像仓库以及标签。除了镜像名称以外，其他都是可选项。镜像标识符会用到所有的字段，如下所示：

```
docker.io/cloudnatived/demo:hello
```

- 在这个示例中，镜像仓库的主机名是 docker.io；实际上，这是 Docker 镜像的默认值，因此我们无需指定。但是，如果你的镜像存储在其他仓库，则需要提供主机名。例如，Google Container Registry 镜像的前缀是 gcr.io。

- 镜像仓库的命名空间为cloudnatived：这是本书使用的命名空间。如果不指定镜像仓库的命名空间，则会使用默认的命名空间（即library）。下面是一组官方的镜像（地址：*https://docs.docker.com/docker-hub/official_images/*），由 Docker Inc 批准与维护。流行的官方镜像包括各个 OS 基础镜像（alpine、ubuntu、debian、centos），语言环境（golang、python、ruby、php、java）以及广泛使用的软件（mongo、mysql、nginx、redis）。

- 镜像仓库是demo，它指定了仓库和命名空间内某个特定的容器镜像（请参见 8.2.3 节）。

- 标签是hello。标签可以标识同一个镜像的不同版本。

容器中放入哪些标签由你决定，常见的标签包括：

- 语义版本标记，比如v1.3.0。通常指应用程序的版本。

- Git SHA 标签，例如5ba6bfd……标识构建容器时使用的源代码库中某个特定的提交（有关 Git SHA，请参见 14.4.9 节）。

- 它所代表的环境，例如staging或production。

你可以向镜像添加任意数量的标签。

8.2.2 latest 标签

如果在拉取镜像时未指定标签，则默认标签为latest。举个例子，如果在运行alpine镜像时未指定标签，则默认值为alpine:latest。

如果在构建或推送镜像时未指定标签，则latest标签就会作为默认标签添加到镜像上。latest标签指向的镜像未必就是最新的镜像，只不过是最新的没有明确标记的镜像。因此，latest并不适合用作标识符。

这就是将生产容器部署到 Kubernetes 时一定要指定具体标签的重要原因。如果只是运行一个一次性的容器来排除故障或进行实验，例如alpine容器，那么省略标签并获得最新的镜像也没什么问题。但是，对于真正的应用程序来说，一定要确保无论是今天还是明天部署Pod，都能获得完全相同的容器镜像：

> 在生产环境中部署容器时，应避免使用latest标签，因为我们很难通过该标签跟踪正在运行的镜像版本，而且也很难回滚。
>
> ——Kubernetes文档（地址：*https://kubernetes.io/docs/concepts/configuration/overview/#using-labels*）

8.2.3 容器摘要

如上所述，`latest`标签并不一定代表最新的版本，甚至连语义版本或Git SHA标签也不能唯一且永久地标识特定的容器镜像。如果维护人员用相同的标签推送不同的镜像，则下次部署时，你将获得更新后的镜像。用技术术语来说，标签是不确定的。

有时，我们需要确定性的部署：换句话说，保证部署引用的就是你指定的容器镜像。你可以通过容器的摘要（Digest）来保证这一点。摘要是一个镜像内容的加密哈希值，可以永久不变地标识该镜像。

镜像可以拥有多个标签，但只能有一个摘要。这意味着，如果容器清单指定的是镜像摘要，则可以保证部署的确定性。以下示例是一个带有摘要的镜像标识符：

```
cloudnatived/
demo@sha256:aeae1e551a6cbd60bcfd56c3b4ffec732c45b8012b7cb758c6c4a34...
```

8.2.4 基础镜像标签

在Dockerfile中引用基础镜像时，如果不指定标签，则会使用`latest`，就像部署容器时一样。由于`latest`的语义难以捉摸，因此建议你指定某个特定的基础镜像标签，比如`alpine:3.8`。

在修改应用程序并重构容器时，你肯定不想因公共基础镜像的更新而引发意外的变化。这可能会引发难以发现和调试的问题。

为了保证构建的可复制性，请使用特定的标签或摘要。

我们说过应该避免使用`latest`标签，但是平心而论，这种说法也存在一定的争议。就连本书的两位作者也有不同的看法。如果使用`latest`基础镜像，则意味着一旦基础镜像的变化破坏构建，你立即就能察觉到。相反，如果使用特定的镜像标签，则意味着你必须主动升级基础镜像，否则上游的变化不会影响到你。这个决定权在你手里。

8.2.5 端口

你曾在我们的演示应用程序中使用过`ports`字段，它指定了应用程序监听的网络端口号。它的作用仅仅是提供信息，对Kubernetes没有意义，但指定这个字段是一个好习惯。

8.2.6 资源请求和约束

我们已经在第5章中详细介绍了容器的资源请求和约束，在此我们只需简单地回顾一下。

每个容器的规格都可以指定以下的一项或多项：

- `resources.requests.cpu`
- `resources.requests.memory`
- `resources.limits.cpu`
- `resources.limits.memory`

尽管请求和约束是在每个容器上指定的，但是通常我们讨论的都是 Pod 的资源请求和约束。Pod 的资源请求是该 Pod 中所有容器资源请求的总和，约束亦是如此。

8.2.7 镜像拉取策略

如你所知，容器在节点上运行之前，必须从相应的容器仓库中拉取或下载镜像。容器上的 imagePullPolicy 字段可以控制 Kubernetes 多久执行一次该操作。它可以从以下三个值中选择一个：Always、IfNotPresent 或 Never：

- Always：每次启动容器时都会拉取镜像。假设你指定了一个标签（有关 latest 标签，请参见 8.2.2 节），那么就没必要指定 Always 了，因为这只会浪费时间和带宽。
- IfNotPresent：默认值，适用于大多数情况。如果节点上没有镜像，则下载镜像。在这之后，除非你更改镜像规格，否则每次容器启动时都会使用已下载的镜像，而不会尝试重新下载镜像。
- Never：永远不会更新镜像。在这个策略下，Kubernetes 永远也不会从仓库获取镜像：如果节点上已有镜像则使用；如果没有，则容器启动失败。不推荐使用。

如果遇到奇怪的问题（例如，在推送新容器镜像后 Pod 没有更新），则请检查镜像的拉取策略。

8.2.8 环境变量

环境变量是一种在运行时将信息传递到容器的方法，很常见但作用有限。之所以常见，是因为所有的 Linux 可执行文件都可以访问环境变量，甚至在容器出现很久之前编写的程序都可以使用环境变量来配置环境。之所以有限，是因为环境变量只能是字符串值，一般不能使用数组、键值或结构化的数据。进程环境的总大小上限为 32KiB，因此你不能在环境中传递大型数据文件。

你可以按照如下方式在容器的 env 字段中设置环境变量：

```
containers:
- name: demo
  image: cloudnatived/demo:hello
  env:
  - name: GREETING
    value: "Hello from the environment"
```

如果容器镜像本身指定了环境变量（比如在 Dockerfile 中），则会被 Kubernetes env 的设置覆盖。在更改容器的默认设置时可以采用这种方法。

还有一种更灵活地将配置数据传递到容器的方法是使用 Kubernetes ConfigMap 或 Secret 对象，更多信息，请参见第 10 章。

8.3 容器安全

你也许已经注意到了，在 8.1.1 节中，当我们使用 ps ax 命令查看容器中的进程列表时，所有进程都是以 root 用户身份运行的。在 Linux 以及其他 UNIX 派生的操作系统中，root 是超级用户，拥有读取任何数据、修改任何文件以及在系统上执行任何操作的特权。

在完整的 Linux 系统上，有些进程需要以 root 的身份运行（例如负责管理所有其他进程的 init），但通常容器不需要。

不建议在非必要的时候以 root 用户身份运行进程。因为这违反了最小权限原则（Principle of least privilege）。该原则要求程序只能访问完成工作必需的信息和资源。

凡是程序都有错误，因为程序都是人写的，而人都会犯错。有些错误会让恶意用户有机可乘，劫持程序读取机密数据或执行任意代码。为了缓解这种情况，使用最小权限来运行容器很重要。

首先，不要以 root 身份运行容器，应该为它们分配一个普通的用户，即一个没有特殊特权（例如读取其他用户的文件）的用户：

> 正如你不会（或不应该）以 root 用户身份在服务器上运行任何程序一样，你也不应该以 root 用户身份在服务器的容器中运行任何程序。运行来自第三方的可执行文件需要大量的信任，容器中的可执行文件也是如此。
>
> —— Marc Campbell

攻击者还有可能利用容器运行时中的错误“逃离”容器，并在主机上获得与容器中相同的权限。

8.3.1 以非 root 用户身份运行容器

下面是一个容器规范的示例，该规范告诉 Kubernetes 以特定用户身份运行容器：

```
containers:
- name: demo
  image: cloudnatived/demo:hello
  securityContext:
    runAsUser: 1000
```

runAsUser 的值是 *UID*（用户数字标识符）。在许多 Linux 系统上，UID 1000 会被分配给系统上创建的第一个非 root 用户，因此通常容器中的 UID 选择 1000 或更高的值比较安全。容器中是否存在具有该 UID 的 UNIX 用户，或者甚至容器中是否存在操作系统都没有关系，即便是空白的容器也可以这样指定。

Docker 还允许在 Dockerfile 中指定一个用户来运行容器的进程，但是你不需要这样做。在 Kubernetes 规范中设置 `runAsUser` 字段更加容易和灵活。

如果指定了 `runAsUser` UID，则它将覆盖容器镜像中配置的用户。如果没有 `runAsUser`，但容器指定了一个用户，则 Kubernetes 将以该用户身份来运行容器。如果清单和镜像中均未指定任何用户，则该容器将以 `root` 身份运行（如上所述，不推荐这种做法）。

为了获得最高安全性，应该为每个容器选择一个不同的 UID。如此一来，即使某个容器遭到破坏，或意外覆盖数据，它也只能访问自己的数据，而无权访问其他容器。

相反，如果希望两个或多个容器能够访问相同的数据（例如通过挂载卷），则应为它们分配相同的 UID。

8.3.2 阻止 Root 容器

为了防止这种情况，Kubernetes 可以禁止以 root 用户身份运行容器。

只需设置 `runAsNonRoot: true` 即可：

```
containers:
- name: demo
  image: cloudnatived/demo:hello
  securityContext:
    runAsNonRoot: true
```

Kubernetes 在运行该容器时会检查该容器是否以 root 用户身份运行。如果以 root 用户身份运行，则拒绝启动。这种方式可以避免忘记在容器中设置非 root 用户，或运行以 root 用户身份运行的第三方容器。

如果发生这种情况，Pod 状态会显示 `CreateContainerConfigError`，而通过 `kubectl describe` 查看该 Pod，则会看到如下错误：

```
Error: container has runAsNonRoot and image will run as root
```

最佳实践

以非 root 用户身份运行容器，并通过 `runAsNonRoot: true` 设置禁止以 root 用户身份运行容器。

8.3.3 设置只读文件系统

还有一个重要的安全上下文设置是 `readOnlyRootFilesystem`，这个设置可以防止容器写入自己的文件系统。你可以设想，如果容器利用了 Docker 或 Kubernetes 的一个错误，那么写入文件系统可能会影响宿主节点上的文件。如果容器的文件系统是只读的，则不会发生这种情况，容器会收到一个 I/O 错误：

```
containers:
- name: demo
  image: cloudnatived/demo:hello
  securityContext:
    readOnlyRootFilesystem: true
```

许多容器不需要向自己的文件系统写入任何内容，因此这个设置不会干扰它们。除非容器确实需要写入文件，否则最好设置 `readOnlyRootFilesystem`。

8.3.4 禁用权限提升

通常，Linux 可执行文件在执行时获得的权限就是执行它们的用户的权限。但是，有一个例外：拥有 `setuid` 机制的可执行文件可以临时获得该可执行文件的拥有者（通常是 `root`）权限。

这对于容器来说是一个潜在问题，因为即使容器以常规用户身份运行（例如，

UID 1000），如果它包含 setuid 的可执行文件，则默认情况下该可执行文件仍然可以获得 root 权限。

为了避免这种情况，请将容器的安全策略字段 allowPrivilegeEscalation 设置为 false：

```
containers:
- name: demo
  image: cloudnatived/demo:hello
  securityContext:
    allowPrivilegeEscalation: false
```

如果想在整个集群中（而不仅仅是某个容器中）控制这个设置，请参见 8.3.6 节。

现代 Linux 程序不需要 setuid，它们可以使用更灵活、更小粒度的特权机制来达到这个目的，即能力（capability）。

8.3.5 能力

一般，UNIX 程序拥有两个级别的权限：普通用户和超级用户。普通程序的权限不会超过执行它们的用户权限，而超级用户程序可以做任何事，可以绕过所有的内核安全检查。

Linux 的能力（capability）机制改进了权限控制，它定义了多种特定操作，比如加载内核模块、执行直接的网络 I/O 操作、访问系统设备等。凡是有需要的程序都可以获得这些特定的权限，但无法获得其他权限。

例如，监听端口 80 的 Web 服务器通常需要以 root 身份运行才能执行此操作。1024 以下的端口号都被视为特权系统端口。但是， 我们可以将 NET_BIND_SERVICE 能力赋予程序，这样就可以将其绑定到任何端口，同时不会赋予其他特殊权限。

Docker 容器默认提供了一套非常通用的能力。这是为了权衡实用性与安全性而做出的决定，因为如果默认不为容器提供任何能力，则运维人员需要为大量容器设置能力，它们才能运行。

另一方面，最小权限原则表明，容器不应拥有不必要的能力。Kubernetes的安全上下文允许删除默认设置中的能力，而且还可以根据需要添加能力，如下例所示：

```
containers:
- name: demo
  image: cloudnatived/demo:hello
  securityContext:
    capabilities:
      drop: ["CHOWN", "NET_RAW", "SETPCAP"]
      add: ["NET_ADMIN"]
```

这个容器删除了CHOWN、NET_RAW和SETPCAP能力，并添加了NET_ADMIN能力。

Docker文档列出了默认情况下容器上设置的所有能力，以及可以根据需要添加的能力（地址：*https://docs.docker.com/engine/reference/run/#runtime-privilege-and-linux-capabilities*）。

如果需要最大安全性，则应该删除每个容器的所有能力，并仅添加所需的特定能力：

```
containers:
- name: demo
  image: cloudnatived/demo:hello
  securityContext:
    capabilities:
      drop: ["all"]
      add: ["NET_BIND_SERVICE"]
```

能力机制对容器内部的进程进行了硬性限制，即使它们以root身份运行也是如此。一旦容器删除了某一项能力，就无法重新再获得，即使是拥有最大特权的恶意进程也没办法。

8.3.6 Pod 安全上下文

上面我们介绍了各个容器级别上的安全上下文设置，但是你也可以在 Pod 级别上进行一些设置：

```
apiVersion: v1
kind: Pod
...
spec:
  securityContext:
    runAsUser: 1000
    runAsNonRoot: false
    allowPrivilegeEscalation: false
```

这些设置将应用到 Pod 中所有的容器上，除非容器自身的安全上下文覆盖这些设置。

最佳实践

在所有 Pod 和容器中均设置安全上下文。禁用权限升级，并禁止所有能力。只添加容器所需的特定能力。

8.3.7 Pod 安全策略

如果不想单独为每个容器或 Pod 指定所有的安全设置，你可以通过 PodSecurityPolicy 资源在集群级别上指定。如下所示：

```
apiVersion: policy/v1beta1
kind: PodSecurityPolicy
metadata:
  name: example
spec:
  privileged: false
  # The rest fills in some required fields.
```

```
  seLinux:
    rule: RunAsAny
  supplementalGroups:
    rule: RunAsAny
  runAsUser:
    rule: RunAsAny
  fsGroup:
    rule: RunAsAny
  volumes:
  - *
```

这个简单的策略会阻止所有特权容器（`securityContext` 设置了 `privileged` 标志的容器，该标志会赋予容器在节点本地运行的进程拥有的所有能力）。

PodSecurityPolicy 的使用有点复杂，因为首先你必须创建策略，然后再将策略的访问权限通过 RBAC 赋给相关服务账号（请参见 11.1.2 节），然后还要启用集群中的 PodSecurityPolicy 准入控制器。但是，在面对大型的基础设施，或者无法直接控制各个 Pod 的安全性配置时，可以考虑 PodSecurityPolicy。

关于如何创建并启用 PodSecurityPolicy 的信息，请参照 Kubernetes 文档（地址：*https://kubernetes.io/docs/concepts/policy/pod-security-policy/*）。

8.3.8 Pod 服务账号

运行 Pod 需要使用命名空间默认服务账号的权限，除非另外指定（请参见 11.1.7 节）。如果出于某种原因（例如查看其他命名空间中的 Pod），你需要授予额外的权限，则请为该应用创建专用的服务账号，然后将其绑定到所需的角色，再通过配置让 Pod 使用新的服务账号。

为此，你需要将 Pod 规范中的 `serviceAccountName` 字段设置成服务账号的名称：

```
apiVersion: v1
kind: Pod
```

```
...
spec:
  serviceAccountName: deploy-tool
```

8.4 卷

你可能还记得，每个容器都有自己的文件系统，而且这个文件系统只能由该容器自己访问，并且是暂时的：如果重新启动容器，所有不属于容器镜像的数据都将丢失。

一般来说，这种方式没有问题。例如，我们的演示应用程序是无状态服务器，不需要持久性的存储。它也不需要与任何其他容器共享文件。

但是，较为复杂的应用程序可能既需要与同一个 Pod 中的其他容器共享数据，又要在重新启动时保持数据。Kubernetes 的卷（Volume）对象可以提供这两种功能。

你可以将多个不同类型的卷挂载到 Pod。无论底层的存储介质是什么，挂载到 Pod 上的卷都可供 Pod 中的所有容器访问。需要通过共享文件进行通信的容器也可以选用任意一种卷。我们将在后续小节介绍一些重要的卷类型。

8.4.1 emptyDir 卷

最简单的卷类型是 `emptyDir`。这是一种临时存储，刚开始的时候为空（因此命名），数据存储在节点上（内存或者节点的磁盘上）。只有 Pod 在该节点上运行时，它才能持久保存数据。

如果你想为容器配置一些额外的存储，那么可以考虑 `emptyDir`，但是这种卷无法永久地保存数据，也无法随着容器一起调度到别的节点上。一些适合 `emptyDir` 的例子有：缓存下载文件或生成内容，或使用空白工作空间执行数据处理的作业。

同样，如果你只想在 Pod 中的各个容器之间共享文件，而且不需要长时间保留数据，那么 emptyDir 卷是理想的选择。

下面是一个 Pod 的示例，创建一个 emptyDir 卷并挂载到容器上：

```
apiVersion: v1
kind: Pod
...
spec:
  volumes:
  - name: cache-volume
    emptyDir: {}
  containers:
  - name: demo
    image: cloudnatived/demo:hello
    volumeMounts:
    - mountPath: /cache
      name: cache-volume
```

首先，在 Pod 规范的 volumes 部分中，创建一个名为 cache-volume 的 emptyDir 卷：

```
volumes:
- name: cache-volume
  emptyDir: {}
```

现在，Pod 中的任何容器都可以挂载并使用 cache-volume 卷。下面，我们在 demo 容器的 volumeMounts 部分挂载这个卷：

```
name: demo
image: cloudnatived/demo:hello
volumeMounts:
- mountPath: /cache
  name: cache-volume
```

容器不必执行任何特殊操作即可使用这个新存储，凡是写入路径 /cache 的数据都会被写入卷，而且挂载了同一个卷的其他容器也可以看到写入的数据。所有挂载了这个卷的容器均可对其进行读写。

写入共享卷时要小心谨慎。Kubernetes 不会对磁盘写入执行任何锁定。如果两个容器尝试同时写入同一个文件，则可能导致数据损坏。为了避免这种情况，请实现自己的写入锁定机制，或者使用支持锁定的卷类型，例如 `nfs` 或 `glusterf`。

8.4.2 持久卷

尽管临时的 `emptyDir` 卷是共享缓存和临时文件的理想之选，但某些应用程序需要存储持久的数据，例如数据库。通常，我们不建议在 Kubernetes 中运行数据库。云服务可以为你提供更好的服务，例如，大多数云提供商都提供了关系数据库（比如 MySQL 和 PostgreSQL）以及键值存储（比如 NoSQL）的托管解决方案。

我们曾在 1.5.4 节中介绍过，Kubernetes 最擅长管理无状态应用程序，也就是没有持久的数据。存储持久性数据会大幅增加配置 Kubernetes 应用程序的复杂度，另外还需要使用额外的云资源，还需要进行备份。

然而，如果你需要在 Kubernetes 上使用持久卷，那么可以考虑一下持久卷（Persistent Volume）资源。我们不打算在此详细介绍持久卷，因为各个云提供商的细节往往不一样。更多有关持久卷的信息，请参见 Kubernetes 文档（地址：*https://kubernetes.io/docs/concepts/storage/persistent-volumes/*）。

在 Kubernetes 中使用持久卷时，最灵活的方法是创建持久卷声明（Persistent Volume Claim）对象。该对象代表了特定类型、特定大小的持久卷请求，例如，请求一个 10GiB、高速、读写存储的卷。

接下来，Pod 可以将这个持久卷声明当作卷添加进来，以供容器挂载和使用：

```
volumes:
- name: data-volume
  persistentVolumeClaim:
    claimName: data-pvc
```

你可以在集群中创建一个持久卷池，然后让Pod通过这种方式声明持久卷池中的卷。或者，你也可以建立动态卷供应（Dynamic Volume Provisioning）：通过这种方式挂载持久卷声明会自动提供合适的存储，并连接到Pod。

8.5 重启策略

我们曾在7.3.6节中介绍，每当Pod退出时，Kubernetes就会重启该Pod，除非你另有指示。默认的重启策略是`Always`，但是你可以改为`OnFailure`（仅当容器以非零状态退出时才重启）或`Never`：

```
apiVersion: v1
kind: Pod
...
spec:
  restartPolicy: OnFailure
```

如果想在Pod运行完成后退出，而不需要重启，则可以使用作业（Job）资源来执行该操作（有关作业，请参见9.5.3节）。

8.6 镜像拉取机密

正如你所知，Kubernetes会从容器仓库下载指定的镜像（如果节点上没有该镜像的话）。但是，如果你使用的是私人仓库，该怎么办呢？如何为Kubernetes提供仓库身份验证的凭据呢？

你可以通过Pod上的`imagePullSecrets`字段指定。首先，你需要将仓库凭据存储在Secret对象中（请参见10.2节）。然后告诉Kubernetes在拉取Pod中的容器时使用该Secret。例如，如果Secret的名称为`registry-creds`，则：

```yaml
apiVersion: v1
kind: Pod
...
spec:
  imagePullSecrets:
  - name: registry-creds
```

有关容器仓库凭据数据的格式，请参考 Kubernetes 文档（*https://kubernetes.io/docs/tasks/configure-pod-container/pull-image-private-registry/*）。

此外，你也可以将 `imagePullSecrets` 附加到服务账号（有关 Pod 服务账号，请参见 8.3.8 节）。凡是使用该服务账号创建的 Pod 都自动带有仓库凭据。

8.7 小结

为了理解 Kubernetes，首先需要理解容器。在本章中，我们概述了容器是什么，它们如何在 Pod 中协同工作，以及可以使用哪些选项来控制容器在 Kubernetes 中的运行。

本章的基本要点：

- 从内核级别上来看，Linux 容器是一组隔离的进程，拥有隔离的资源。从容器内部看，容器就像一台 Linux 机器。
- 容器不是虚拟机。每个容器应该只运行一个主要进程。
- 通常，Pod 包含一个运行主应用程序的容器，以及支持主应用程序的可选辅助容器。
- 容器镜像规范可以包含镜像仓库主机名、镜像仓库命名空间、镜像仓库和标签，例如 `docker.io/cloudnatived/demo:hello`。只有镜像名称是必须的。
- 为了实现可以重现的部署，请务必为容器镜像指定标签。否则，你会受到 `latest` 版本的影响。

- 不要以 root 用户身份运行容器中的程序，请给它们分配一个普通用户。
- 通过设置容器上的 runAsNonRoot: true 字段，可以阻止以 root 用户身份运行的任何容器。
- 其他有关容器安全的设置包括 readOnlyRootFilesystem: true 和 allowPrivilegeEscalation: false。
- Linux 能力提供了一种细粒度的特权控制机制，但是容器默认提供的能力过于宽泛。请首先删除容器的所有能力，然后仅授予容器需要的特定能力。
- 同一个 Pod 中的容器可以通过读写挂载的卷的方式共享数据。最简单的卷类型为 emptyDir，这个卷刚开始为空，而且只能在 Pod 运行期间保存数据。
- 另一方面，持久卷可以永久地保存数据。Pod 可以使用持久卷声明动态设置新的持久卷。

第 9 章

管理 Pod

There are no big problems, there are just a lot of little problems.

—— Henry Ford

在上一章中，我们详细介绍了容器，并学习了如何利用容器组成 Pod。本章我们将讨论 Pod 的其他方面，包括标签、使用节点亲和性主导 Pod 的调度、禁止 Pod 在某些带有污点和容忍污点的节点上运行、使用 Pod 亲和性将 Pod 组织到一起或分开 Pod，以及使用 Pod 控制器（例如守护进程集和状态集）来编排应用程序。

此外，我们还将介绍一些高级的网络资源，包括 Ingress 资源、Istio 和 Envoy。

9.1 标签

我们了解到 Pod（以及其他 Kubernetes 资源）可以带有标签，这些标签在连接关联的资源时发挥着重要的作用（例如，将请求从服务发送到合适的后端）。在本节中，我们来详细介绍标签以及选择器。

9.1.1 什么是标签？

> 标签是附加到 Kubernetes 对象（比如 Pod）上的键值对。标签的主要作用是指定对用户有意义且相关的对象的标识属性，但对核心系统没有直接性的语义含义。
>
> —— Kubernetes 文档（地址：*https://kubernetes.io/docs/concepts/overview/working-with-objects/labels/*）

换句话说，标签的存在是为了利用我们能看懂的信息标记资源，但这些信息对 Kubernetes 毫无意义。例如，Pod 常用的标签就是表明它所属的应用程序：

```
apiVersion: v1
kind: Pod
metadata:
  labels:
    app: demo
```

上述标签本身不会有任何作用。但这类的标签可以作为文档，人们看到这个 Pod 就知道它运行了哪个应用程序。然而，当标签与选择器一起使用时，标签的真正威力才能体现出来。

9.1.2 选择器

选择器是一个表达式，能够匹配一个标签（或一组标签）。选择器是一种根据标签指定一组资源的方式。例如，服务资源拥有一个选择器，标识它将请求发送到哪些 Pod。还记得我们的演示服务吗？请参见 4.6.4 节。

```
apiVersion: v1
kind: Service
...
spec:
  ...
  selector:
    app: demo
```

这是一个非常简单的选择器，能够匹配任何带有 app 标签且值为 demo 的资源。如果资源根本没有 app 标签，则不会与该选择器匹配。如果带有 app 标签，但值不是 demo，也不匹配。只有标签为 app: demo 的资源才会匹配，而且所有这类的资源都会被该服务选中。

标签不仅用于连接服务和 Pod，还可以通过 --selector 标志，在 kubectl get 查询集群时指定标签：

```
kubectl get pods --all-namespaces --selector app=demo
NAMESPACE   NAME                        READY    STATUS    RESTARTS   AGE
demo        demo-5cb7d6bfdd-9dckm       1/1      Running   0          20s
```

你可能还记得在 7.1.2 节中，我们曾介绍 --selector 可以缩写为 -l（*label* 的缩写）。

如果想查看 Pod 上定义了哪些标签，可以在 kubectl get 中使用 --show-labels 标志：

```
kubectl get pods --show-labels
NAME                       ... LABELS
demo-5cb7d6bfdd-9dckm      ... app=demo,environment=development
```

9.1.3 高级选择器

大多数时候，你只需要一个简单的选择器，比如 app: demo（又叫作相等选择器）。你可以结合使用不同的标签来建立更具体的选择器：

```
kubectl get pods -l app=demo,environment=production
```

上述命令将返回同时拥有 app: demo 和 environment: production 标签的 Pod。与此等效的 YAML（例如在某个服务中）如下：

```
selector:
  app: demo
  environment: production
```

服务资源只能使用这类相等选择器，但是在 kubectl 的交互式查询中，或对于更复杂的资源（例如部署），还有其他选择。

一种选择是不相等的标签：

```
kubectl get pods -l app!=demo
```

该查询将返回所有带有 app 标签且值不等于 demo 的 Pod，或根本没有 app 标签的 Pod。

你还可以通过一组值来过滤标签值：

```
kubectl get pods -l environment in (staging, production)
```

等效的 YAML 为：

```
selector:
  matchExpressions:
  - {key: environment, operator: In, values: [staging, production]}
```

你还可以要求标签值不在指定的集合中：

```
kubectl get pods -l environment notin (production)
```

等效的 YAML 为：

```
selector:
  matchExpressions:
  - {key: environment, operator: NotIn, values: [production]}
```

我们曾在 5.4.9 节的“使用节点亲和性控制调度”中介绍过另一个使用 `matchExpressions` 的示例。

9.1.4 标签的其他用途

上面我们介绍了如何通过 `app` 标签将 Pod 连接到服务（其实，你可以使用任何标签，但是一般都使用 app 标签）。但是，标签还有其他用途吗？

在演示应用程序的 Helm Chart 中（请参见 12.1.1 节），我们设置了一个 `environment` 标签，值可以是 `staging` 或 `production`。如果你在同一个集群中运行预发布 Pod 和生产 Pod（请参见 6.1.1 节），则可能需要使用这类的标签来区分这两个环境。例如，生产服务的选择器是：

```
selector:
  app: demo
  environment: production
```

如果没有 `environment` 选择器，则该服务将与所有带有标签 `app: demo` 的 Pod 匹配，包括 staging 的 Pod，这可能并不是你想要的结果。

你可以根据应用程序的实际情况，使用标签以多种不同的方式对资源进行分割。示例如下：

```
metadata:
  labels:
    app: demo
    tier: frontend
    environment: production
    version: v1.12.0
    role: primary
```

你可以透过这种标签，从不同的维度查询集群，了解集群的状况。

你还可以将标签作为金丝雀部署的一种方式（有关“金丝雀部署”，请参见 13.2.6 节）。如果只想把应用程序的新版本推出到一小部分 Pod，则可以在两个单独的部署中分别指定 `track: stable` 和 `track: canary` 之类的标签。

如果服务的选择器仅匹配 `app` 标签，那么它会将流量发送到所有与该选择器匹配的 Pod 上，包括 `stable` 和 `canary`。你可以修改两个部署的副本数，逐渐增加 `canary` Pod 的比例。等到所有运行的 Pod 都进入了 Canary，再将其标记改为 `stable`。推出下一个版本时只需重复这个过程。

9.1.5 标签与注释

那么，标签和注释之间的区别是什么呢？它们都是键值对的集合，都提供了有关资源的元数据。

两者的区别在于标签可以标识资源。我们可以利用标签选择相互关联的资源组，例如在服务的选择器中使用。相反，注释不是标识性的信息，仅供 Kubernetes 外部的工具或服务使用。例如，在 13.3.1 节的示例中，我们使用注释来控制 Helm 工作流程。

由于标签常常用于内部查询，而这些内部查询的性能非常重要，因此标签有一些非常严格的限制。例如，标签名称的上限为 63 个字符，但可以拥有 DNS 子域形式的 253 个字符组成的可选前缀，并以斜杠字符将其与标签分开。标签只能以字母或数字开头，并且只能包含字母和数字以及连字符、下划线和点。标签的值也有类似的限制。

实际上，标签的字符不太可能会不够用，因为大多数常用的标签只是一个单词（比如 `app` 等）。

9.2 节点亲和性

在 5.4.9 节中，我们曾简单地提到过节点亲和性。在那一节中，我们学习了如何使用节点亲和性将Pod优先调度到某些节点上(或避免调度到某些节点上)。下面，我们来更详细地了解一下节点亲和性。

在大多数情况下，你不需要节点亲和性。Kubernetes 非常聪明，能够将 Pod 调度到正确的节点上。如果所有的节点都同样适合运行某个 Pod，则不必担心。

然而，也有例外（例如前面示例中的可抢占节点）。如果 Pod 重启的开销很大，则可能需要避免将其调度到有可能被抢占的节点上，因为可抢占的节点有可能在没有任何征兆的情况下从集群中消失。你可以使用节点亲和性来表达这种偏好。

节点的亲和性有两种类型：硬亲和性和软亲和性。可能是因为软件工程师有时不太擅长命名，Kubernetes 中这两种亲和性的名称分别为：

- `requiredDuringSchedulingIgnoredDuringExecution`（硬）
- `preferredDuringSchedulingIgnoredDuringExecution`（软）

你可以这样记：`required` 意味着硬亲和性（必须满足该规则才能调度 Pod），而 `preferred` 意味着软亲和性（最好能满足该规则，但并非关键）。

软 / 硬亲和性的全名说明这些规则应用于调度期间，而非执行期间。也就是说，一旦将 Pod 调度到满足亲和性的特定节点上，它就会一直驻扎在那里。即使在 Pod 运行期间发生变化，以至于该规则不再满足，Kubernetes 也不会移动 Pod（将来有可能会添加此功能）。

9.2.1 硬亲和性

亲和性的定义方式是描述希望 Pod 在何种节点上运行。你可以就 Kubernetes 如何为 Pod 选择节点，添加一些规则。每个规则都使用 `nodeSelectorTerms` 字段表示。下面是一个例子：

```
apiVersion: v1
kind: Pod
...
spec:
  affinity:
    nodeAffinity:
      requiredDuringSchedulingIgnoredDuringExecution:
        nodeSelectorTerms:
        - matchExpressions:
          - key: "failure-domain.beta.kubernetes.io/zone"
            operator: In
            values: ["us-central1-a"]
```

上述，只有位于 us-central1-a 区域的节点才匹配该规则，因此总体效果是确保将 Pod 调度到该区域中。

9.2.2 软亲和性

软亲和性的定义方式几乎与上述相同，不同之处在于，每个规则都要分配 1 ~ 100 的数字权重，表明它对结果的影响度。下面是一个例子：

```
preferredDuringSchedulingIgnoredDuringExecution:
- weight: 10
  preference:
    matchExpressions:
    - key: "failure-domain.beta.kubernetes.io/zone"
      operator: In
      values: ["us-central1-a"]
- weight: 100
  preference:
    matchExpressions:
    - key: "failure-domain.beta.kubernetes.io/zone"
      operator: In
      values: ["us-central1-b"]
```

preferred 一词表明这是软亲和性：Kubernetes 可以将 Pod 调度到任何节点上，但是它会优先考虑与这些规则匹配的节点。

你可以看到这两个规则拥有不同的`weight`值。第一个规则的权重为10，但第二个规则的权重为100。如果存在多个同时满足这两个规则的节点，则Kubernetes给予与第二个规则相匹配的节点（即位于`us-central1-b`区域的节点）的优先度是第一个规则的10倍。

权重是表达偏好相对重要性的有效方法。

9.3 Pod的亲和性与反亲和性

上述，我们介绍了如何使用节点亲和性让调度器优先考虑或避免在某些类型的节点上运行Pod。但是，我们是否可以根据已经在节点上运行的其他Pod影响调度决策呢？

有时，两个Pod在同一个节点上运行的效果会更好，例如Web服务器和内容缓存（比如Redis）。最好可以将这类的信息添加到Pod规范中，告诉调度器它希望与匹配一组特定标签的Pod调度到同一个节点上。

相反，有时你希望两个Pod互相回避。在5.4.10节中，我们看到，Pod副本位于同一个节点上可能会引发问题，所以最好还是将它们分布在整个集群中。能不能告诉调度器不要将Pod调度到某个已经运行了该Pod副本的节点上？

其实，这正是Pod亲和性的功能。类似于节点亲和性，Pod亲和性也可以通过一组规则表述来表达，即硬性要求或拥有一组权重的软性偏好。

9.3.1 将Pod调度到一起

首先我们来考虑第一种情况：将多个Pod调度到一起。假设你有一个Web服务器的Pod，标签为`app: server`；还有一个内容缓存的Pod，标签为`app: cache`。即使它们位于不同的节点上，也可以协同工作，但最好能调度到同一个节点上，这样它们之间的通信就不必通过网络了。你该如何要求调度器将它们调度到一起呢？

下面是 server Pod 规范中的一个 Pod 亲和性的示例。将其添加到 cache 的规范中，或同时添加两到个 Pod 的规范中，效果也是相同的：

```
apiVersion: v1
kind: Pod
metadata:
  name: server
  labels:
    app: server
...
spec:
  affinity:
    podAffinity:
      requiredDuringSchedulingIgnoredDuringExecution:
        labelSelector:
        - matchExpressions:
          - key: app
            operator: In
            values: ["cache"]
        topologyKey: kubernetes.io/hostname
```

这个亲和性的整体效果是，如果有可能的话，将 server Pod 调度到一个正在运行带有 cache 标签 Pod 的节点上。如果没有这样的节点，或者匹配的节点没有足够的空闲资源来运行 Pod，则该 Pod 将无法运行。

但实际上我们并不会这样做。如果两个 Pod 必须在一起，则请将两者的容器放入同一个 Pod 中。如果你只是希望它们位于同一个位置上，则请使用 Pod 软亲和性（preferredDuringSchedulingIgnoredDuringExecution）。

9.3.2 分开 Pod

下面，我们来谈谈反亲和性的示例：将某些 Pod 分开。我们可以将 podAffinity 换成 podAntiAffinity：

```
apiVersion: v1
kind: Pod
```

```
metadata:
  name: server
  labels:
    app: server
...
spec:
  affinity:
    podAntiAffinity:
      requiredDuringSchedulingIgnoredDuringExecution:
        labelSelector:
        - matchExpressions:
          - key: app
            operator: In
            values: ["server"]
        topologyKey: kubernetes.io/hostname
```

这个例子与上一个非常相似，只不过这里指定的是 podAntiAffinity，因此表达的意思也是相反的，而且 match 表达式也不同。该表达式的意思是："app 标签的值必须是 server。"

这个亲和性的整体效果是，确保 Pod 不会被调度到任何与该规则匹配的节点上。换句话说，如果某个节点上已有标记了 app: server 的 Pod 正在运行，则被标记了 app: server 的 Pod 皆不可调度到该节点上。该亲和性可以强制将 server Pod 均匀地分布到整个集群中，而代价是可能无法达到所需的副本数。

9.3.3 软反亲和性

然而，通常我们更加关心的是否拥有足够数量的副本，而不是尽可能均匀地分布。因此，硬性规定并不是我们真正想要的。下面，我们将上述亲和性修改成软反亲和性：

```
affinity:
  podAntiAffinity:
    preferredDuringSchedulingIgnoredDuringExecution:
    - weight: 1
```

```
podAffinityTerm:
  labelSelector:
  - matchExpressions:
    - key: app
      operator: In
      values: ["server"]
  topologyKey: kubernetes.io/hostname
```

请注意，现在这个规则是 `preferred`，而不是 `required`，因此这是一个软反亲和性。最好能够满足规则。如果不能满足，Kubernetes 也会调度 Pod。

因为它是一种偏好，所以我们指定了 `weight` 值，就像软节点亲和性一样。如果使用了多个亲和性规则，Kubernetes 会根据你为每个规则分配的权重对它们进行优先级排序。

9.3.4 何时使用 Pod 亲和性

就像节点亲和性一样，你应该将 Pod 亲和性作为处理特殊情况的微调强化功能。调度器能够妥当地安置 Pod，并确保集群的最佳性能和可用性。Pod 亲和性限制了调度器的自由度，以牺牲一个应用程序为代价成全了另一个应用程序。只有当你已经发现了生产环境中的某个问题，而且 Pod 亲和性是唯一的修复办法时，才应当予以考虑。

9.4 污点与容忍

在 9.2 节中，我们介绍了 Pod 的一种属性可以让 Pod 亲近（或远离）一组节点。相反，污点允许节点根据节点的某些属性排斥一组 Pod。

例如，你可以使用污点创建专用节点，即仅为特定种类的 Pod 保留的节点。如果节点上存在某些问题（例如内存不足或网络连接不通），Kubernetes 还会制造污点。

我们可以使用 kubectl taint 命令，将污点添加到特定的节点上：

```
kubectl taint nodes docker-for-desktop dedicated=true:NoSchedule
```

该命令将在 docker-for-desktop 节点上添加一个名为 dedicated=true 的污点，其效果为 NoSchedule，意思是除非 Pod 拥有匹配的容忍，否则就不能调度到该节点上。

如果想查看特定节点上设置的污点，请使用 kubectl describe node……

如果想删除节点上的污点，也请使用 kubectl taint 命令，但污点名称后面必须加一个减号“-”：

```
kubectl taint nodes docker-for-desktop dedicated:NoSchedule-
```

容忍是 Pod 的属性，描述了它们能够忍受的污点。例如，如果 Pod 容忍污点 dedicated=true，则可以将其添加到 Pod 的规格中：

```
apiVersion: v1
kind: Pod
...
spec:
  tolerations:
  - key: "dedicated"
    operator: "Equal"
    value: "true"
    effect: "NoSchedule"
```

这相当于说：“允许该 Pod 在拥有 dedicated=true 污点且效果为 NoSchedule 节点上运行。”由于该容忍与污点匹配，所以该 Pod 可以调度到这个节点上。凡是没有这类容忍的 Pod 都不能在这个受污染的节点上运行。

如果某个 Pod 由于受污染的节点而导致完全无法运行，则它将保持 Pending 状态，而且你将在 Pod 描述中看到以下消息：

```
Warning  FailedScheduling  4s (x10 over 2m)  default-scheduler  0/1 nodes are
available: 1 node(s) had taints that the pod didn’t tolerate.
```

除此之外，污点和容忍还可以用于标记带有专用硬件（比如GPU）的节点，以及允许某些Pod容忍某些类型的节点问题等。

例如，如果某个节点掉线，Kubernetes会自动添加污点node.kubernetes.io/unreachable。通常，这会导致kubelet驱逐节点上的所有Pod。但是，网络有可能在合理的期限内恢复正常，因此某些Pod应该仍然保持运行状态。为此，你可以在这些Pod中添加一个与unreachable污点相匹配的容忍。

更多有关污点与容忍的信息，请参阅Kubernetes文档（地址：*https://kubernetes.io/docs/concepts/scheduling-eviction/taint-and-toleration/*）。

9.5 Pod控制器

在本章中，我们讨论了很多有关Pod的知识，因为所有的Kubernetes应用程序都在Pod中运行。但是，为什么我们还需要其他类型的对象呢？只需创建一个Pod来运行应用程序不就可以了吗？

其实，直接使用docker container run运行容器就可以达到这种效果，就像我们在2.1.3节中介绍的那样。这种方法虽然可行，但非常有局限性：

- 如果容器由于某种原因退出，则必须手动重启。
- 容器只有一个副本；而且在手动运行的情况下，无法在多个副本之间实现负载均衡。
- 如果想实现高可用的副本，则必须决定在哪些节点上运行它们，并注意保持集群平衡。
- 更新容器时，必须注意依次停止每个正在运行的镜像，然后拉取并重新启动新镜像。

而 Kubernetes 的诞生就是为了通过控制器将你从这些工作中解放出来。我们曾在 4.3 节中介绍过副本集控制器，它可以管理特定 Pod 的一组副本。它会一直工作，确保指定数量的副本：如果副本数量不足，则启动新副本；如果副本数量过多，则终止副本。

此外，现在你也很熟悉部署，正如我们在 4.1 节中的介绍，它通过管理副本集来控制应用程序更新的推出。例如，使用新的容器规范更新部署时，它会创建新的副本集来启动新的 Pod，并最终关闭管理旧 Pod 的副本集。

大多数简单的应用程序只需要部署即可。但是，还有几种其他类型的 Pod 控制器，我们将在本节中简要介绍一下。

9.5.1 守护进程集

假设你想将所有应用程序的日志发送到中心化的日志服务器，例如 Elasticsearch-Logstash-Kibana（ELK）栈，或 SaaS 监视产品（比如 Datadog，请参见 16.6.5 节），那么实现方法有好几种。

一种方式是在每个应用程序中加入一段代码，连接到日志记录服务、进行身份验证、写入日志等，但这会导致很多重复的代码，效率很低。

还有一种方法，你可以在每个 Pod 中运行一个额外的容器，充当日志记录代理（这种方式又称为 Sidecar 模式）。这意味着每个应用程序不必知道如何与日志记录服务通信，但是意味着每个节点可能都需要运行日志记录代理的多个副本。

由于日志记录代理所做的工作只是管理与日志记录服务的连接，并传递日志消息，因此实际上每个节点只需要一个日志记录代理的副本。这是一个很常见的要求，为此 Kubernetes 提供了一个特殊的控制器对象：守护进程集（DaemonSet）。

守护进程（daemon）一词通常指在服务器上长时间运行的后台进程，负责处理日志记录之类的工作。与之类似，Kubernetes 守护进程集会在集群中的每个节点上运行一个守护进程容器。

你可能猜到了，守护进程集的清单看起来与部署非常相似：

```
apiVersion: apps/v1
kind: DaemonSet
metadata:
  name: fluentd-elasticsearch
  ...
spec:
  ...
  template:
    ...
    spec:
      containers:
      - name: fluentd-elasticsearch
        ...
```

当需要在集群中的每个节点上运行 Pod 的一个副本时，请使用守护进程集。如果对于正在运行的应用程序来说，维护一定数量的副本比控制 Pod 在哪个节点上更为重要，则请使用部署。

9.5.2 状态集

与部署或守护进程集类似，状态集（StatefulSet）也是一种 Pod 控制器。状态集增加的功能是可以按特定的顺序启动和停止 Pod。

例如，部署可以按照随机的顺序启动和停止所有的 Pod。对于无状态服务，这种方式没问题，因为在无状态服务中，每个副本都是相同的，并且执行相同的工作。

但有时候，你需要按照特定的编号顺序启动Pod，而且还需要通过编号识别它们。例如，Redis、MongoDB或Cassandra之类的分布式应用程序会创建自己的集群，并且需要能够通过可预测的名称来标识集群领导者。

在这种情况下，状态集是理想之选。例如，如果创建一个名为redis的状态集，则第一个启动的Pod将被命名为redis-0，而且Kubernetes会等到该Pod准备好之后再启动下一个Pod，即redis-1。

有些应用程序可以使用这个属性以可靠的方式将Pod组合成集群。例如，每个Pod运行一个启动脚本，检查自己是否在redis-0上运行。如果是，那么它就是集群领导者；如果不是，则需要通过联系redis-0加入集群。

Kubernetes会等到状态集中的每个副本都已运行且准备就绪，再启动下一个副本。类似地，当状态集终止时，副本将以相反的顺序关闭，等到每个Pod关闭后再继续关闭下一个副本。

除了这些特殊的属性之外，状态集看起来与普通的部署非常相似：

```
apiVersion: apps/v1
kind: StatefulSet
metadata:
  name: redis
spec:
  selector:
    matchLabels:
      app: redis
  serviceName: "redis"
  replicas: 3
  template:
    ...
```

为了通过可预测的DNS名称（例如redis-1）访问各个Pod，你需要创建一个服务，并将clusterIP类型设置为None（称为无头服务，*Headless Service*）。

非无头服务会获得一个 DNS 条目（例如 redis），它可以在所有后端 Pod 上实现负载均衡。无头服务也会获得一个服务的 DNS 名称，但是每个 Pod 还会单独获得一个带有编号的 DNS 条目，例如 redis-0、redis-1、redis-2 等。

需要加入 Redis 集群的 Pod 可以专门联系 redis-0，但是只需要负载均衡的 Redis 服务的应用程序则可以通过 DNS 名称 Redis 与随机选择的 Redis Pod 对话。

另外，状态集还可以利用卷声明模板对象（它会自动创建持久卷声明）来管理 Pod 的磁盘存储（有关持久卷的介绍，请参见 8.4.2 节）。

9.5.3 作业

Kubernetes 还有另外一个非常实用的 Pod 控制器：作业（Job）。部署会运行指定数量的 Pod，并不断重启它们，而作业只需运行一定的次数。之后，作业就会被视为完成。

例如，批处理任务或队列的工作 Pod 通常会启动、完成工作、然后再退出。因此非常适合由作业管理。

控制作业执行的字段有两个：completions 和 parallelism。前者 completions 决定作业在被视为完成之前，需要成功地运行多少次指定 Pod。默认值为 1，表示 Pod 只需运行一次。

parallelism 字段指定一次运行多少个 Pod。同样，默认值为 1，表示一次只能运行一个 Pod。

例如，假设你需要运行队列的工作作业，目的是消耗队列中的工作项。你可以将 parallelism 设置为 10，不要设置 completions，那么就会启动 10 个 Pod，每个 Pod 都会消耗队列中的工作项，直到队列中的工作项消耗完，然后退出，此时该作业就完成了：

```yaml
apiVersion: batch/v1
kind: Job
metadata:
  name: queue-worker
spec:
  completions: 10
  template:
    metadata:
      name: queue-worker
    spec:
      containers:
        ...
```

或者，如果你想运行类似于批处理作业的操作，则可以让 `completions` 和 `parallelism` 都保持默认值 1，这样就会启动 Pod 的一个副本，并等待其成功完成。如果 Pod 崩溃、失败或以任何非成功的方式退出，则作业会重启 Pod，就像部署一样。只有成功退出才会计入 `completions` 指定的次数。

那么，如何启动一个作业呢？你可以手动启动作业，方法是使用 `kubectl` 或 Helm 来应用作业清单。另外，作业也可以自动触发，例如通过持续部署流水线（请参见第 14 章）。

但是，最常见的运行作业的方法是，在指定时间点或按照指定的时间间隔定期启动作业。为此，Kubernetes 提供了一种特殊的作业类型：定时作业（Cronjob）。

9.5.4 定时作业

在 Unix 环境中，计划作业由 cron 守护程序运行（这个名字来自希腊语 χρόνος，意思是“时间”）。因此，它们被称为 cron 作业，Kubernetes 定时作业对象的作用与此完全相同。

定时作业的清单如下：

```
apiVersion: batch/v1beta1
kind: CronJob
metadata:
  name: demo-cron
spec:
  schedule: "*/1 * * * *"
  jobTemplate:
    spec:
      ...
```

定时作业的清单中有两个重要的字段：spec.schedule 和 spec.jobTemplate。schedule 字段指定何时运行作业，与 Unix cron 程序的格式相同。

jobTemplate 指定要运行的作业模板，与普通作业的清单完全相同（请参见 9.5.3 节）。

9.5.5 Pod 水平自动伸缩器

部署控制器可以维护指定数量的 Pod 副本。如果一个副本失败，则启动另一个副本替换；如果出于某种原因 Pod 副本数过多，则部署会停止多余的 Pod，以保证目标数量的副本。

所需副本数在部署清单中设置，而且我们已经介绍过，如果通信量很大，则可以通过调整来增加 Pod 的数量；如果出现空闲的 Pod，则可以通过减少 Pod 数量来缩小部署的规模。

但是，如果 Kubernetes 能够根据需求自动调整副本数呢？这正是 Pod 水平伸缩器的功能。（水平伸缩指的是调整服务的副本数量，而垂直伸缩则指的是调整单个副本的大小。）

Pod 水平伸缩器（Horizontal Pod Autoscaler，HPA）会监视指定的部署，并通过持续监控给定的指标来判断是否需要增加或减少副本的数量。

最常见的自动伸缩指标之一是 CPU 利用率。我们曾在 5.1.2 节中介绍过，Pod 可以请求一定数量的 CPU 资源，例如 500 毫核。在 Pod 运行期间，它使用的 CPU 会发生波动，这意味着无论在任何时刻 Pod 实际使用的 CPU 只是原本请求的一部分。

你可以根据这个值自动扩展部署。例如，你可以创建一个 HPA，目标是 Pod 的 CPU 使用率为 80%。如果部署中所有 Pod 的 CPU 平均使用率仅为请求的 70%，则 HPA 会通过减少目标副本数来缩小规模。如果 Pod 没有得到充分利用，那么就不需要那么多。

另一方面，如果平均 CPU 利用率为 90%，超出了 80% 的目标，则我们需要添加更多副本，直到 CPU 平均使用率下降为止。HPA 将修改部署来增加目标副本数。

每当 HPA 确定需要进行伸缩操作时，它都会根据实际指标值与目标值的比率，调整副本的数量。如果部署非常接近目标 CPU 利用率，则 HPA 只会添加或删除少量副本；但是如果差距过大，则 HPA 会进行大幅的调整。

以下是一个基于 CPU 利用率的 HPA 示例：

```
apiVersion: autoscaling/v2beta1
kind: HorizontalPodAutoscaler
metadata:
  name: demo-hpa
  namespace: default
spec:
  scaleTargetRef:
    apiVersion: apps/v1
    kind: Deployment
    name: demo
  minReplicas: 1
  maxReplicas: 10
  metrics:
  - type: Resource
```

```
resource:
  name: cpu
  targetAverageUtilization: 80
```

需要注意的字段包括：

- spec.scaleTargetRef：指定要扩展的部署。
- spec.minReplicas 和 spec.maxReplicas：指定伸缩的限制。
- spec.metrics：伸缩的判断指标。

尽管 CPU 使用率是最常见的伸缩指标，但你可以使用任何 Kubernetes 指标，包括系统内置的指标（比如 CPU 和内存使用率）以及应用程序特有的服务指标（你可以在应用程序中定义和导出这些指标，更多详情请参见第 16 章）。例如，你可以根据应用程序错误率进行伸缩。

更多有关自动伸缩器以及自定义指标的信息，请参阅 Kubernetes 文档（地址：*https://kubernetes.io/docs/tasks/run-application/horizontal-pod-autoscale-walkthrough/*）。

9.5.6 PodPreset

PodPreset 是一个尚处于 alpha 实验阶段的功能，你可以利用这项功能在创建 Pod 时注入信息。例如，你可以创建一个 PodPreset，并通过它在所有与给定标签集匹配的 Pod 上挂载一个卷。

PodPreset 这类对象叫作准入控制器（Admission Controller）。准入控制器会监视 Pod 的创建，当它的选择器与创建的 Pod 匹配时采取一定的措施。例如，有些准入控制器会在 Pod 违反某项策略时阻止 Pod 的创建；而有些控制器（比如 PodPreset）则会向 Pod 注入额外的配置。

下面是一个 PodPreset 示例，它会为所有与 `tier: frontend` 选择器匹配的 Pod 添加一个 cache 卷：

```
apiVersion: settings.k8s.io/v1alpha1
kind: PodPreset
metadata:
  name: add-cache
spec:
  selector:
    matchLabels:
      tier: frontend
  volumeMounts:
    - mountPath: /cache
      name: cache-volume
  volumes:
    - name: cache-volume
      emptyDir: {}
```

PodPreset 定义的设置会合并到每个 Pod 的设置中。如果 Pod 被 PodPreset 修改，则你会看到如下注释：

```
podpreset.admission.kubernetes.io/podpreset-add-cache: "<resource version>"
```

如果 Pod 自身的设置与 PodPreset 中定义的设置冲突，或者如果多个 PodPreset 的设置互相冲突，会怎么样呢？在这种情况下，Kubernetes 将拒绝修改 Pod，而且你会在 Pod 的描述中看到一个消息为"`Pod Conflict on pod preset`"的事件。

由于这个原因，你不能用 PodPreset 覆盖 Pod 自身的配置，只能用它来补充 Pod 本身未指定的设置。Pod 可以通过设置注释避免被 PodPreset 修改：

```
podpreset.admission.kubernetes.io/exclude: "true"
```

由于 PodPreset 尚处于实验阶段，因此托管 Kubernetes 集群可能无法使用，而且你需要通过额外的步骤才能在自托管集群中启用，例如为 API 服务器提供命令行参数。有关详情，请参阅 Kubernetes 文档（地址：*https://kubernetes.io/zh/docs/concepts/workloads/pods/podpreset/*）。

9.5.7 操作器与自定义资源定义（CRD）

我们在 9.5.2 节有关状态集的讨论中看到，标准的 Kubernetes 对象（例如部署和服务等）适合简单无状态的应用程序，但它们有局限性。有些应用程序需要多个互相协作的 Pod，而且这些 Pod 必须按照特定的顺序初始化（例如拥有多个副本的数据库或集群形式的服务）。

如果应用程序需要比状态集更复杂的管理，则可以自行创建新类型的对象，即自定义资源定义（Custom Resource Definition，即 CRD）。例如，备份工具 Velero 创建了自定义的 Configs 和 Backups 等 Kubernetes 对象（请参见 11.3.6 节）。

Kubernetes 在设计时就考虑了可扩展性，你可以使用 CRD 机制自由定义和创建任何类型的对象。有些 CRD 只是为了存储数据，比如 Velero 的 BackupStorageLocation 对象。但是，你还可以更进一步，创建 Pod 控制器对象，就像部署或状态集一样。

例如，如果需要创建一个控制器对象，在 Kubernetes 中设置拥有多个副本的、高可用性 MySQL 数据库集群，该怎么做呢？

第一步，创建自定义控制器对象的 CRD。为了让这个对象执行操作，你需要编写一个程序，与 Kubernetes API 通信。这其实很容易，请参见 7.6 节的介绍。这类的程序称为操作器（因为它可以像人类操作员那样执行各种操作）。

编写操作器不需要任何自定义对象。开发运维工程师 Michael Treacher 编写了一个很好的操作器示例（地址：*https://medium.com/@mtreacher/writing-a-kubernetes-operator-a9b86f19bfb9*），这个操作器可以监视命名空间的创建，并自动将 RoleBinding 添加到新的命名空间（有关 RoleBinding，请参见 11.1.2 节）。

但是，通常操作器通常都会使用一个或多个由 CRD 创建的自定义对象，然后通过一个能与 Kubernetes API 通信的程序来实现行为。

9.6 Ingress 资源

你可以将 Ingress 视为位于服务前面的负载均衡器（见图 9-1）。Ingress 接收来自客户端的请求，并将其发送到服务。然后，服务根据标签选择器将它们发送到正确的 Pod（有关服务资源，请参见 4.6.4 节）。

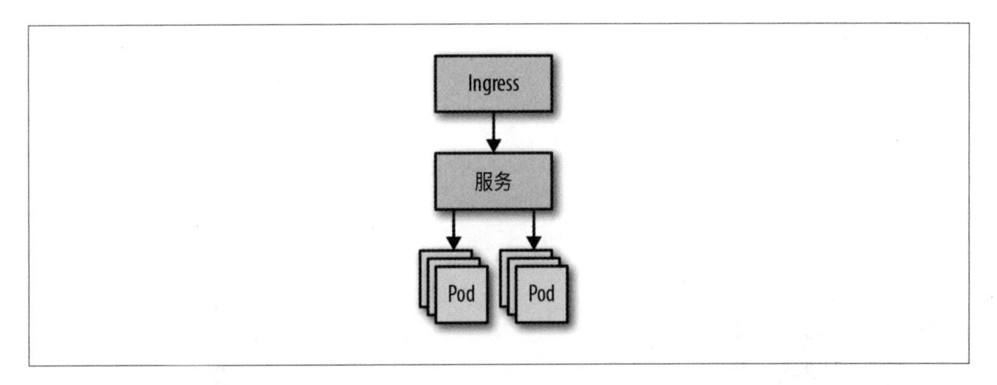

图 9-1：Ingress 资源

下面是一个非常简单的 Ingress 资源示例：

```
apiVersion: apps/v1
kind: Ingress
metadata:
  name: demo-ingress
spec:
  backend:
    serviceName: demo-service
    servicePort: 80
```

这个 Ingress 会将流量转发到名为 `demo-service` 的 80 端口上（实际上，请求直接从 Ingress 转到合适的 Pod，但从概念上可以认为请求经过了服务）。

这个示例本身似乎没有什么用处。但是，Ingress 的用途远不止于此。

9.6.1 Ingress 规则

服务主要负责路由集群中的内部流量（例如，从一个微服务路由到另一个），而 Ingress 则负责将外部的流量路由到集群和适当的微服务上。

Ingress 可以根据指定的某些规则将流量转发到不同的服务。常见的一种是根据请求 URL 将请求路由到不同的地方，又称作分列（fanout）：

```
apiVersion: apps/v1
kind: Ingress
metadata:
  name: fanout-ingress
spec:
  rules:
  - http:
      paths:
      - path: /hello
        backend:
          serviceName: hello
          servicePort: 80
      - path: /goodbye
        backend:
          serviceName: goodbye
          servicePort: 80
```

这种 Ingress 有很多用途。高可用的负载均衡器可能十分昂贵，因此你可以通过一个负载均衡器以及与之关联的 Ingress，将流量路由到大量的其他服务上。

你不仅可以根据 URL 路由请求，而且还可以使用 HTTP 的 Host 头部（相当于基于名称的虚拟主机）。带有不同域名的请求（例如 example.com）会根据域名被路由到合适的后端服务。

9.6.2 通过 Ingress 终止 TLS

此外，Ingress 还可以使用 TLS（以前叫作 SSL 协议）处理安全连接。如果同一域上有很多不同的服务和应用程序，则它们可以共享一个 TLS 证书，而且可以通过一个 Ingress 资源管理这些连接（此时 Ingress 被称为 TLS 终止）：

```
apiVersion: apps/v1
kind: Ingress
metadata:
  name: demo-ingress
spec:
  tls:
  - secretName: demo-tls-secret
  backend:
    serviceName: demo-service
    servicePort: 80
```

在这个示例中，我们添加了一个新的 `tls`，用于指示 Ingress 使用 TLS 证书来保护与客户端的流量。证书本身存储为 Kubernetes Secret 资源（有关 Kubernetes Secret，请参见 10.2 节）。

使用已有的 TLS 证书

如果你已有一个 TLS 证书，或者打算从证书颁发机构购买 TLS 证书，则可以在 Ingress 中使用该证书。首先创建一个 Secret：

```
apiVersion: v1
kind: Secret
type: kubernetes.io/tls
metadata:
  name: demo-tls-secret
data:
  tls.crt: LS0tLS1CRUdJTiBDRV...LS0tCg==
  tls.key: LS0tLS1CRUdJTiBSU0...LS0tCg==
```

证书的内容放在 `tls.crt` 字段中，而密钥放在 `tls.key` 中。与 Kubernetes Secret 一样，在将证书和密钥数据添加到清单之前，应该对其进行 base64 编码（有关 base64，请参见 10.2.3 节）。

使用 Cert-Manager 自动化 LetsEncrypt 证书

如果你想使用流行的 LetsEncrypt 授权（或其他 ACME 证书提供商）自动请求和更新 TLS 证书，则可以使用 `cert-manager`。

在集群中运行 `cert-manager`，它会自动检测没有证书的 TLS Ingress，并发送请求到指定的提供商（比如 LetsEncrypt）。与流行的 `kube-lego` 相比，`cert-manager` 是一款更现代、更强大的工具。

TLS 连接的具体处理方式则取决于 Ingress 控制器。

9.6.3 Ingress 控制器

Ingress 控制器负责管理集群中的 Ingress 资源。选用的控制器因集群的运行位置而异。

通常，如果想自定义 Ingress 的行为的话，可以添加 Ingress 控制器能够识别的特定注释。

在 Google GKE 上运行的集群可以选择使用 Google 面向 Ingress 的计算负载均衡器（Compute Load Balancer for Ingress）。AWS 有一个类似的产品名叫应用程序负载均衡器（Application Load Balancer）。这些托管服务提供了一个公共 IP 地址，Ingress 可以通过这个地址监听请求。

如果你需要使用 Ingress 在 Google 云或 AWS 上运行 Kubernetes，那么这些都是不错的选择。每款产品的文档请参照各自的代码库：

- Google Ingress 文件：*https://github.com/kubernetes/ingress-gce*

- AWS Ingress 文档：*https://github.com/kubernetes-sigs/aws-alb-ingress-controller*

你还可以选择在集群中安装和运行自己的 Ingress 控制器，甚至可以根据需要运行多个控制器。流行的控制器包括：

nginx-Ingress

早在 Kubernetes 出现之前，NGINX 一直是流行的负载均衡器工具。该控制器给 Kubernetes 带来了很多 NGINX 的功能。基于 NGINX 的 Ingress 控制器还有几个，但这个是官方版本。

Contour

Contour 的底层实际上使用另一个名为 Envoy 的工具来代理客户端和 Pod 之间的请求。

Traefik

这是一款轻量级的代理工具，可以自动管理 Ingress 的 TLS 证书。

这些控制器各有特色，并提供自己的设置和安装说明，以及处理路由和证书等的方式。了解不同的工具，并在自己的集群中通过应用程序进行尝试，才能掌握它们的工作方式。

9.7 Istio

Istio 是一种服务网格，适用于多个应用程序和服务之间的相互通信。它可以处理服务之间的路由，并加密网络流量，此外还有其他重要的功能，例如指标、日志和负载均衡等。

Istio 是许多托管 Kubernetes 集群（包括 Google Kubernetes Engine）的可选附件（关于如何启用 Istio，请参见提供商的文档）。

如果你想在自托管集群中安装 Istio，请使用官方的 Istio Helm Chart。

如果你的应用程序非常依赖彼此之间的通信，则可以考虑 Istio。有关 Istio 的知识足够撰写一本书（相信很快就会出现），但在这之前，你可以参阅入门文档（地址：*https://istio.io/latest/docs/concepts/what-is-istio/*）。

9.8 Envoy

大多数托管的 Kubernetes 服务（例如 Google Kubernetes Engine）都提供了某种云负载均衡器的集成。例如，当你在 GKE 或 Ingress 上创建类型为 `LoadBalancer` 的服务时，系统会自动创建 Google 云负载均衡器，并将其连接到服务。

这些标准的云负载均衡器具有良好的扩展性，但是它们非常简单，并且配置不多。例如，默认的负载均衡算法通常是 `random`（请参见 4.6.4 节）。该算法会将每个连接随机发送到不同的后端。

然而，有的时候 `random` 并不能满足你的需求。例如，如果发到服务的请求可能会长时间运行且占用大量 CPU，那么有些后端节点可能会过载，而有些则处于空闲状态。

更智能的算法会将请求路由到最不繁忙的后端。有时这种算法称作 `leastconn` 或 `LEAST_REQUEST`。

对于这类更为复杂的负载均衡，你可以使用一种名叫 Envoy 的产品。这款产品本身不属于 Kubernetes，但常常与 Kubernetes 应用程序一起使用。

Envoy 是用 C++ 编写的、为单个服务和应用程序而设计的高性能分布式代理，但也可以用作服务网格体系结构的一部分（有关 Istio，请参见 9.7 节）。

开发人员 Mark Vincze 写了一篇很棒的博客文章，详细介绍了如何在 Kubernetes 中设置和配置 Envoy（地址：*https://blog.markvincze.com/how-to-use-envoy-as-a-load-balancer-in-kubernetes/*）。

9.9 小结

说到底，Kubernetes 的一切都是为了运行 Pod。因此，我们在本章中详细探讨了这些内容，希望你不会觉得我们太啰嗦。你不需要了解或记住本章讲到的每一个知识点，至少暂时不用。将来，如果你遇到一些问题，则可以参考本章介绍的高级主题。

本章的要点包括：

- 标签是标识资源的键值对，可与选择器一起使用，以匹配指定的资源组。
- 节点亲和性可以让 Pod 亲近或远离具有指定属性的节点。例如，你可以指定 Pod 只能在位于指定区域的节点上运行。
- 硬节点亲和性可能会阻止 Pod 的运行，而软节点亲和性则更像是给调度器的建议。你可以组合多个具有不同权重的软亲和性。
- Pod 亲和性表示我们希望将 Pod 优先安排到其他 Pod 的节点上。例如，希望在同一个节点上运行的 Pod 可以通过 Pod 亲和性来表示。
- Pod 反亲和性会排斥其他 Pod。例如，同一个 Pod 的副本之间的反亲和性有助于在整个集群中均匀地分布副本。
- 污点是一种用特定信息标记节点的方法，通常都是有关节点问题或故障的信息。在默认情况下，Pod 不会被调度到受污染的节点上。
- 容忍允许将 Pod 调度到带有特定污点的节点上。你可以利用这种机制在专用节点上运行某些 Pod。
- 你可以通过守护进程集在每个节点上安排一个 Pod 的副本（比如日志记录代理）。
- 状态集能够以特定的编号顺序启动和停止 Pod 副本，因此你可以通过可预测的 DNS 名称访问每个副本。状态集非常适用于集群应用程序（例如数据库）。

- 作业在运行 Pod 一次（或指定次数）后完成。与之类似，定时作业会在指定的时间点周期性地运行 Pod。
- Pod 水平自动伸缩器会监视一组 Pod，并尝试优化给定的指标（例如 CPU 利用率）。它们会通过增加或减少所需的副本数来实现指定的目标。
- PodPreset 可以在 Pod 创建时，为所有选中的 Pod 注入常用的配置。例如，你可以使用 PodPreset 为所有匹配的 Pod 挂载特定的卷。
- 自定义资源定义（CRD）允许你创建自己的自定义 Kubernetes 对象，以存储所需的数据。操作器是 Kubernetes 的客户端程序，可以为特定的应用程序（例如 MySQL）实现编排行为。
- Ingress 资源可以根据一组规则（比如匹配 URL 的某些部分）将请求路由到不同的服务。它们还可以终止应用程序的 TLS 连接。
- Istio 是一种为微服务应用程序提供高级联网功能的工具，而且还可以像 Kubernetes 应用程序一样使用 Helm 进行安装。
- 与标准的云负载均衡器以及服务网格工具相比，Envoy 提供了更复杂的负载均衡功能。

第 10 章

配置与机密数据

If you want to keep a secret, you must also hide it from yourself.

—— George Orwell, 1984

Kubernetes 应用程序的逻辑与配置的分离非常重要，这里的配置指的是在应用程序的整个生命周期中可以更改的任何值或设置。配置的值通常包括特定于环境的设置、第三方服务的 DNS 地址以及身份验证凭据等。

虽然这些值可以直接放入代码中，但这种方法不是很灵活。问题之一就是更改配置值的时候需要完整地重新构建并重新部署应用程序。因此，最好将这些值从代码中分离出来，然后从文件或环境变量中读取。

Kubernetes 提供了几种不同的方法来帮助你管理配置。一种方法是通过 Pod 规范中的环境变量将值传递给应用程序（请参见 8.2.8 节）。另一种方法是使用 ConfigMap 和 Secret 对象将配置数据直接存储在 Kubernetes 中。

在本章中，我们将详细介绍 ConfigMap 和 Secret，并以演示应用程序为例，介绍一些管理应用程序的配置和 Secret 的实用技术。

10.1 ConfigMap

ConfigMap 是 Kubernetes 中存储配置数据的主要对象。你可以视其为存储配置数据的一组命名键 / 值对。你可以通过 ConfigMap 将数据提供给应用程序，实现方法是在 Pod 中创建文件或将其注入 Pod 的环境中。

在本节中，我们将介绍几种将数据存储到 ConfigMap 的方法，然后还会探索提取数据并将其提供给 Kubernetes 应用程序的各种方法。

10.1.1 创建 ConfigMap

假设你需要在 Pod 的文件系统中创建一个名为 *config.yaml* 的 YAML 配置文件，其内容如下：

```
autoSaveInterval: 60
batchSize: 128
protocols:
  - http
  - https
```

如何才能将这组值转换为可供 Kubernetes 使用的 ConfigMap 资源呢？

一种方法是将这些数据原封不动地以 YAML 格式放入 ConfigMap 清单。ConfigMap 对象的清单如下所示：

```
apiVersion: v1
data:
  config.yaml: |
    autoSaveInterval: 60
    batchSize: 128
    protocols:
      - http
      - https
kind: ConfigMap
metadata:
```

```
name: demo-config
namespace: demo
```

为了创建 ConfigMap，你可以编写一个新的清单，然后将 *config.yaml* 中的值添加到 data 部分，如上所述。

不过，还有一种更简单的方法，那就是利用 kubectl 完成部分操作。你可以直接利用 YAML 文件创建 ConfigMap，如下所示：

```
kubectl create configmap demo-config --namespace=demo --from-file=config.yaml
configmap "demo-config" created
```

如果想导出与该 ConfigMap 对应的清单文件，则可以运行：

```
kubectl get configmap/demo-config --namespace=demo -o yaml
    >demo-config.yaml
```

这条命令可以将集群中的 ConfigMap 资源以 YAML 清单的形式写入文件 *demo-config.yaml*，然而其中还包含了一些额外的信息，例如 status 部分等，需要在应用之前去除（有关导出资源，请参见 7.2.4 节）。

10.1.2 利用 ConfigMap 设置环境变量

到这里，我们的 ConfigMap 对象已经保存了必需的配置数据，那么接下来如何才能将这些数据放入容器呢？让我们利用演示应用程序举一个完整的例子。你可以在 demo 代码库的 *hello-config-env* 目录中找到这些代码。

演示应用程序与我们在前几章中使用的是同一个，它会监听 HTTP 请求，并响应问候语（请参见 2.2.1 节）。

不过，这次我们不再将字符串 Hello 硬编码到应用程序中，而是使用可配置的问候语。因此，我们需要对 handler 函数进行一些修改，从环境变量 GREETING 读取该值：

```
func handler(w http.ResponseWriter, r *http.Request) {
        greeting := os.Getenv("GREETING")
        fmt.Fprintf(w, "%s, 世界 \n", greeting)
}
```

不用在意 Go 代码的详细写法，这只是一个演示。大致来说，如果在程序运行的时候，环境变量中包含 GREETING，则使用它来响应请求。无论你使用哪种语言编写应用程序，应该都能够读取环境变量。

现在，让我们创建一个 ConfigMap 对象来保存问候语的值。你可以参考 demo 代码库 *hello-config-env* 目录中的 ConfigMap 清单文件以及修改后的 Go 应用程序。

该清单文件大致如下：

```
apiVersion: v1
kind: ConfigMap
metadata:
  name: demo-config
data:
  greeting: Hola
```

为了保证这些数据在容器的环境中可见，我们需要对部署进行一些修改。demo 部署中相关部分的修改如下：

```
spec:
  containers:
    - name: demo
      image: cloudnatived/demo:hello-config-env
      ports:
        - containerPort: 8888
      env:
        - name: GREETING
          valueFrom:
            configMapKeyRef:
```

```
          name: demo-config
          key: greeting
```

请注意，我们使用的容器镜像标记与前面的示例有所不同（有关镜像标识符，请参见 8.2.1 节）。:hello-config-env 标签提供了修改后的演示应用程序版本，该版本将读取 GREETING 变量，完整的镜像为 cloudnatived/demo:hello-config-env。

第二个需要注意的部分是 env。回顾一下 8.2.8 节中有关环境变量的介绍，你可以通过添加 name/value 对来创建值为字面量的环境变量。

这里仍然有 name，但是我们指定了 valueFrom，而不是 value。这会告诉 Kubernetes，不要使用变量的字面量值，应该从其他地方寻找值。

configMapKeyRef 表示引用特定 ConfigMap 中的特定键。需要查找的 ConfigMap 名称是 demo-config，需要查找的键是 greeting。我们在 ConfigMap 清单中创建了这个数据，因此现在可以读取到容器的环境中。

如果 ConfigMap 不存在，则部署将无法运行（Pod 显示的状态为 CreateContainerConfigError）。

应用程序只需这些就可以正常工作了，所以现在就开始动手将清单部署到 Kubernetes 集群吧。找到 demo 代码库的目录，然后运行以下命令：

```
kubectl apply -f hello-config-env/k8s/
configmap "demo-config" created
deployment.extensions "demo" created
```

与之前一样，如果想在 Web 浏览器中查看应用程序，你需要将本地端口转发到 Pod 的端口 8888 上：

```
kubectl port-forward deploy/demo 9999:8888
Forwarding from 127.0.0.1:9999 -> 8888
Forwarding from [::1]:9999 -> 8888
```

（这一次我们不必费心创建服务。虽然你需要通过服务访问实际的产品应用程序，但对于这个示例，我们只需要使用 `kubectl` 将本地端口直接转发到 demo 的部署上）

现在，在 Web 浏览器中输入 http://localhost:9999/，就可以看到：

```
Hola, 世界
```

> **练习**
>
> 在另一个终端中（`kubectl port-forward` 命令需要保持运行状态），通过编辑 *configmap.yaml* 文件修改问候语。然后用 `kubectl` 重新应用文件。再刷新 Web 浏览器。问候语变化了吗？如果没有，为什么呢？你需要做些什么才能让应用程序读取修改后的值呢（请参见 10.1.6 节，可能会有所帮助）？

10.1.3 利用 ConfigMap 设置整个环境

如上所示，当只有一两个环境变量时，可以利用 ConfigMap 中的键来读取环境变量，但是当环境变量很多时，这种方法就会非常繁琐。

幸运的是，有一种简单的方法可以获取 ConfigMap 中所有的键，并将其转换为环境变量，那就是使用 `envFrom`：

```
spec:
  containers:
    - name: demo
      image: cloudnatived/demo:hello-config-env
      ports:
        - containerPort: 8888
      envFrom:
      - configMapRef:
          name: demo-config
```

现在，demo-config ConfigMap 中的每个设置都成了容器环境中的一个变量。由于在我们的示例 ConfigMap 中，键的名称是 greeting，所以环境变量的名称也是 greeting （小写）。如果想使用大写的环境变量名，则需要修改 ConfigMap 中 envFrom 下的键名称。

你还可以使用 env，以常规的方式为容器设置其他环境变量。你可以将字面量值放入清单文件，也可以使用上述示例所示的 ConfigMapKeyRef。Kubernetes 允许你使用 env 或 envFrom，或者同时使用两者来设置环境变量。

如果 env 中设置的某个变量与 envFrom 设置的名称相同，则 env 优先。例如，如果 env 和 envFrom 引用的 ConfigMap 中同时设置了变量 GREETING，则 env 中指定的值会覆盖来自 ConfigMap 的值。

10.1.4 在命令参数中使用环境变量

能够将配置数据放入容器的环境固然非常方便，但有时你需要将其作为命令行参数提供给启动容器的入口点。

为了实现这一点，你可以利用 ConfigMap 来提供环境变量，如上一个示例所示，但是你需要使用 Kubernetes 特殊的语法 $(VARIABLE) 在命令行参数中引用它们。

demo 代码库 *hello-config-args* 目录的 *deployment.yaml* 文件中有如下示例：

```
spec:
  containers:
    - name: demo
      image: cloudnatived/demo:hello-config-args
      args:
        - "-greeting"
        - "$(GREETING)"
      ports:
        - containerPort: 8888
```

```
        env:
          - name: GREETING
            valueFrom:
              configMapKeyRef:
                name: demo-config
                key: greeting
```

容器的规范中添加了一个 args 字段，它会将自定义参数传递到容器的默认入口点（/bin/demo）。

Kubernetes 可以将清单中所有的 $(VARIABLE) 替换为环境变量 VARIABLE 的值。由于我们创建了 GREETING 变量并在 ConfigMap 设置了它的值，因此可以在容器的命令行中使用。

在应用这些清单时，可以通过以下方式将 GREETING 的值传递给演示应用程序：

```
kubectl apply -f hello-config-args/k8s/
configmap "demo-config" configured
deployment.extensions "demo" configured
```

在 Web 浏览器中看到效果是：

```
Salut, 世界
```

10.1.5 利用 ConfigMap 创建配置文件

我们已经介绍了两种通过 Kubernetes ConfigMap 将数据传递到应用程序的方式：通过环境变量，以及通过容器命令行。但是，更为复杂的应用程序往往需要从磁盘文件中读取配置。

好消息是，Kubernetes 为我们提供了一种直接通过 ConfigMap 创建此类文件的方法。首先，我们来修改一下 ConfigMap，在其中存储一个完整的 YAML 文件而不仅仅是一个键（虽然如下示例只包含一个键，但其实包含几百个都没问题）：

```
apiVersion: v1
kind: ConfigMap
metadata:
  name: demo-config
data:
  config: |
    greeting: Buongiorno
```

在上个示例中我们设置了键 greeting，在此我们创建一个名为 config 的新键，并为其分配一个数据块（YAML 中的符号 | 表示后面是原始数据块）。这里的数据为：

```
greeting: Buongiorno
```

这段数据恰好是合法的 YAML，但请不要误解，它可以是 JSON、TOML、纯文本或任何其他格式。不论是何种形式，最终 Kubernetes 都会将整个数据块原样写入容器的文件。

必要的数据已经存储好了，现在我们来将其部署到 Kubernetes。你可以在 demo 代码库的 *hello-config-file* 目录中找到部署的模板，其中包含：

```
spec:
  containers:
    - name: demo
      image: cloudnatived/demo:hello-config-file
      ports:
        - containerPort: 8888
      volumeMounts:
      - mountPath: /config/
        name: demo-config-volume
        readOnly: true
  volumes:
  - name: demo-config-volume
    configMap:
      name: demo-config
      items:
```

```
          - key: config
            path: demo.yaml
```

注意 volumes 部分，我们利用已有的 demo-config ConfigMap 创建了一个名为 demo-config-volume 的卷。

在容器的 volumeMounts 部分，我们将该卷挂载到了 mountPath: /config/，选择键 config，并将其写入路径 *demo.yaml*。最终的结果是，Kubernetes 将在容器的 */config/demo.yaml* 中创建一个文件，其中包含 YAML 格式的 demo-config 数据：

```
greeting: Buongiorno
```

演示应用程序会在启动时从该文件读取配置。下面，我们使用以下命令来应用清单：

```
kubectl apply -f hello-config-file/k8s/
configmap "demo-config" configured
deployment.extensions "demo" configured
```

在 Web 浏览器中看到的结果应该是：

```
Buongiorno, 世界
```

如果想查看集群中的 ConfigMap 数据，则可以运行以下命令：

```
kubectl describe configmap/demo-config
Name:           demo-config
Namespace:      default
Labels:         <none>
Annotations:
kubectl.kubernetes.io/last-applied-configuration={"apiVersion":"v1",
"data":{"config":"greeting: Buongiorno\n"},"kind":"ConfigMap","metadata":
{"annotations":{},"name":"demo-config","namespace":"default...
```

```
Data
====
config:
greeting: Buongiorno

Events:  <none>
```

如果更新ConfigMap并修改它的值，则相应的文件（在我们的示例中为*/config/demo.yaml*）也会自动更新。有些应用程序可能会自动检测到配置文件的更新，并重新读取；而有些则不会。

一种解决办法是通过重新部署应用程序（请参见10.1.6节）来读取修改，但是如果应用程序有办法触发热重载，例如UNIX信号（比如`SIGHUP`）或者在容器中运行一个命令，就不需要重新部署了。

10.1.6 配置发生变化后更新Pod

假设集群中正在运行一个部署，而你想更改其ConfigMap中的某些值。如果你使用的是Helm Chart（请参见4.7节），则我们有一个妙招可以让它自动检测配置变化并重新加载Pod。将如下注释添加到部署规范中：

```
checksum/config: {{ include (print $.Template.BasePath "/configmap.yaml") .
    | sha256sum }}
```

如此一来，部署模板包含了配置设置的哈希值，因此一旦这些配置发生变化，哈希值也会变化。只需运行`helm upgrade`，Helm就会检测到部署规范已发生变化，然后重新启动所有Pod。

10.2 Kubernetes Secret

通过上述介绍我们看到Kubernetes ConfigMap对象提供了一种非常灵活的存储和访问集群配置数据的方式。然而，大多数应用程序都有一些机密且敏感的配置数据，比如密码或 API 密钥等。尽管我们可以使用 ConfigMap 存储这些数据，但这并不是理想的解决方案。

为此，Kubernetes 提供了一种专门存储机密数据的特殊对象：Secret。下面我们通过一个例子来看看如何在演示应用程序中使用 Secret。

首先，下面是 Secret 的 Kubernetes 清单（请参见 *hello-secret-env/k8s/secret.yaml*）：

```
apiVersion: v1
kind: Secret
metadata:
  name: demo-secret
stringData:
  magicWord: xyzzy
```

在这个示例中，机密数据的键为 magicWord，值为 xyzzy（计算机界的魔术字）。与 ConfigMap 一样，你可以在 Secret 中保存多个键值。此处，为了简单起见，我们仅使用了一个键值对。

10.2.1 利用机密数据设置环境变量

就像 ConfigMap 一样，如果将 Secret 放入环境变量或作为文件挂载到容器的文件系统上，容器就可以看见它们了。在这个示例中，我们将一个环境变量设置为 Secret 的值：

```
spec:
  containers:
    - name: demo
      image: cloudnatived/demo:hello-secret-env
      ports:
        - containerPort: 8888
      env:
        - name: MAGIC_WORD
```

```
          valueFrom:
            secretKeyRef:
              name: demo-secret
              key: magicWord
```

设置环境变量 MAGIC_WORD 的方式与使用 ConfigMap 完全相同，只不过现在这个环境变量是 secretKeyRef，而不是 configMapKeyRef（请参见 10.1.2 节）。

在 demo 代码库的目录中运行以下命令即可应用这些清单：

```
kubectl apply -f hello-secret-env/k8s/
deployment.extensions "demo" configured
secret "demo-secret" created
```

和以前一样，将本地端口转发到部署，就可以在 Web 浏览器中查看结果了：

```
kubectl port-forward deploy/demo 9999:8888
Forwarding from 127.0.0.1:9999 -> 8888
Forwarding from [::1]:9999 -> 8888
```

打开 *http://localhost:9999/*，应该就能看到：

```
The magic word is "xyzzy"
```

10.2.2 将 Secret 写入文件

在下面的示例中，我们将 Secret 作为文件挂载到容器上。你可以在 demo 代码库的 *hello-secret-file* 目录下找到该示例的代码。

为了将这个 Secret 挂载到容器的文件中，我们使用如下部署：

```
spec:
  containers:
    - name: demo
      image: cloudnatived/demo:hello-secret-file
```

```
        ports:
          - containerPort: 8888
        volumeMounts:
          - name: demo-secret-volume
            mountPath: "/secrets/"
            readOnly: true
    volumes:
      - name: demo-secret-volume
        secret:
          secretName: demo-secret
```

与 10.1.5 节中的介绍一样，先创建一个卷（在该示例中为 `demo-secret-volume`），然后挂载到容器，即指定容器规格的 `volumeMounts`。`mountPath` 是 `/secrets`，Kubernetes 将在该目录中为 Secret 中定义的每个键值对创建一个文件。

在这个 Secret 的示例中，我们只定义了一个键值对，名为 `magicWord`，因此该清单将在容器上创建只读文件 */secrets/magicWord*，而文件的内容就是机密数据。

按照与前面的示例相同的方式应用此清单，就可以看到相同的结果：

```
The magic word is "xyzzy"
```

10.2.3 读取 Secrest

在上一节中，我们能够使用 `kubectl describe` 来查看 ConfigMap 中的数据。我们是否可以用同样的方法来查看 Secret 呢？

```
kubectl describe secret/demo-secret
Name:         demo-secret
Namespace:    default
Labels:       <none>
Annotations:
Type:         Opaque
```

```
Data
====
magicWord:  5 bytes
```

请注意，这次没有显示实际数据。Kubernetes Secret 的类型是 Opaque，这意味着它们不会在 kubectl describe 的输出、日志消息或终端中显示。这样可以防止意外泄露机密数据。

你可以使用 kubectl get，以 YAML 输出格式查看混淆后的机密数据：

```
kubectl get secret/demo-secret -o yaml
apiVersion: v1
data:
  magicWord: eHl6enk=
kind: Secret
metadata:
...
type: Opaque
```

base64

这里的 eHl6enk= 是什么？看起来不像原始的机密数据。实际上，它是 Secret 的 *base64* 表示。Base64 是一种编码方案，可以将任意的二进制数据编码为文本字符串。

由于机密数据可以是不可打印的二进制数据（比如 TLS 加密密钥），因此 Kubernetes 的 Secret 始终以 base64 格式存储。

文本 eHl6enk= 实际上就是机密 xyzzy 的 base64 编码。你可以在终端中使用 base64 --decode 命令来验证一下：

```
echo "eHl6enk=" | base64 --decode
xyzzy
```

因此，尽管 Kubernetes 可以防止机密数据意外输出到终端或日志文件中，但是如果你有权读取特定名称空间的 Secret，就可以拿到 base64 格式的数据，然后再解码。

如果你需要对某些文本进行 base64 编码（比如将其添加到 Secret 中），则可以使用 base64，参数 -n 可以避免包含换行符：

```
echo -n xyzzy | base64
eHl6enk=
```

10.2.4 访问 Secret

谁可以读取或编辑 Secret？这是由 Kubernetes 访问控制机制 RBAC 控制的，我们将在 11.1.2 节中更详细地讨论 RBAC。如果你使用的集群不支持 RBAC 或未启用 RBAC，则所有用户或任何容器都可以访问所有 Secret（千万不要在没有 RBAC 的情况下在生产环境中运行任何集群，我们稍后再做解释）。

10.2.5 静态加密

那些可以访问 *etcd* 数据库（存储了所有的 Kubernetes 信息）的人呢？即使他们没有读取 Secret 对象的权限也可以访问机密数据吗？

Kubernetes 从 1.7 版开始支持静态加密。这意味着 *etcd* 数据库中的机密数据实际上是经过加密后存储在磁盘上的，即使可以直接访问该数据库的人也无法读取。只有 Kubernetes API 服务器拥有解码此数据的密钥。正确配置的集群应当启用静态加密。

你可以通过运行以下命令来检查集群中是否启用了静态加密：

```
kubectl describe pod -n kube-system -l component=kube-apiserver |grep encryption
        --experimental-encryption-provider-config=...
```

如果没有看到 `experimental-encryption-provider-config` 标志，则表明没有启用静态加密（如果你使用的是 Google Kubernetes Engine 或其他托管的 Kubernetes 服务，则可以放心，你的数据已经通过其他机制进行了加密，因此看不到这个标志。你可以联系 Kubernetes 提供商，看看 `etcd` 数据是否已加密）。

10.2.6 防止 Secret 被删

有时，你不希望从集群中删除某些 Kubernetes 资源，例如尤为重要的 Secret。你可以使用 Helm 专用的注释，防止这些资源被删除：

```
kind: Secret
metadata:
  annotations:
    "helm.sh/resource-policy": keep
```

10.3 Secret 管理策略

在上一节的示例中，我们将机密数据存储在集群中，就可以防止未经授权的访问。但是在清单文件中机密数据却以纯文本的形式表示。

永远不要在源代码管理的文件中公开这样的机密数据。那么，在将机密数据应用到 Kubernetes 集群之前，应当如何安全地管理和存储呢？

在选择工具或策略来管理应用程序中的机密时，你需要考虑以下几个问题：

1. 将机密存储在何处才能保证高可用性？
2. 运行中的应用程序应当如何使用机密？
3. 在轮换或改变机密时，运行中的应用程序需要做些什么？

在本节中，我们将介绍三种最流行的机密管理策略，并探索它们如何解决这些问题。

10.3.1 在版本控制中加密机密

管理机密的第一种方式是将机密数据直接存储到版本控制代码库的代码中，切记以加密形式存储，并在部署时进行解密。

这可能是最简单的方式。直接将机密放在源代码中，但千万不要以纯文本形式存储。一定要对机密进行加密，且只能通过某个受信任的密钥解密。

在部署应用程序时，先解密机密数据，再将 Kubernetes 清单应用到集群。然后应用程序就可以像读取其他任何配置数据一样读取和使用机密了。

在加密机密数据后，将其放入版本控制中，可以方便你查看和跟踪机密数据的变化，就像管理应用程序代码的改动一样。只要版本控制代码库具有高可用性，机密也具有高可用性。

如果你想改变或轮换机密，则只需在源代码的本地副本中对机密进行解密、修改、重新加密，然后提交给版本控制。

尽管这种策略易于实现，而且除了密钥和加密 / 解密工具（请参见 10.4 节）之外没有任何依赖关系，但存在一个潜在的缺点。如果多个应用程序使用同一个机密，则它们都需要在各自的源代码中保存一个副本。这意味修改机密的工作量很大，因为你需要逐个找到机密并修改。

此外，还有一个严重的风险，即可能会不小心将纯文本的机密数据提交到版本控制。这种疏忽确实会发生，即使使用私有的版本控制代码库，提交任何机密数据也应视为已泄露，你应该尽快轮换掉。你应该严格限制加密密钥的访问，只允许某些特定的人访问，而且绝不能公开给开发人员。

话虽如此，对于只有非关键机密的小型组织而言，在源代码库中保存加密的机密数据是一个不错的起点。相对来说，这种方法涉及的东西少、易于设置，同时非常灵活，足以处理多个应用程序和不同类型的机密数据。在本章的最后一节中，我们将介绍几种可用于执行该操作的加密 / 解密工具，但首先我们来简要地介绍一下其他机密管理策略。

10.3.2 远程存储 Secret

另一种管理机密的方法是将它们保存到一个（或多个）文件中，然后把文件保存在异地的安全文件存储库中，例如 AWS S3 存储桶或 Google 云存储。在部署应用程序时，下载这些文件，经过解密后提供给应用程序。这与将加密后的机密数据放入版本控制的方法很相似，不同之处在于，这些机密不再保存在源代码库中，因为它们都被集中存储了。两种策略都可以使用相同的加密 / 解密工具。

这种方法解决了在多个代码存储库中重复存储机密数据的问题，但需要一些额外的工程和协调才能在部署时拉取相关的机密数据。这种方法具有专用机密管理工具的一些优势，同时无需设置和管理额外的软件组件，应用程序要获取机密也无需重构。

但是，由于机密数据不在版本控制中，因此你需要一个流程来有序地处理机密数据的变动，最好是使用审计日志（谁做了哪些改动、何时以及为什么），以及类似于审核和批准拉取请求的变更控制过程。

10.3.3 使用专业的机密管理工具

尽管对大多数组织来说，在源代码中加密机密，并将机密保存在存储桶中就足够了，但当规模非常大时，可能需要考虑使用专业的机密管理工具，例如 Hashicorp Vault、Square Keywhiz、AWS Secrets Manager 或 Azure Key Vault。这些工具可以将所有应用程序的机密数据集中存储在安全的地方，不仅可以提供高可用性，而且还可以控制哪些用户和服务账号有权添加、删除、更改或查看机密数据。

在机密管理系统中，所有操作都会经过审计和审查，所以很容易分析安全漏洞，以及证明合规性。其中有些工具还提供定期自动轮换机密的功能，这种做法不仅适合于任何情况，而且许多公司的安全策略也有这种要求。

应用程序怎样才能从机密管理工具获取数据呢？一种常见的方式是使用一个拥有机密保管库只读访问权限的服务账号，这样每个应用程序只能读取其所需的机密。开发人员可以拥有自己的个人凭据，且只有权读写自己负责的应用程序。

虽然集中式机密管理系统非常强大且灵活，但也增加了基础设施的复杂性。除了需要设置和运行机密保管库之外，你还需要向每个消费机密的应用程序和服务添加工具或中间件。尽管可以通过重构或重新设计的方法，让应用程序直接访问机密管库，但这样做可能需要付出昂贵的成本以及大量的时间，所以最好还是在前面添加一层获取机密数据并将其放入应用程序的环境或配置文件中。

在上述各种工具中，最受欢迎的是来自 Hashicorp 的 Vault。

10.3.4 推荐

尽管初看之下，像 Vault 这样专业的机密管理系统似乎是理性的选择，但我们并不建议你从此入手。请尝试使用 Sops 之类的轻量级加密工具（请参见 10.4 节），直接在源代码中对机密数据进行加密。

为什么？因为一般你没有那么多机密需要管理。除非你的基础设施非常复杂且相互依赖（无论如何你都应该避免这一点），一般每个应用程序只需要一两个机密数据，比如其他服务的 API 密钥和令牌，或数据库凭据。如果某个应用程序确实需要很多不同的机密数据，则可以考虑将它们全部存储在一个文件中，然后对该文件进行加密。

我们在机密管理上采取务实的态度，正如本书提及的大多数问题一样。如果简单易用的系统就可以解决你的问题，那又何必舍近求远呢。将来你随时可以切换成功能更强大或更复杂的设置。通常很难在项目之初确切地了解需要多少机密数据，如果你不确定，那么就应该使用易于上手，且不会限制将来选择的工具。

话虽如此，如果从一开始你就知道机密数据的处理存在法规或合规性限制，那么最好在设计时考虑到这一点，你可能需要研究专业的机密管理解决方案。

10.4 使用 Sops 加密机密数据

假设你打算自己做加密，至少希望尝试一下，那么就需要一个能够与源代码和数据文件协同工作的加密工具。Mozilla 项目开发的 Sops（secrets operations 的缩写）是一种加密 / 解密工具，能够处理 YAML、JSON 和二进制文件，而且还支持多个加密后端，包括 PGP/GnuPG、Azure Key Vault、AWS 的密钥管理服务（KMS）以及 Google 的云密钥管理服务。

10.4.1 Sops 简介

下面我们来展示一下 Sops 的功能。 Sops 不会加密整个文件，它只加密各个机密数据的值。例如，纯文本文件中包含：

```
password: foo
```

用 Sops 加密生成的文件如下：

```
password: ENC[AES256_GCM,data:p673w==,iv:YY=,aad:UQ=,tag:A=]
```

这可以方便编辑和审查代码，尤其是在拉取请求中，无需解密数据即可理解其含义。

有关 Sops 的安装和使用说明，请参照项目主页（地址：*https://github.com/mozilla/sops*）。

在本章剩余部分，我们将介绍一些使用Sops的示例，了解它如何与Kubernetes协同工作，并将一些Sops管理的机密数据添加到我们的演示应用程序中。但是首先，我们需要强调一下，机密数据的加密工具有很多。你也可以使用其他工具，只要能够按照与Sops相同的方式来加密和解密纯文本文件中的机密数据，使用任何工具都可以。

相信你也看出来了，我们是Helm的粉丝。如果需要管理Helm Chart中加密后的机密数据的话，则可以结合使用Sops和`helm-secrets`插件。在运行`helm upgrade`或`helm install`时，`helm-secrets`会解密部署的机密数据。更多有关`helm-secrets`的信息，包括安装和使用说明，请参考GitHub代码库（地址：*https://github.com/zendesk/helm-secrets*）。

10.4.2 使用Sops加密文件

下面我们来试试看使用Sops来加密文件。如前所述，Sops本身并不会处理加密。它将加密的工作委托给后端，比如GnuPG（Pretty Good Privacy，即PGP协议的一种流行的开源实现）。在这个示例中，我们将使用Sops与GnuPG加密包含机密的文件。最终的结果是一个可以安全地提交到版本控制的文件。

我们不打算详细介绍PGP加密的工作原理，你只需要知道，PGP加密与SSH和TLS一样，是一个公钥加密系统。实际上，在加密数据时它使用了一对密钥：一个公钥，一个私钥。你可以安全地与他人共享公钥，但千万不要泄露你的私钥。

下面，我们来生成一对密钥。首先，如果尚未安装GnuPG的话，现在就请安装（地址：*https://gnupg.org/download/*）。

安装完成后，运行以下命令即可生成一对新的密钥：

```
gpg --gen-key
```

成功地生成密钥后，请记下密钥指纹（十六进制数字的字符串）：密钥的唯一标识，下一步会用到。

在拿到一对密钥后，接下来我们使用 Sops 和新的 PGP 密钥文件进行加密。如果尚未安装 Sops 的话，现在就请安装。可执行文件的下载地址为 *https://github.com/mozilla/sops/releases*，或者你也可以使用 Go 来安装：

```
go get -u go.mozilla.org/sops/cmd/sops
sops -v
sops 3.0.5 (latest)
```

下面，我们来创建一个测试用的机密文件进行加密：

```
echo "password: secret123" > test.yaml
cat test.yaml
password: secret123
```

最后，使用 Sops 对其进行加密。在 `--pgp` 参数中指定你的密钥指纹，不要忘记删除空格，如下所示：

```
sops --encrypt --in-place --pgp E0A9AF924D5A0C123F32108EAF3AA2B4935EA0AB
test.yaml cat test.yaml
password: ENC[AES256_GCM,data:Ny220Ml8JoqP,iv:HMkwA8eFFmdUU1Dle6NTpVgy8vlQu/
6Zqx95Cd/+NL4=,tag:Udg9Wef8coZRbPb0foOOSA==,type:str]
sops:
  ...
```

成功！现在，*test.yaml* 文件已被安全加密，`password` 值也被加密了，只能使用你的私钥解密。你还会注意到 Sops 在文件末尾添加了一些元数据，为的是将来知道如何解密。

Sops 的另一个好处是，它只加密 `password` 的值，因此文件会保留 YAML 格式，而且你可以看到加密的数据被标记为 `password`。如果 YAML 文件中有很多键值对，那么 Sops 只会加密值，而键保持原样不变。

如果想确认我们是否真的可以取回加密数据，并检查它是否与我们输入的数据匹配，则可以运行：

```
sops --decrypt test.yaml
You need a passphrase to unlock the secret key for
user: "Justin Domingus <justin@example.com>
2048-bit RSA key, ID 8200750F, created 2018-07-27 (main key ID 935EA0AB)
Enter passphrase: *highly secret passphrase*

password: secret123
```

还记得在生成密钥时你选择的密码短语吗？希望你还记得，因为现在就需要输入这个密码短语！如果你没有记错的话，就可以看到解密后的 password 值：secret123。

以上我们介绍了如何使用 Sops，你可以利用它加密源代码中的任何敏感数据，无论是应用程序配置文件、Kubernetes YAML 资源还是任何其他数据。

下面我们来部署应用程序，请使用 Sops 的解密模式，生成所需的纯文本机密（但别忘了删除纯文本文件，而且千万不要将纯文本文件检入版本控制！）。

稍后，我们将介绍如何结合使用 Helm Chart 和 Sops。你不仅可以在使用 Helm 部署应用程序时解密机密数据，还可以根据部署环境（比如 staging 与 production）使用不同的机密数据（请参见 12.2.6 节）。

10.4.3 使用 KMS 后端

如果你使用 Amazon KMS 或 Google Cloud KMS 在云中管理密钥，则可以结合 Sops 一起使用。使用 KMS 密钥的方式与我们的 PGP 示例完全相同，只不过文件中的元数据会有所不同。最末尾的 sops: 部分大致如下：

```
sops:
  kms:
```

```
- created_at: 1441570389.775376
  enc: CiC....Pm1Hm
  arn: arn:aws:kms:us-east-1:656532927350:key/920aff2e...
```

就像我们的 PGP 示例一样，将密钥 ID（`arn:aws:kms...`）嵌入到文件中，Sops 才知道之后如何解密。

10.5 小结

配置与机密数据是人们问及最多的有关 Kubernetes 的主题之一。很高兴我们能专门用一章的内容来介绍这个主题，此外本章还介绍了一些将应用程序与所需设置和数据相连接的方式。

本章的要点包括：

- 分离配置数据与应用程序代码，然后使用 Kubernetes ConfigMap 和 Secret 进行部署。这样就无需在每次更改密码时重新部署应用程序。
- 为了将数据放入 ConfigMap，你可以直接写入 Kubernetes 清单文件，或使用 `kubectl` 将现有的 YAML 文件转换为 ConfigMap 规范。
- 在数据进入 ConfigMap 之后，就可以将其插入到容器的环境中，或添加到入口点命令行的参数中。或者，你也可以将数据写入挂载到容器的文件中。
- Secret 的工作方式与 ConfigMap 相同，除了数据是静态加密的，`kubectl` 的输出会显示混淆的数据。
- 一种简单又灵活的管理机密数据的方法是将机密数据直接存储在源代码库中，但一定要使用 Sops 或其他文本加密工具对其进行加密。
- 不要过度考虑机密管理，尤其是刚开始的时候。从简单且方便开发人员设置的方式入手。

- 如果许多应用程序共享机密，则可以将它们（加密后）存储在云存储桶中，并在部署时再获取。
- 企业级的机密管理需要专业的服务，例如 Vault。但不要优先考虑 Vault，因为你可能并不需要。而且，你随时可以切换到 Vault。
- Sops 是一种加密工具，可以处理 YAML 和 JSON 等键值文件。它可以从本地 GnuPG 密钥环或云密钥管理服务（比如 Amazon KMS 和 Google Cloud KMS）获取加密密钥。

第 11 章

安全与备份

If you think technology can solve your security problems, then you don't understand the problems and you don't understand the technology.

—— Bruce Schneier, Applied Cryptography

在本章中，我们将探索 Kubernetes 的安全和访问控制机制，包括基于角色的访问控制（Role-Based Access Control，即 RBAC），简单介绍一些漏洞扫描工具和服务，并说明如何备份 Kubernetes 的数据和状态（以及更重要的是如何还原）。此外，我们还将探讨一些获取集群信息的方法。

11.1 访问控制与权限

小型科技公司刚开始的时候往往只有几名员工，而且每个人都拥有每个系统的管理员访问权限。

然而，随着组织的发展，很明显每个人都持有管理员权限并非好事，因为人们很容易犯错，或者做一些不恰当的改动。Kubernetes 也是如此。

11.1.1 按集群管理访问

最简单且最有效的保护 Kubernetes 集群的方法之一就是限制哪些人可以访问

集群。通常有两类人需要访问 Kubernetes 集群：集群运维人员和应用程序开发人员，而且他们在工作中通常需要不同的权限和特权。

另外，你可能会有多个部署环境，例如生产环境和预发布环境。这些不同的环境需要不同的策略，具体取决于组织的情况。生产环境可以仅限于某些人能够访问，而预发布环境则可以向更多工程师开放。

正如我们在 6.1.1 节的介绍，通常还是为生产和预发布或测试单独准备集群比较好。如果有人不小心将某些东西部署到了预发布，导致集群节点崩溃，也不至于影响生产。

如果一个团队不应该访问另一团队的软件和部署过程，则每个团队都可以拥有专属的集群，而且甚至不应该拥有访问另一个团队的集群的凭据。

这当然是最安全的方法，但是增加集群也有一定的弊端。因为每个集群都需要打补丁和监控，而且许多小型集群的运行效率往往不如大型集群。

11.1.2 基于角色的访问控制

还有一种管理访问方法是使用 Kubernetes 的基于角色的访问控制（RBAC）系统来控制哪些人可以在集群内执行特定的操作。

RBAC 的目的是将特定的权限赋给特定的用户（或服务账号，即与自动化系统相关联的用户账号）。例如，你可以将查询集群所有 Pod 的权限赋给某个有需求的用户。

关于 RBAC，需要了解的头等大事就是记住你必须启用它。Kubernetes 1.6 首次引入了 RBAC，并将其作为设置集群的一个选项。然而，集群是否启用了这个选项则取决于你的云提供商或 Kubernetes 的安装程序。

如果你运行的是自托管集群，则可以通过以下命令确认集群是否启用了 RBAC：

```
kubectl describe pod -n kube-system -l component=kube-apiserver
Name:         kube-apiserver-docker-for-desktop
Namespace:    kube-system
...
Containers:
  kube-apiserver:
    ...
    Command:
      kube-apiserver
      ...
      --authorization-mode=Node,RBAC
```

如果 `--authorization-mode` 不包含 RBAC，则表明集群未启用 RBAC。如果你想了解如何启用 RBAC 并重建集群，请查看服务提供商或安装程序的文档。

如果没有 RBAC，则任何有权访问集群的人都可以执行任何操作，包括运行任意代码或删除工作负载。这绝非你所愿。

11.1.3 角色

假设你启用了 RBAC，那么它又是如何工作的呢？首先要理解几个最重要的概念：用户、角色以及角色绑定。

每当连接到 Kubernetes 集群时，你都需要以特定的用户身份进行连接。集群验证身份的具体方式取决于提供商。例如，Google Kubernetes Engine 使用 `gcloud` 工具获取特定集群的访问令牌。

另外，集群还配置了其他用户。例如，每个命名空间都有一个默认的服务账号。而每个用户可能拥有一套不同的权限。

这一切都由 Kubernetes 角色控制。角色（Role）描述了一组特定的权限。Kubernetes 包含一些预定义的角色。例如，面向超级用户的 `cluster-admin` 角色有权读取和更改集群中的任何资源。相比之下，`view` 角色只能查询和检查给定命名空间中的大多数对象，但不能进行修改。

你可以定义命名空间级别的角色（使用 Role 对象），或定义整个集群级别的角色（使用 ClusterRole 对象）。下面是一个 ClusterRole 清单的示例，可授予读取任何命名空间中机密数据的权限：

```
kind: ClusterRole
apiVersion: rbac.authorization.k8s.io/v1
metadata:
  name: secret-reader
rules:
- apiGroups: [""]
  resources: ["secrets"]
  verbs: ["get", "watch", "list"]
```

11.1.4 将角色绑定到用户

如何才能将角色关联到用户呢？你可以使用角色绑定（Role Binding）来实现。就像角色一样，你可以创建能应用到特定命名空间的 RoleBinding 对象，或能应用到集群级别的 ClusterRoleBinding。

下面是一个 RoleBinding 清单，可赋予 `daisy` 用户 `demo` 命名空间中的 `edit` 角色：

```
kind: RoleBinding
apiVersion: rbac.authorization.k8s.io/v1
metadata:
  name: daisy-edit
  namespace: demo
subjects:
- kind: User
  name: daisy
  apiGroup: rbac.authorization.k8s.io
roleRef:
  kind: ClusterRole
  name: edit
  apiGroup: rbac.authorization.k8s.io
```

在 Kubernetes 中，权限是累加的。刚开始时用户没有权限，你可以通过角色以及角色绑定为用户添加权限。但你不能减去某个人已有的权限。

有关 RBAC 的详细信息，以及角色和权限的更多信息，请参阅 Kubernetes 文档（地址：*https://kubernetes.io/docs/reference/access-authn-authz/rbac/*）。

11.1.5 我需要哪些角色？

那么，应该在集群中设置哪些角色和角色绑定呢？预定义的角色 `cluster-admin`、`edit` 和 `view` 就可以满足大多数需求。如果想查看某个角色拥有哪些权限，则可以使用 `kubectl describe` 命令：

```
kubectl describe clusterrole/edit
Name:         edit
Labels:       kubernetes.io/bootstrapping=rbac-defaults
Annotations:  rbac.authorization.kubernetes.io/autoupdate=true
PolicyRule:
  Resources   ... Verbs
  ---------   ... -----
  bindings    ... [get list watch]
  configmaps  ... [create delete deletecollection get list patch update watch]
  endpoints   ... [create delete deletecollection get list patch update watch]
  ...
```

你可以创建组织内特定人员或工作岗位的角色（例如，开发人员角色），也可以创建某个团队的角色（例如，质量保证团队或安全团队）。

11.1.6 保护集群管理员的权限

在决定哪些人拥有 `cluster-admin` 角色的权限时请务必谨慎。这是集群上的超级用户，相当于 Unix 系统上的 `root` 用户。这个角色可以执行任何操作。

切勿将此角色授予非集群运维人员的用户，尤其不能赋给公开给互联网的应用程序所用的服务账号（例如 Kubernetes 仪表板，请参见 11.4.4 节）。

千万不要通过赋予 *cluster-admin* 角色的方式来解决问题。Stack Overflow 等网站提供的建议可能并不妥当。在遇到 Kubernetes 权限错误时，常常会有人建议你将 `cluster-admin` 角色授予应用程序。千万不要这样做。虽然这种做法可以消除错误，但是代价也很沉重：这会绕过所有安全检查并将集群公开给攻击者。赋予应用程序的角色应该只拥有执行工作所需的最低特权。

11.1.7 应用程序与部署

在 Kubernetes 中运行的应用程序通常不需要任何 RBAC 权限。除非另行指定，否则所有 Pod 都将使用命名空间的 `default` 服务账号运行，而这个账号没有关联任何角色。

如果出于某种原因，应用程序需要访问 Kubernetes API（例如一个监视工具，其功能是列出 Pod），请为这个应用创建专用的服务账号，然后使用角色绑定将必要的角色（例如 `view`）关联到该账号，并限制在特定的命名空间。

将应用程序部署到集群所需的权限应该怎么处理呢？最安全的方法是只允许使用持续部署工具来部署应用程序（请参见第 14 章）。它可以使用专用的服务账号（该账号拥有在特定命名空间中创建和删除 Pod 的权限）。

`edit` 角色是理想之选。拥有 `edit` 角色的用户可以在命名空间中创建和销毁资源，但是不能创建新角色或授予其他用户权限。

如果没有自动部署工具，并且开发人员必须直接部署到集群，那么他们也将需要相应命名空间的编辑权限。以应用程序为单位授予他们这些权限；千万不要赋予任何人整个集群的编辑权限。不需要部署应用程序的人默认应该只拥有 `view` 角色。

最佳实践

确保所有集群都启用了 RBAC。仅将 cluster-admin 权限授予真正需要掌控一切的用户。如果你的应用程序需要访问集群资源，则请创建专用的服务账号并绑定一个角色，该角色仅拥有所需命名空间中所需的权限。

11.1.8 RBAC 故障排除

如果你运行的是不支持 RBAC 的第三方应用程序，或者你还不清楚应用程序所需的权限，则可能会遇到 RBAC 权限错误。会遇到哪些错误呢？

如果应用程序发出某个无权执行的 API 请求（例如列出节点），则 API 服务器会响应 *Forbidden* 错误（HTTP 状态 403）：

```
Error from server (Forbidden): nodes.metrics.k8s.io is forbidden: User
"demo" cannot list nodes.metrics.k8s.io at the cluster scope.
```

如果应用程序未记录这条信息，或者你不确定哪个应用程序发生了故障，则可以检查 API 服务器的日志（请参见 7.3.1 节）。日志会记录如下消息，其中包含字符串 RBAC DENY 以及错误说明：

```
kubectl logs -n kube-system -l component=kube-apiserver | grep "RBAC DENY"
RBAC DENY: user "demo" cannot "list" resource "nodes" cluster-wide
```

（在 GKE 集群或其他任何无权访问控制平面的托管 Kubernetes 服务上无法执行该操作。关于在这种情况下如何访问 API 服务器日志的详情，请参阅 Kubernetes 提供商的文档。）

RBAC 以复杂而著称，但实际上并非如此。只需授予用户所需的最低特权，并确保 cluster-admin 安全即可。

11.2 安全扫描

如果集群中运行了第三方软件，则最好检查一下其中是否存在安全问题和恶意软件。但即使是你自己的容器，其中也可能装有你不知道的软件，所以也需要对其进行检查。

11.2.1 Clair

Clair 是 CoreOS 项目开发的开源容器扫描程序。它可以在容器镜像实际运行之前进行静态分析，看看其中是否包含任何已知不安全的软件或版本。

你可以手动运行 Clair 来检查特定的镜像是否有问题，或者将其集成到持续部署流水线中，在部署所有镜像之前进行测试（请参见第 14 章）。

或者也可以将 Clair 挂接到容器仓库，扫描所有推送到仓库的镜像并报告问题。

还需注意，你不应该无条件信任基础镜像，例如 alpine 等。Clair 预装了许多流行基础镜像的安全检查，而且还会当即表明你是否正在使用某个带有已知漏洞的镜像。

11.2.2 Aqua

Aqua 的容器安全平台（Container Security Platform）是一款全方位服务的商业容器安全产品，可以帮助组织扫描容器中的漏洞、恶意软件和可疑活动，并提供执行策略与合规的支持。

如你所料，Aqua 的平台集成了容器仓库、CI/CD 流水线以及包括 Kubernetes 在内的多个编排系统。

Aqua 还提供了一个免费使用的工具，名叫 MicroScanner（地址：*https://github.com/aquasecurity/microscanner*），将其添加到容器镜像中，就可以根

据 Aqua 容器安全平台所用的数据库，扫描已安装程序包中是否包含已知的漏洞。

只需将 MicroScanner 添加到 Dockerfile 即可完成安装，如下所示：

```
ADD https://get.aquasec.com/microscanner /
RUN chmod +x /microscanner
RUN /microscanner <TOKEN> [--continue-on-failure]
```

MicroScanner 会以 JSON 的格式输出检测到的漏洞列表，你可以通过其他工具使用这个列表并生成报告。

Aqua 还提供了另一款便捷的开源工具：`kube-hunter`（地址：*https://kube-hunter.aquasec.com/*），该工具旨在发现 Kubernetes 集群本身的安全问题。你可以将其作为容器在集群外部的计算机上运行（当作攻击者），它可以检查各种问题，包括证书中暴露的电子邮件地址、不安全的仪表板、开放的端口和端点等。

11.2.3 Anchore Engine

Anchore Engine 是一款开源的容器镜像扫描工具，它不仅可以扫描已知漏洞，还可以识别容器中所有的物料清单，包括库、配置文件和文件权限等。你可以使用它来根据用户定义的策略来验证容器，例如禁止任何包含安全证书或应用程序源代码的镜像。

最佳实践

不要运行来源不可信的容器，也不要运行内容不明的容器。在所有容器（即使是自己构建的容器）上运行 Clair 或 MicroScanner 等扫描工具，以确保没有任何一个基本镜像或依赖项中存在已知漏洞。

11.3 备份

你可能想知道，云原生架构是否也需要备份。毕竟，Kubernetes 拥有与生俱来的可靠性，即便一次丢失多个节点也能够应付，而且还不会丢失状态，甚至不会过度降级应用程序的性能。

此外，Kubernetes 是声明式的基础设施即代码系统。所有的 Kubernetes 资源均由存储在可靠的数据库（*etcd*）中的数据描述。如果某些 Pod 被意外删除，它们的监督部署仍然可以根据数据库中保存的规范重建。

11.3.1 Kubernetes 需要备份吗？

那么还需要备份吗？答案是：需要。例如，存储在持久卷上的数据很容易发生故障（请参见 8.4.2 节）。尽管云提供商提供了所谓的高可用性卷（例如，跨两个可用区域复制数据），但这并不等同于备份。

我需要重申一下这一点，因为这一点并非人尽皆知：

复制（replication）不是备份。虽然复制可以让你免受基础存储卷故障的影响，但是它不能避免因 Web 控制台中的误操作而导致意外删除卷。

复制既不能防止应用程序因配置错误而覆盖数据，也不能防止运维人员使用错误的环境变量运行命令，或在删除开发数据库时意外删除生产数据库（这种情况的发生频率往往超人预料）。

11.3.2 备份 etcd

正如我们在 3.1.3 节中的介绍，Kubernetes 将所有状态都存储在 *etcd* 数据库中，因此任何故障或数据丢失都可能引发灾难。这就是为什么我们建议你使用可确保 *etcd* 和控制平面可用性的托管服务的理由。

如果运行自己的主节点，则需要自行管理 *etcd* 本身的集群构成、复制以及备份操作。即便定期执行数据快照，也需要花费一定的时间获取和验证快照，重建集群，并还原数据。在此期间内，你的集群可能无法提供服务，或发生严重降级。

最佳实践

使用提供了 etcd 集群构成和备份的托管服务或一站式服务提供商来运行主节点。如果你自己动手运行集群，则必须确保你清楚自己的操作。弹性 etcd 管理是一项专业工作，一旦出错就可能酿成严重的后果。

11.3.3 备份资源状态

除了 *etcd* 出现问题之外，还有一个问题是如何保存每个资源的状态。例如，如果删除了错误的部署，该如何重建?

在本书中，我们再三强调"基础设施即代码"范式的价值，并建议你坚持以声明式的方式来管理 Kubernetes 资源，并将相应的 YAML 清单或 Helm Chart 保存在版本控制中。

从理论上讲，只需检出相关的版本控制库，并应用其中的所有资源，就应该能够重建集群工作负载的完整状态。当然这仅限于理论。

11.3.4 备份集群状态

实际上，版本控制中的所有内容也不一定都正在集群中运行。某些应用程序可能已停止使用，或被新版本取代。而有些可能则尚未准备好部署。

纵观本书，我们始终建议你避免直接更改资源，而是应该应用更新后的清单文件（请参见 7.2.2 节）。然而，人们未必能够从善如流（这是古往今来所有顾问的悲哀）。

不论何时，在应用程序首次部署和测试期间，工程师很可能会即时调整副本数和节点亲和性之类的设置，并等到设置正确的值后，才将它们存储到版本控制中。

假设你的集群将被完全关闭，或者删除所有资源（这种情况不大可能会出现，但是可以作为一个很好的实验），你如何才能重建呢？

即使你拥有精心设计的最新集群自动化系统，可以将所有内容重新部署到新集群，那么你又如何知道该集群的状态与已丢失的那个完全一样呢？

确保集群状态不变的方法之一就是创建集群的快照，以供稍后出现问题时参考。

11.3.5 大小灾害

一般不太可能会丢失整个集群，成千上万的 Kubernetes 贡献者付出了艰辛的努力，为的就是不会发生这种情况。

更有可能发生的情况包括：你（或新来的团队成员）意外删除了命名空间，或不小心关闭了部署，或在 `kubectl delete` 命令中指定了错误的标签集从而删除了预料之外的资源。

无论是何种情况，灾难确实会发生，因此下面我们来看看能够帮助你避免灾难的备份工具。

11.3.6 Velero

Velero（原名 Ark）是一款免费的开源工具，可以备份和还原集群状态以及持久性数据。

Velero 需要在集群中运行，并连接到你选择的云存储服务（例如 Amazon S3 或 Azure 存储）。

请按照平台相关的说明设置 Velero（地址：*https://velero.io/*）。

配置 Velero

在使用 Velero 之前，你需要在 Kubernetes 集群中创建一个 BackupStorageLocation 对象，告诉它将备份存储在何处（例如 AWS S3 的云存储桶）。在下面的这个示例中，Velero 会备份到 demo-backup 存储桶：

```
apiVersion: velero.io/v1
kind: BackupStorageLocation
metadata:
  name: default
  namespace: velero
spec:
  provider: aws
  objectStorage:
    bucket: demo-backup
  config:
    region: us-east-1
```

你必须至少拥有一个名为 default 的存储位置，但你可以添加其他位置，名称任意。

Velero 还可以备份持久卷的内容。你需要创建一个 VolumeSnapshotLocation 对象来告诉它将持久卷的备份存储在何处：

```
apiVersion: velero.io/v1
kind: VolumeSnapshotLocation
metadata:
  name: aws-default
  namespace: velero
spec:
  provider: aws
```

```
config:
  region: us-east-1
```

创建 Velero 备份

使用 velero backup 命令创建备份时，Velero 服务器会查询 Kubernetes API，检索与你提供的选择器相匹配的资源（默认情况下，它将备份所有资源）。你可以备份一组命名空间或整个集群：

```
velero backup create demo-backup --include-namespaces demo
```

接下来，它将根据你配置的 BackupStorageLocation，将所有资源导出到存储桶中指定名称的文件中。持久卷的元数据和内容也会备份到配置的 VolumeSnapshotLocation 中。

另外，你还可以备份集群中除指定命名空间（例如 kube-system ）以外的所有内容。还可以设定自动备份，例如，你可以让 Velero 每晚甚至每小时备份一次集群。

每个 Velero 备份本身都是完整的（不是增量备份）。因此，还原备份时只需要最新的备份文件。

恢复数据

你可以使用 velero backup get 命令列出所有的备份：

```
velero backup get
NAME         STATUS     CREATED                          EXPIRES   SELECTOR
demo-backup  Completed  2018-07-14 10:54:20 +0100 BST   29d       <none>
```

如果想查看某个特定备份中的内容，请使用 velero backup download：

```
velero backup download demo-backup
Backup demo-backup has been successfully downloaded to
$PWD/demo-backup-data.tar.gz
```

下载的文件是 *tar.gz* 压缩包，你可以使用标准工具解压或查看文件。例如，如果仅需要特定资源的清单，则可以从备份文件中提取清单，然后使用 `kubectl apply -f` 来单独恢复。

如果想还原整个备份，则可以用 `velero restore` 命令启动这个过程，Velero 就会重新创建指定快照中描述的所有资源和卷，并跳过所有已存在的内容。

如果资源已存在，但是与备份中的资源不同，则 Velero 会发出警告，但不会覆盖现有资源。因此，例如，如果你想将某个正在运行的部署重置为最新快照中的状态，则可以先删除正在运行的部署，然后通过 Velero 恢复。

又或者，如果你想还原命名空间的备份，则可以先删除该命名空间，然后再还原备份。

恢复的过程与测试

你应该编写一份详细的分步过程，描述如何还原备份的数据，并确保所有员工都知道这份文档在何处。灾难的发生往往出其不意，关键人员不在场，每个人都乱成一团，因此你的过程应当足够清晰和准确，即便是不熟悉 Velero 甚至不熟悉 Kubernetes 的人都能够完成操作。

每个月都应该让不同的团队成员在一个临时的集群上执行还原过程，以达到测试的效果。这不仅可以验证你的备份是否完善，恢复过程是否正确，还可以确保每个人都熟悉备份的还原过程。

Velero 备份的日程计划

所有备份都应自动完成，Velero 也不例外。你可以使用 `velero schedule create` 命令来计划常规的备份：

```
velero schedule create demo-schedule --schedule="0 1 * * *" --include-namespaces
demo
Schedule "demo-schedule" created successfully.
```

schedule 参数指定何时运行备份，遵循 Unix cron 格式（关于定时作业，请参见 9.5.4 节）。在这个示例中，0 1 * * * 表示在每天 01:00 运行备份。

如果想查看已有的计划备份，请运行 velero schedule get：

```
velero schedule get
NAME          STATUS  CREATED    SCHEDULE   BACKUP TTL LAST BACKUP SELECTOR
demo-schedule Enabled 2018-07-14 * 10 * * * 720h0m0s   10h ago     <none>
```

BACKUP TTL 字段显示了备份在被自动删除之前应当保留多长时间（默认为 720 小时，相当于一个月）。

Velero 的其他用途

尽管 Velero 是灾难恢复的利器，但是你也可以使用它将资源和数据从一个集群迁移到另一个，这个过程有时也称为直接迁移（Lift-and-Shift）。

Velero的定期备份还可以帮助你了解Kubernetes的使用随时间而变化的情况。例如，可以比较当前的状态与一个月前、六个月前和一年前的状态。

快照也可以作为审计信息的来源，例如，找出某一天或某一个时间点集群中正在运行的内容，以及集群状态更改的方式与时间。

最佳实践

使用 Velero 定期备份集群状态和持久性数据，至少每晚一次。至少每月进行一次还原测试。

11.4 监控集群状态

云原生应用程序的监控是一个很大的话题，我们将在第 15 章中探讨，监控的内容包括可观察性、各项指标、日志记录、跟踪以及传统的黑盒监控。

但是，在本章中，我们只介绍 Kubernetes 集群本身的监控，即集群的运行状况、各个节点的状态、集群的利用率及其工作负载的状况。

11.4.1 Kubectl

我们在第 2 章中介绍了 `kubectl` 命令，但未能面面俱到。作为通用的 Kubernetes 资源管理工具，`kubectl` 还可以报告有关集群组件状态的信息。

控制平面状态

`kubectl get componentstatuses` 命令（简写 `kubectl get cs`）可以提供有关控制平面组件（调度器、控制器管理器等）运行状况的信息：

```
kubectl get componentstatuses
NAME                 STATUS    MESSAGE              ERROR
controller-manager   Healthy   ok
scheduler            Healthy   ok
etcd-0               Healthy   {"health": "true"}
```

任何控制平面组件存在的严重问题都会很快显现出来，而且它还可以作为集群总体运行状况的指示器来检查和报告集群。

如果发现任何控制平面组件未处于 Healthy 状态，则需要立即修复。托管 Kubernetes 服务永远都不会出现这种情况，但是对于自托管集群，你必须自己处理这个问题。

节点状态

还有一个非常实用的命令是 kubectl get nodes，它将列出集群中所有的节点，并报告节点的状态和 Kubernetes 版本：

```
kubectl get nodes
NAME                 STATUS   ROLES    AGE    VERSION
docker-for-desktop   Ready    master   5d     v1.10.0
```

由于 Docker 桌面版集群只有一个节点，因此上述示例没有输出特别有用的信息。下面我们来看一个小型 Google Kubernetes Engine 集群输出的实际信息：

```
kubectl get nodes
NAME                                        STATUS   ROLES    AGE   VERSION
gke-k8s-cluster-1-n1-standard-2-pool--8l6n  Ready    <none>   9d    v1.10.2-gke.1
gke-k8s-cluster-1-n1-standard-2-pool--dwtv  Ready    <none>   19d   v1.10.2-gke.1
gke-k8s-cluster-1-n1-standard-2-pool--67ch  Ready    <none>   20d   v1.10.2-gke.1
...
```

请注意，在 Docker 桌面版的 get nodes 输出中，节点的 ROLES 显示为 master。这也很正常，因为集群只有一个节点，它必须是主节点，也是唯一的工作节点。

在 Google Kubernetes Engine 和其他托管的 Kubernetes 服务中，你无权直接访问主节点。因此，kubectl get nodes 仅列出了工作节点（ROLES 列显示的 <none> 表示工作节点）。

如果任何节点的状态显示为 NotReady ，则表明有问题。重新启动节点或许可以解决这个问题；但如果不能修复，则可能需要进一步的调试，或者你可以删除并创建一个新节点。

如果想针对故障节点展开详细的故障排除，可以使用 kubectl describe node 命令获取更多信息：

```
kubectl describe nodes/gke-k8s-cluster-1-n1-standard-2-pool--8l6n
```

例如,上述命令将显示节点的内存和CPU容量,以及Pod当前正在使用的资源。

工作负载

我们曾在4.6.5节中介绍，你可以使用kubectl列出集群中所有的Pod（或任何资源）。在那个示例中，你仅列出了默认命名空间中的Pod，但是我们可以利用--all-namespaces标志查看整个集群中所有的Pod：

```
kubectl get pods --all-namespaces
NAMESPACE     NAME                           READY  STATUS           RESTARTS  AGE
cert-manager  cert-manager-cert-manager-55   1/1    Running          1         10d
pa-test       permissions-auditor-15281892   0/1    CrashLoopBackOff 1720      6d
freshtracks   freshtracks-agent-779758f445   3/3    Running          5         20d
...
```

你可以通过这个结果大致了解集群中正在运行的所有Pod，以及Pod级别的问题。如果发现任何Pod未处于Running状态（例如示例中的Pod：permissions-auditor），则需要进一步的调查。

READY列显示Pod中实际运行的容器数（以及配置的容器数之比）。例如，Pod freshtracks-agent显示了3/3，表明有3个容器正在运行且总共有3个容器，因此一切正常。

相反，permissions-auditor这个Pod显示的是0/1，表明有0个容器正在运行，但总共需要1个。其原因显示在STATUS列中：CrashLoopBackOff。这表明容器无法正常启动。

当容器崩溃时,Kubernetes会不断尝试重新启动它,但等待的间隔会逐步拉长，刚开始的时候是10秒，每次增加一倍，最多5分钟。这种策略称为指数补偿（Exponential backoff），因此状态消息为CrashLoopBackOff。

11.4.2 CPU 和内存利用率

`kubectl top` 命令可以提供集群的概况。对于节点，它将显示每个节点的 CPU 和内存容量，以及每个节点当前的利用率：

```
kubectl top nodes
NAME                              CPU(cores)   CPU%      MEMORY(bytes)   MEMORY%
gke-k8s-cluster-1-n1-...8l6n      151m         7%        2783Mi          49%
gke-k8s-cluster-1-n1-...dwtv      155m         8%        3449Mi          61%
gke-k8s-cluster-1-n1-...67ch      580m         30%       3172Mi          56%
...
```

对于 Pod，它将显示每个指定的 Pod 中 CPU 和内存的利用率：

```
kubectl top pods -n kube-system
NAME                                         CPU(cores)   MEMORY(bytes)
event-exporter-v0.1.9-85bb4fd64d-2zjng       0m           27Mi
fluentd-gcp-scaler-7c5db745fc-h7ntr          10m          27Mi
fluentd-gcp-v3.0.0-5m627                     11m          171Mi
...
```

11.4.3 云提供商控制台

如果你使用的是云提供商提供的托管 Kubernetes 服务，则可以访问基于 Web 的控制台，其中提供了有关集群、节点以及工作负载的信息。

例如，Google Kubernetes Engine（GKE）的控制台可以列出所有的集群、每个集群的详细信息、节点池等（见图 11-1）。

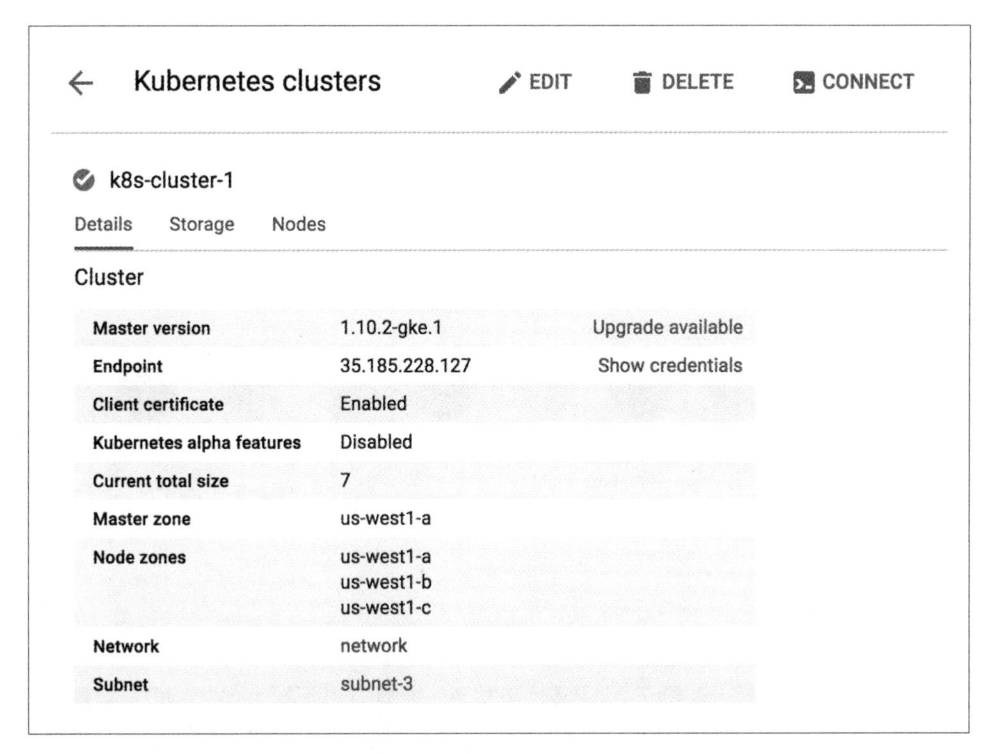

图 11-1：Google Kubernetes Engine 控制台

你还可以列出集群的工作负载、服务和配置的详细信息。这些与使用 kubectl 工具所获得的信息几乎相同，但是 GKE 控制台还允许你执行管理任务，包括创建集群、升级节点以及一切管理集群所需的日常工作。

Azure Kubernetes 服务、AWS Elastic Container Service for Kubernetes 以及其他托管 Kubernetes 提供商都有类似的控制台。熟悉特定 Kubernetes 服务的管理控制台很有必要，因为你会频繁用到。

11.4.4 Kubernetes 仪表板

Kubernetes 仪表板是 Kubernetes 集群基于 Web 的用户界面（见图 11-2）。如果你使用的是自己运行的 Kubernetes 集群（而不是使用托管服务），则可以运行 Kubernetes 仪表板，以获取与托管服务控制台差不多的信息。

图 11-2：Kubernetes 仪表板显示有关集群的信息

仪表板可以方便你查看集群、节点以及工作负载的状态，与 `kubectl` 工具几乎相同，只不过它是图形界面。你还可以使用仪表板创建和销毁资源。

由于仪表板公开了大量有关集群和工作负载的信息，因此相应的保护工作非常重要，千万不要将其公开到互联网。仪表板还显示了 ConfigMap 和 Secret 的内容，其中可能包含凭据和加密密钥，因此需要像对待机密数据一样严格地控制仪表板的访问。

2018 年，安全公司 RedLock 发现数百个没有任何密码保护即可通过互联网访问的 Kubernetes 仪表板控制台，其中还包括特斯拉的一个仪表板。任何人都可以通过这些仪表板控制台提取云安全凭证，并使用它们来访问其他敏感信息。

最佳实践

若非必要（例如，如果已有 GKE 等托管服务提供的 Kubernetes 控制台），请不要运行 Kubernetes 仪表板。如果运行，则请确保仪表板只有最低权限，而且千万不要将其公开到互联网。你应该通过 `kubectl proxy` 访问仪表板。

11.4.5 Weave Scope

Weave Scope 是一款出色的可视化与监视集群的工具，可显示节点、容器以及进程的实时映射。你还可以使用 Scope 查看指标和元数据，甚至可以启动或停止容器。

11.4.6 kube-ops-view

与 Kubernetes 仪表板不同，kube-ops-view 的目标不是成为通用的集群管理工具。你可以利用它直观地了解集群的情况，包括有哪些节点、每个节点上的 CPU 和内存的利用率、每个节点运行的 Pod 数以及这些 Pod 的状态（如图 11-3 所示）。

11.4.7 node-problem-detector

node-problem-detector 是一款 Kubernetes 插件，能够检测并报告各种节点级别的问题，包括硬件问题、CPU 或内存错误、文件系统损坏以及无响应的容器运行时。

目前，node-problem-detector 通过将事件发送到 Kubernetes API 来报告问题，而且还提供了一个 Go 客户端库，你可以利用这个库将其集成到自己的工具中。

尽管目前 Kubernetes 不会针对 node-problem-detector 的事件做出任何响应，但将来可能会有进一步的集成，例如允许调度器避免在有问题的节点上运行 Pod 等。

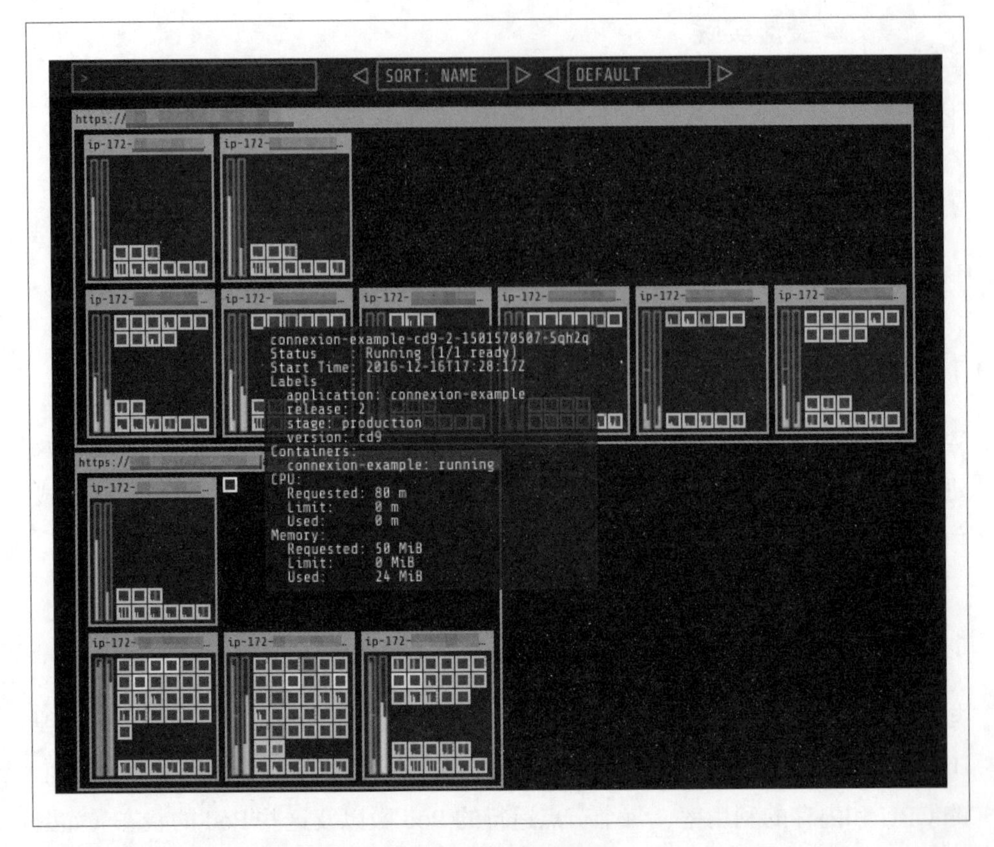

图 11-3：kube-ops-view 提供 Kubernetes 集群的态势图

这是了解集群概况及其运行状况的好方法。虽然不能取代仪表板或专业的监视工具，但它是很好的补充。

11.5 深入阅读

Kubernetes 安全是一个复杂且专业的主题，本章只提到了一些皮毛。有关这方面的书籍，安全专家 Liz Rice 和 Michael Hausenblas 撰写了一本优秀的《Kubernetes Security》（O'Reilly 出版），内容涵盖集群的安全设置、容器的安全以及 Secret 管理等。我们强烈推荐。

11.6 小结

安全不是产品或最终目标，而是一个需要深厚的知识、想法以及关注的持续过程。容器的安全也不例外，相关的机制保证了容器的安全使用。如果你已阅读完并掌握了本章的内容，那么就掌握了在 Kubernetes 中安全配置容器所需的一切，但我们希望你明白这只是一个开端，而不是结束。

本章的要点包括：

- 基于角色的访问控制（RBAC）可以让你更为细致地管理 Kubernetes 的权限。请确保启用了 RBAC，并使用 RBAC 角色赋予特定用户和应用程序执行工作所需的最低特权。
- 容器并不是免于安全和恶意软件问题的灵丹妙药。你需要使用扫描工具检查生产中运行的所有容器。
- Kubernetes 很强大，但你仍然需要备份。Velero 不仅可以备份数据和集群状态，而且也可用集群之间的迁移。
- `kubectl` 是一款强大的工具，可用于检查和报告集群及其工作负载的方方面面。你需要熟悉 `kubectl` 的使用，因为你们将有很多共处的美好时光。
- 使用 Kubernetes 提供商的 Web 控制台和 kube-ops-view 可以直观地查看集群的状况。如果你使用 Kubernetes 仪表板，则请像使用云凭据和加密密钥一般严格地保护它。

第 12 章

部署 Kubernetes 应用程序

> I lay on my back, surprised at how calm and focused I felt, strapped to four and a half million pounds of explosives.
>
> —— Ron Garan, astronaut

在本章，我们将讨论一个问题：如何将清单文件转换为运行的应用程序。我们将学习如何为应用程序构建 Helm Chart，还将介绍其他管理清单的工具，包括 tanka、kustomize、kapitan 和 kompose。

12.1 使用 Helm 构建清单

我们在第 2 章中介绍了如何利用 YAML 清单创建的 Kubernetes 资源来部署和管理应用程序。并不是说通过这种只使用原始 YAML 文件来管理所有 Kubernetes 应用程序的方法不好，只不过效果不理想。不仅是因为维护这些文件很困难，而且分发也是个问题。

假设你想让其他人在他们的集群中运行你的应用程序，则可以将清单文件分发给他们，但是他们必须根据自己的环境自定义一些设置。

为此，他们必须制作自己的 Kubernetes 配置副本，并找到各种设置的定义位置（可能这些设置在多个地方都有重复），然后进行编辑。

随着时间的流逝，他们需要维护自己的文件副本，而且每当你发布更新时，还不得不手动拉取更新，并协调本地的变化。

最终这些工作会变得十分痛苦。而我们想要的是能够将原始清单文件与你或应用程序的用户可能需要调整的特定设置和变量分开。理想的做法是能够按照标准格式提供这些文件，方便所有人下载和安装到 Kubernetes 集群。

如果真的有这种格式，那么每个应用程序不仅可以公开配置值，而且还可以公开对其他应用程序或服务的所有依赖关系。然后，我们通过一个智能的软件包管理工具运行一条命令，即可安装并运行应用程序及其所有依赖项。

我们在 4.7 节中介绍了 Helm 工具，并向你展示了如何使用它来安装公共的 Chart。下面我们来详细介绍 Helm Chart，并学习如何创建自己的 Chart。

12.1.1 Helm Chart 包含什么？

进入 demo 代码库的 *hello-helm3/k8s* 目录，看看 Helm Chart 内部包含什么。

每个 Helm Chart 都有一个标准的结构。首先，Chart 包含在同名的目录中（在我们的例子中为 demo）：

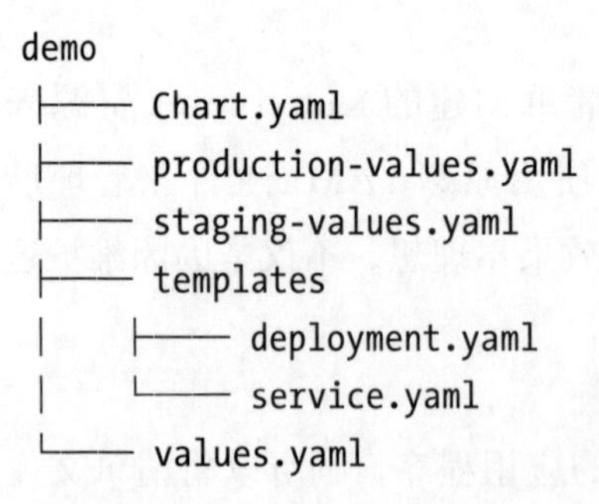

```
demo
├── Chart.yaml
├── production-values.yaml
├── staging-values.yaml
├── templates
│   ├── deployment.yaml
│   └── service.yaml
└── values.yaml
```

Chart.yaml 文件

其次，它包含一个名为 *Chart.yaml* 的文件，其中指定了 Chart 的名称及版本：

```
name: demo
sources:
  - https://github.com/cloudnativedevops/demo
version: 1.0.1
```

Chart.yaml 提供很多可选字段，包括指向项目源代码的链接（如上所示），但必须的信息只有名称和版本。

values.yaml 文件

此外，还有一个名为 *values.yaml* 的文件，其中包含 Chart 作者公开的、可供用户修改的设置：

```
environment: development
container:
  name: demo
  port: 8888
  image: cloudnatived/demo
  tag: hello
replicas: 1
```

这个文件看起来有点像 Kubernetes 的 YAML 清单，但有一个重要的区别：*values.yaml* 文件完全是自由格式的 YAML，没有预定义的结构，你可以随意选择定义哪些变量、变量的名称和值。

Helm Chart 可以没有任何变量，但如果有，你可以将它们放入 *values.yaml*，然后在其他地方引用。

暂时不必在意 *production-values.yaml* 和 *staging-values.yaml* 文件，稍后我们再解释二者的用途。

12.1.2 Helm 模板

那么，这些变量会在哪里引用呢？看看 *templates* 子目录，你就会发现一些看起来很熟悉的文件：

```
ls k8s/demo/templates
deployment.yaml service.yaml
```

这些文件正是前面示例中的部署和服务的清单文件，不同之处在于它们是模板：它们不直接包含容器名称等内容，而是包含一个占位符，Helm 可以利用 *values.yaml* 中的实际值替换该占位符。

部署的模板如下所示：

```
apiVersion: apps/v1
kind: Deployment
metadata:
  name: {{ .Values.container.name }}-{{ .Values.environment }}
spec:
  replicas: {{ .Values.replicas }}
  selector:
    matchLabels:
      app: {{ .Values.container.name }}
  template:
    metadata:
      labels:
        app: {{ .Values.container.name }}
        environment: {{ .Values.environment }}
    spec:
      containers:
        - name: {{ .Values.container.name }}
          image: {{ .Values.container.image }}:{{ .Values.container.tag }}
          ports:
            - containerPort: {{ .Values.container.port }}
          env:
            - name: ENVIRONMENT
              value: {{ .Values.environment }}
```

大括号指明了 Helm 应替换成变量值的位置，但实际上它们是 Go 模板语法的一部分。

（是的，Go 无处不在。Kubernetes 和 Helm 本身都是用 Go 编写的，所以 Helm Chart 使用 Go 模板也不足为奇）

12.1.3 插值变量

这个模板引用了多个变量：

```
...
metadata:
  name: {{ .Values.container.name }}-{{ .Values.environment }}
```

上述整个文本部分（包括大括号）都会被插值（即替换）为 `container.name` 和 `environment` 的值（来自 *values.yaml*）。生成的结果如下：

```
...
metadata:
  name: demo-development
```

这种方法很强大，因为类似于`container.name`的值在模板中被多次引用。当然，服务模板也引用了：

```
apiVersion: v1
kind: Service
metadata:
  name: {{ .Values.container.name }}-service-{{ .Values.environment }}
  labels:
    app: {{ .Values.container.name }}
spec:
  ports:
  - port: {{ .Values.container.port }}
    protocol: TCP
    targetPort: {{ .Values.container.port }}
```

```
  selector:
    app: {{ .Values.container.name }}
  type: ClusterIP
```

你可以看到 `.Values.container.name` 被引用了很多次。即使在如此简单的 Chart 中，同样的信息也需要多次重复。使用 Helm 变量就可以避免这种重复。例如，在需要更改容器名称时，你只需编辑 *values.yaml* 并重新安装 Chart，更改内容即可传播至所有的模板。

Go 模板格式非常强大，除了简单的变量替换之外，还有很多用途：支持循环、表达式、条件分支，甚至函数调用。Helm Chart 可以利用这些功能根据输入值生成非常复杂的配置，而不仅仅是上述示例中简单的替换。

有关如何编写 Helm 模板的更多信息，请参阅 Helm 文档（地址：*https://helm.sh/docs/chart_template_guide/*）。

12.1.4 引用模板中的值

你可以使用 Helm 中的 `quote` 函数给模板中的值自动添加引号：

```
name: {{.Values.MyName | quote }}
```

只有字符串值应该加引号，切勿对端口号等数字值使用 `quote` 函数。

12.1.5 指定依赖项

如果你的 Chart 依赖于其他 Chart，该怎么办？例如，如果你的应用程序使用 Redis，那么该应用程序的 Helm Chart 就需要指定 `redis` Chart 作为依赖项。

你可以在 *requirements.yaml* 文件中指定依赖项：

```
dependencies:
  - name: redis
```

```
    version: 1.2.3
  - name: nginx
    version: 3.2.1
```

接下来，运行 `helm dependency update` 命令，Helm 就会下载这些 Chart，然后与应用程序一起安装。

12.2 部署 Heml Chart

下面我们来看看实际使用 Helm Chart 部署一个应用程序需要做哪些工作。Helm 最出色的功能之一就是能够指定、修改、更新和覆盖配置。在本节中，我们就来详细看看这些功能。

12.2.1 设置变量

我们已经看到，Helm Chart 的作者可以将所有用户可修改的设置以及这些设置的默认值都放在 *values.yaml* 中。那么，Chart 用户应当如何更改或覆盖这些设置，以适应自己的本地站点或环境呢？你可以通过 `helm install` 命令在命令行中指定包含其他值的文件，而这些值会覆盖 *values.yaml* 中的默认值。下面我们来看一个例子。

创建环境变量

假设你需要在预发布环境中部署应用程序的某个版本。假设我们的应用程序能够根据环境变量 ENVIRONMENT 的值判断出它在预发布环境中还是在生产环境中，并相应地变更行为（尽管对于这个示例而言假设是什么其实无所谓）。那么这个环境变量应该如何创建呢？

再来看一看 *deployment.yaml* 模板，我们可以使用以下代码将这个环境变量提供给容器：

```
...
env:
  - name: ENVIRONMENT
    value: {{ .Values.environment }}
```

你可能已经猜到，environment 的值来自 *values.yaml*：

```
environment: development
...
```

这时，使用默认值安装 Chart 就可以将容器的 ENVIRONMENT 变量设置为 development。假设现在你想把它改成 staging，则可以按照如上所述编辑 *values.yaml* 文件，但还有一个更好的办法是另外创建一个的 YAML 文件，并将变量的值放在该文件中：

```
environment: staging
```

这个值在文件 *k8s/demo/staging-values.yaml* 中，这个文件不是 Helm Chart 的一部分，我们提供这个文件只是为了省却输入的麻烦。

12.2.2 在 Helm Release 中指定值

如果想在 helm install 命令中指定额外的值文件，则可以使用 --values 标志，如下所示：

```
helm install --name demo-staging --values=./k8s/demo/staging-values.yaml
./k8s/demo ...
```

这个命令将使用新名称（demo-staging）创建一个新的 Release，而且运行中的容器的 ENVIRONMENT 变量将是 staging，而不再是 development。使用 --values 指定的文件中列出的变量会与默认值文件（*values.yaml*）中的变量相结合。我们的示例中，只有一个变量（environment），而且 *staging-values.yaml* 中的值将覆盖默认值文件中的值。

你还可以使用 `--set` 标志，直接在 `helm install` 的命令行中指定值，但是这并不符合基础设施即代码的精神。如果想自定义 Helm Chart 的设置，则应该创建一个覆盖默认值的 YAML 文件（例如本示例中的 *staging-values.yaml* 文件），然后使用 `--values` 标志将其应用到命令行。

你肯定希望通过这种方式，在安装自己的 Helm Chart 时设置配置，但其实你也可以设置公共 Chart 的配置。如果想看看 Chart 中包含哪些值，则请在 `helm inspect values` 中指定 Chart 名称：

```
helm inspect values stable/prometheus
```

12.2.3 使用 Helm 更新应用程序

我们已经学习了如何使用默认值和自定义值文件安装 Helm Chart，但是如何才能更改正在运行的应用程序的某些值呢？

你可以使用 `helm upgrade` 命令来完成此操作。假设你想更改演示应用程序的副本数（Kubernetes 应该运行的 Pod 副本数）。从 *values.yaml* 文件可以看到，默认值为 1：

```
replicas: 1
```

你知道如何使用自定义值文件覆盖这个值，只需编辑 *staging-values.yaml* 文件来添加正确的设置：

```
environment: staging
replicas: 2
```

接下来，运行以下命令，将更改应用到现有的 `demo-staging` 部署（不需要新建一个部署）：

```
helm upgrade demo-staging --values=./k8s/demo/staging-values.yaml ./k8s/demo
Release "demo-staging" has been upgraded. Happy Helming!
```

如果你想更新正在运行的部署，则可以随时运行 `helm upgrade` 来更新部署，Helm 很乐意为您服务。

12.2.4 回滚到以前的版本

如果你不喜欢刚刚部署的版本，或者发现该版本有问题，那么回滚到前一个版本也很容易，只需运行 `helm rollback` 命令并指定之前某次发布的编号（编号可以参考 `helm history` 的输出）：

```
helm rollback demo-staging 1
Rollback was a success! Happy Helming!
```

实际上，回滚不一定必须是以前的某次发布。假设你回滚到了版本 1，然后又决定向前回滚到版本 2，那么只需运行 `helm rollback demo-staging 2` 即可。

使用 helm-monitor 自动回滚

Helm 甚至可以根据指标（请参见第 16 章）自动回滚到某次发布。例如，你可以在持续部署流水线中运行 Helm（请参见第 14 章），如果监控系统记录的错误数超过一定数量，则可以自动撤回最近的发布。

你可以使用 `helm-monitor` 插件来完成这个操作，该插件可以通过任何指标表达式查询 Prometheus 服务器（请参见 16.6.1 节），并在查询成功时触发回滚。`helm-monitor` 将监视指标五分钟，如果在此期间发现问题，则回滚。有关 `helm-monitor` 更多信息，请参阅这篇博客文章（地址：*https://blog.container-solutions.com/automated-rollback-helm-releases-based-logs-metrics*）。

12.2.5 创建 Helm Chart 库

到这里为止，我们使用 Helm 安装的 Chart 都位于本地目录，或位于 `stable` 库中。你不需要自己的 Chart 库即可使用 Helm，因为通常应用程序的 Helm Chart 会存储在应用程序自己的代码库中。

但是如果有需要，维护自己的 Helm Chart 库也非常简单。你需要通过 HTTP 提供 Chart，实现方式有很多种：将它们存储到云存储桶中、使用 GitHub Pages 或利用现有的 Web 服务器。

将所有的 Chart 汇集到一个目录中后，直接在目录中运行 `helm repo index` 即可创建 Chart 库元数据的 *index.yaml* 文件。

现在 Chart 库已准备就绪，可以投入使用了！有关管理 Chart 库的更多详细信息，请参见 Helm 文档（地址：*https://v2.helm.sh/docs/developing_charts/#the-chart-repository-guide*）。

如果想安装自己库中的 Chart，首先需要将你的 Chart 库添加到 Helm 的列表中：

```
helm repo add myrepo http://myrepo.example.com
helm install myrepo/myapp
```

12.2.6 使用 Sops 管理 Helm Chart 的机密数据

我们在 10.2 节中介绍了如何在 Kubernetes 中存储机密数据，以及如何通过环境变量或挂载的文件将机密数据传递到应用程序。如果需要管理的机密不止一个，那么可以创建一个包含所有机密的文件，相对而言为每个机密创建一个文件则比较繁琐。如果你使用 Helm 部署应用程序，则可以将该文件作为值文件，并使用 Sops 对其进行加密（请参见 10.4 节）。

我们在 demo 代码库的 *hello-sops* 目录中准备了一个示例：

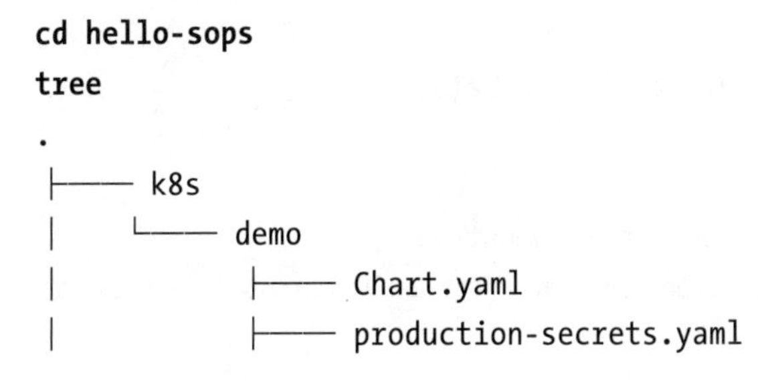

```
cd hello-sops
tree
.
├── k8s
│   └── demo
│       ├── Chart.yaml
│       ├── production-secrets.yaml
```

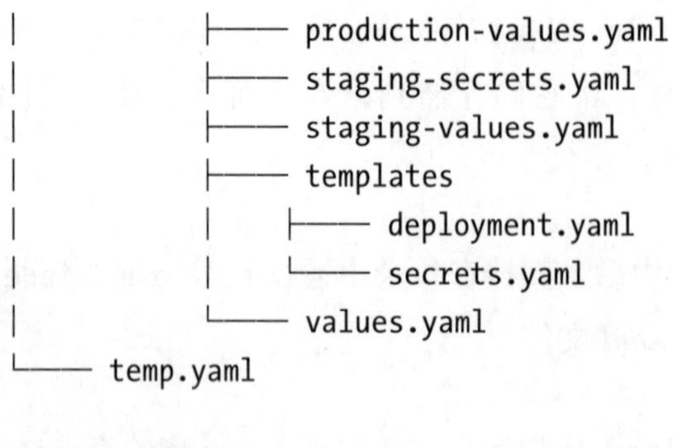

```
|            ├─── production-values.yaml
|            ├─── staging-secrets.yaml
|            ├─── staging-values.yaml
|            ├─── templates
|            │   ├─── deployment.yaml
|            │   └─── secrets.yaml
|            └─── values.yaml
└─── temp.yaml

3 directories, 9 files
```

这个目录中的 Helm Chart 布局与先前示例类似（请参见 12.1.1 节）。在那个例子中，我们定义了一个 Deployment 和一个 Secret。但在这个示例中，我们做了一些修改，以方便管理不同环境中的多个机密数据。

下面我们来看看我们的应用程序需要的机密数据：

```
cat k8s/demo/production-secrets.yaml
secret_one: ENC[AES256_GCM,data:ekH3xIdCFiS4j1I2ja8=,iv:C95KilXL...1g==,type:str]
secret_two: ENC[AES256_GCM,data:0Xcmm1cdv3TbfM3mIkA=,iv:PQOcI9vX...XQ==,type:str]
...
```

此处，我们使用 Sops 来加密供应用程序使用的多个机密。

现在我们来看一看 Kubernetes 的 *secrets.yaml* 文件：

```
cat k8s/demo/templates/secrets.yaml
apiVersion: v1
kind: Secret
metadata:
  name: {{ .Values.container.name }}-secrets
type: Opaque
data:
    {{ $environment := .Values.environment }}
    app_secrets.yaml: {{ .Files.Get (nospace (cat $environment "-secrets.yaml"))
        | b64enc }}
```

在 Helm Chart 的最后两行中，我们使用了一些 Go 模板语法，用于读取 *production-secrets.yaml* 或 *staging-secrets.yaml* 文件中的机密数据，具体读取哪个文件取决于 *values.yaml* 文件中设置了哪个 `environment`。

最终结果将是一个名为 demo-secrets 的 Kubernetes Secret，其中包含每一个机密文件定义的所有键值对。这个 Secret 会挂载到部署中成为单独的 *secrets.yaml* 文件，供应用程序使用。

我们还在最后一行的末尾添加了……`| b64enc`。这种写法也是一种快捷方式，可以使用 Helm 的 Go 模板自动将机密数据从纯文本转换为 `base64`，在默认情况下，Kubernetes 希望机密保存成 `base64` 的形式（请参见 10.2.3 节）。

我们需要首先使用 Sops 临时解密文件，然后将更改应用到 Kubernetes 集群。下面的命令流水线使用预发布环境的机密部署应用程序的预发布版本：

```
sops -d k8s/demo/staging-secrets.yaml > temp-staging-secrets.yaml && \
helm upgrade --install staging-demo --values staging-values.yaml \
--values temp-staging-secrets.yaml ./k8s/demo && rm temp-staging-secrets.yaml
```

上述命令执行的操作如下：

1. Sops 解密 *staging-secrets* 文件，然后将解密后的输出写入 *temp-staging-secrets*。
2. Helm 使用 *staging-values* 和 *temp-staging-secret* 中的值安装 demo Chart。
3. 删除 temp-staging-secrets 文件。

因为所有这些操作都是在一步内完成的，所以不会留下包含纯文本的 Secret 文件，以免被其他人看到。

12.3 使用 Helmfile 管理多个 Chart

在 4.7 节中介绍 Helm 时，我们展示了如何将演示应用程序的 Helm Chart 部署到 Kubernetes 集群。虽然 Helm 非常实用，但它一次只能操作一个 Chart。怎样才能知道集群中应该运行哪些应用程序，以及在使用 Helm 安装它们时应用了哪些自定义设置呢？

有一个名为 Helmfile 的工具可以帮助你完成这个任务。Helm 可以使用模板和变量部署一个应用程序，而 Helmfile 则可以通过一个命令部署集群应该安装的所有组件。

12.3.1 Helmfile 中有什么？

demo 代码库中的如下示例展示了如何使用 Helmfile。你可以在 *hello-helmfile* 文件夹中找到 *helmfile.yaml*：

```
repositories:
  - name: stable
    url: https://kubernetes-charts.storage.googleapis.com/

releases:
  - name: demo
    namespace: demo
    chart: ../hello-helm3/k8s/demo
    values:
      - "../hello-helm3/k8s/demo/production-values.yaml"

  - name: kube-state-metrics
    namespace: kube-state-metrics
    chart: stable/kube-state-metrics

  - name: prometheus
    namespace: prometheus
    chart: stable/prometheus
```

```
    set:
      - name: rbac.create
        value: true
```

`repositories` 部分定义了我们将要引用的 Helm Chart 库。在这个例子中，引用唯一的库就是 `stable`，也是稳定的官方 Kubernetes Chart 库。如果你使用自己的 Helm Chart 库（有关创建 Helm Chart 库，请参见 12.2.5 节），则请在此处添加。

接下来，我们定义一组 `release`，即一组即将部署到集群的应用程序。每个 release 都需要指定以下元数据：

- `name`：部署的 Helm Chart 名称。
- `namespace`：部署的目标命名空间。
- `chart`：Chart 本身的 URL 或路径。
- `values`：部署使用的 *values.yaml* 文件的路径。
- `set`：设置除值文件包含的值以外的所有其他值。

在这个示例中，我们定义了 3 个 release：演示应用程序、Prometheus（请参见 16.6.1 节）以及 `kube-state-metrics`（有关指标，请参见 16.2.4 节）。

12.3.2 Chart 元数据

注意，我们在指定 demo Chart 以及值文件时使用的是相对路径：

```
- name: demo
  namespace: demo
  chart: ../hello-helm3/k8s/demo
  values:
    - "../hello-helm3/k8s/demo/production-values.yaml"
```

因此，你的 Chart 不需要放在 Chart 库中即可供 Helmfile 进行管理。例如，你可以将它们全部保存在源代码库中。

至于 prometheus Chart，我们只需简单地指定 stable/prometheus。由于这不是文件系统路径，因此 Helmfile 知道需要去 stable 库中查找 Chart，也就是我们之前在 repositories 部分定义的库：

```
- name: stable
  url: https://kubernetes-charts.storage.googleapis.com/
```

所有 Chart 都在各自的 *values.yaml* 文件中设置了各种默认值。你可以在 Helmfile 的 set: 部分指定任何需要在安装应用程序时覆盖的值。

在这个示例中，对于 prometheus 的发布，我们将 rbac.create 的默认值从 false 更改为 true：

```
- name: prometheus
  namespace: prometheus
  chart: stable/prometheus
  set:
    - name: rbac.create
      value: true
```

12.3.3 应用 Helmfile

接下来，*helmfile.yaml* 需要以声明式的方式，指定应该在集群中运行的所有内容（或者至少指定其中一部分），就像 Kubernetes 清单一样。应用这个声明式的清单，Helmfile 就会根据你的规范建立集群。

请运行以下命令来应用 Helmfile：

```
helmfile sync
exec: helm repo add stable https://kubernetes-charts.storage.googleapis.com/
"stable" has been added to your repositories
```

```
exec: helm repo update
Hang tight while we grab the latest from your chart repositories...
...Skip local chart repository
...Successfully got an update from the "cloudnativedevops" chart repository
...Successfully got an update from the "stable" chart repository
Update Complete.  Happy Helming!
exec: helm dependency update .../demo/hello-helm3/k8s/demo
...
```

效果等同于针对每个定义的Helm Chart依次运行`helm install`和`helm upgrade`。

例如，你可能希望在持续部署流水线（请参见第14章）中自动运行`helm sync`。你不必手动运行`helm install`来向集群添加新应用程序，只需编辑Helmfile，再将其检入源代码控制，然后等待自动化推出你的更改。

使用唯一的正确标准。不要一面手动使用Helm部署某个Chart，一面又通过Helmfile以声明式的方式管理整个集群的所有Chart。请仅选择一种方式。如果你选择应用Helmfile，然后又使用Helm来部署或修改应用程序，那么Helmfile将不再是集群的唯一正确标准。这势必会引发很多问题，因此，如果你使用Helmfile，则请仅使用Helmfile执行所有部署。

如果你不喜欢Helmfile，那么还有一些其他的工具也或多或少地提供了类似的功能：

- Landscaper（地址：*https://github.com/Eneco/landscaper*）
- Helmsman（地址：*https://github.com/Praqma/helmsman*）

与所有新工具一样，我们建议你先通读文档，比较各种备选，逐个尝试，然后再选出最适合的工具。

12.4 高级清单管理工具

虽然 Helm 是一款优秀的工具，而且使用广泛，但确实存在一些局限性。书写和编辑 Helm 模板的工作也不是很有趣。Kubernetes YAML 文件复杂、冗长且有许多重复。Helm 模板也是如此。

目前有一些依然在开发中的新工具在尝试解决这些问题，并希望简化 Kubernetes 清单的使用，比如使用比 YAML 更强大的语言（例如 Jsonnet）来描述清单，或者按照基本模式分组 YAML 文件并通过覆盖文件来自定义清单。

12.4.1 Tanka

有时，声明式的 YAML 不足以应对需要用到计算和逻辑的大型复杂部署。例如，你希望根据集群的大小动态设置副本数。为此，你需要一种真正的编程语言。

tanka 允许你使用一种名叫 Jsonnet 的语言编写 Kubernetes 清单。Jsonnet 是 JSON 的扩展（它和 YAML 一样，也是声明式的数据格式，而且 Kubernetes 也可以理解 JSON 格式的清单）。Jsonnet 在 JSON 的基础上添加了一些重要功能：变量、循环、数学运算、条件语句、错误处理等。

12.4.2 Kapitan

Kapitan 是另一款基于 Jsonnet 的清单工具，专门用于在多个应用程序甚至多个集群之间共享配置值。Kapitan 拥有一个按照层级组织的数据库（名叫 *inventory*），用于保存配置值。有了这个数据库，你就可以根据环境或应用程序的情况，通过给清单的模板插入不同的值来实现重用：

```
local kube = import "lib/kube.libjsonnet";
local kap = import "lib/kapitan.libjsonnet";
local inventory = kap.inventory();
local p = inventory.parameters;
```

```
{
    "00_namespace": kube.Namespace(p.namespace),
    "10_serviceaccount": kube.ServiceAccount("default")
}
```

12.4.3 Kustomize

kustomize 是另一款清单管理工具，它使用的是普通的 YAML，而不是模板或 Jsonnet 等替代语言。你可以从基本的 YAML 清单开始，然后通过覆盖给清单打补丁，以供不同的环境或不同的配置使用。kustomize 命令行工具可以根据基础文件和覆盖文件来生成最终的清单。

```
namePrefix: staging-
commonLabels:
  environment: staging
  org: acmeCorporation
commonAnnotations:
  note: Hello, I am staging!
bases:
- ../../base
patchesStrategicMerge:
- map.yaml
EOF
```

这意味着运行如下命令即可完成清单部署：

```
kustomize build /myApp/overlays/stagingq | kubectl apply -f -
```

如果模板或 Jsonnet 还不足以打动你，而且你希望能够使用普通的 Kubernetes 清单，则这款工具值得一试。

12.4.4 kompose

如果你一直在 Docker 容器中运行生产服务，但未使用 Kubernetes，则你可能非常熟悉 Docker Compose。

你可以通过Compose定义和部署可协同工作的容器集，例如一个Web服务器、一个后端应用程序和一个数据库（比如Redis）。只需一个*docker-compose.yml*文件就可以定义这些容器之间的通信方式。

kompose是一款能够将*docker-compose.yml*文件转换为Kubernetes清单的工具，可帮助你完成从Docker Compose到Kubernetes的迁移，而无需从头开始编写自己的Kubernetes清单或Helm Chart。

12.4.5 Ansible

你可能非常熟悉流行的基础设施自动化工具Ansible。这款工具并非Kubernetes专用，但它能够使用扩展模块来管理许多不同种类的资源，就像Puppet一样（请参见3.5.8节）。

除了安装和配置Kubernetes集群外，Ansible还可以使用k8s模块（参考地址：*https://docs.ansible.com/ansible/latest/modules/k8s_module.html*）直接管理Kubernetes资源，例如部署和服务。

与Helm类似，Ansible可以使用它的标准模板语言（Jinja）来模板化Kubernetes清单，而且它还用更成熟的方式来标记变量查找，即使用层次化的系统。例如，你可以为一组应用程序或整个部署环境（比如staging）设置通用值。

如果你的组织已在使用Ansible，则一定要评估一下，是否可以利用它来管理Kubernetes资源。如果你的基础设施都在Kubernetes上，则对Ansible来说，你的需求就是小菜一碟；对于混合基础设施来说，只使用一种工具来管理所有资源也很有益：

```
kube_resource_configmaps:
  my-resource-env: "{{ lookup('template', template_dir +
'/my-resource-env.j2') }}"
kube_resource_manifest_files: "{{ lookup('fileglob', template_dir +
```

```
      '/*manifest.yml') }}"
  - hosts: "{{ application }}-{{ env }}-runner"
    roles:
      - kube-resource
```

Ansible 专家 Will Thames 的演讲展示了使用 Ansible 管理 Kubernetes 的各种技巧（地址：*https://willthames.github.io/ansiblefest2018/#/*）。

12.4.6 kubeval

与我们在本节讨论的其他工具不同，kubeval 的用途并不是生成或模板化 Kubernetes 清单，而是验证清单。

在每个版本的 Kubernetes 中，YAML 或 JSON 清单都有不同的定义，因此能够自动检查清单是否与定义匹配是非常重要的。例如，kubeval 将检查你是否指定了某个对象的所有必需字段，以及值的类型是否正确。

`Kubectl` 还会在应用清单时进行验证。如果你尝试应用无效的清单，则它会报错。但是，能够预先验证清单也非常有用。kubeval 不需要访问集群，它还可以验证任何版本的 Kubernetes。

将 kubeval 添加到持续部署流水线的做法非常值得推崇，这样它就能够在清单发生变化时自动进行验证。此外，你还可以使用 kubeval 进行测试，例如，在实际升级之前，测试清单是否需要进行任何调整才能在最新版本的 Kubernetes 上运行。

12.5 小结

虽然仅使用原始的 YAML 清单也可以将应用程序部署到 Kubernetes，但很不方便。Helm 是一款功能非常强大的工具，希望你能够掌握如何充分利用。

目前有很多正在开发中的新工具都在努力简化Kubernetes的部署。有些工具也有可能被集成到Helm中。总的来说，熟悉使用Helm的基础知识非常重要：

- Chart是Helm软件包的规范，包括有关软件包的元数据、一些配置值以及引用这些值的模板Kubernetes对象。
- 安装Chart会创建一个Helm发布。每次安装Chart的实例都会创建一个新的发布。使用不同的配置值更新发布时，Helm就会升级发布的版本号。
- 如果想根据自己的需求定制Helm Chart，则请创建一个自定义值文件来覆盖你关心的设置，然后将其添加到`helm install`或`helm upgrade`命令行中。
- 你可以通过一个变量（比如`environment`），根据部署环境（预发布、生产等）来选择不同的值或密钥集。
- 你可以通过Helmfile，以声明式的方式指定应用到集群的一组Helm Chart和值，并使用一个命令来安装或更新所有的Chart和值。
- Helm可以与Sops结合使用，处理Chart中的机密配置。而且还可以自动对机密数据进行base64编码（Kubernetes希望的格式）。
- Helm不是唯一的管理Kubernetes清单的工具。Ksonnet和Kapitan使用Jsonnet（一种模板语言）。kustomize采用一种不同的方法，它不会对变量进行插值，但会使用YAML覆盖来配置清单。
- `kubeval`是一种快速测试和验证清单的方法，它可以检查清单的语法是否有效，还能检查清单中常见的错误。

第 13 章

开发流程

Surfing is such an amazing concept. You're taking on Nature with a little stick and saying, I'm gonna ride you! And a lot of times Nature says, No you're not! and crashes you to the bottom.

—— Jolene Blalock

本章将在第 12 章的基础上展开进一步的讨论，我们将重点介绍整个应用程序的生命周期，从最初的本地开发开始，一直到将更新部署至 Kubernetes 集群的一切话题，包括棘手的数据库迁移等主题。我们将介绍一些有助于开发、测试以及部署应用程序的工具，例如 Skaffold、Draft、Telepresence 和 Knative 等。在准备好将应用程序部署到集群后，我们还将学习如何使用 Helm 和钩子实施更复杂的部署。

13.1 开发工具

在第 12 章中，我们介绍了一些能够帮助你编写、构建和部署 Kubernetes 资源清单的工具。这些工具都很不错，然而通常在开发一款放到 Kubernetes 中运行的应用程序时，我们都希望能够做一些尝试并立即看到变化，而不必经历完整的构建 - 推送 - 部署 - 更新循环。

13.1.1 Skaffold

Skaffold 是 Google 的一款开源工具，旨在提供快速的本地开发工作流程。在本地开发时，它会自动重建容器，并将这些更改部署到本地或远程集群。

你可以在自己的代码库中通过 *skaffold.yaml* 定义所需的工作流程，然后运行 `skaffold` 命令行工具启动流水线。在修改本地目录中的文件时，Skaffold 就会触发，根据改动创建一个新容器，然后自动部署，因此你不需要自己处理容器仓库等事宜。

13.1.2 Draft

Draft 是微软 Azure 团队维护的一款开源工具。与 Skaffold 类似，在修改代码时，它可以利用 Helm 自动将更新部署到集群。

Draft 还引入了 Draft Pack 的概念。Draft Pack 是提前编写好的 Dockerfile 和 Helm Chart，支持应用程序常用的多种编程语言。目前支持的编程语言包括 .NET、Go、Node、Erlang、Clojure、C#、PHP、Java、Python、Rust、Swift 和 Ruby。

如果你刚刚开始开发一款新的应用程序，还没有 Dockerfile 或 Helm Chart，那么正好可以利用 Draft 快速创建应用程序。只需运行 `draft init && draft create`，Draft 就会检查本地应用程序目录中的文件，并尝试确定代码使用的语言。然后根据语言创建 Dockerfile 和 Helm Chart。

运行 `draft up` 命令即可应用 Dockerfile 和 Helm Chart。Draft 会使用它创建的 Dockerfile 构建本地 Docker 容器，并将其部署到你的 Kubernetes 集群。

13.1.3 Telepresence

Telepresence 采用的方法与 Skaffold 和 Draft 略有不同。你不需要本地 Kubernetes 集群，Telepresence Pod 会在实际的集群中作为应用程序的占位符运行。然后，它会拦截发往应用程序 Pod 的流量，并将其路由到在本地计算机上运行的容器。

这样，开发人员的本地计算机就可以加入远程集群。应用程序代码的改动会直接反映到实际的集群中，而不需要部署新的容器。

13.1.4 Knative

虽然以上我们介绍的工具都侧重于加速本地开发的循环，但 Knative 的野心更大。它的目标是提供一种将各种工作负载部署到 Kubernetes 的标准机制，不仅包括容器化的应用程序，还包括无服务器风格的函数。

Knative 同时集成了 Kubernetes 和 Istio（请参见 9.2 节），提供一个完整的应用程序 / 功能部署平台，包括设置构建过程、自动部署以及事件处理机制，以标准化应用程序使用消息传递和排队系统的方式（比如 Pub/Sub、Kafka 或 RabbitMQ 等）。

Knative 项目尚处于初期阶段，但我们非常期待。

13.2 部署策略

如果你想手动升级正在运行的应用程序，不借助 Kubernetes，那么就需要关闭应用程序、安装新版本、然后重新启动。但这会导致服务中断。

如果你有多个副本，更好的方法是依次升级每个副本，这样就不会中断服务，即所谓的零停机时间部署。

并非所有应用程序都需要零停机，例如，负责消费消息队列的内部服务是幂等的，因此可以一次性全部升级。这意味着升级更快，但是对于面向用户的应用程序，通常我们需要注意避免停机。

在 Kubernetes 中，你可以选择最合适的策略。RollingUpdate 是一种零停机时间、逐个 Pod 处理的方案，而 Recreate 则是一次性快速升级所有 Pod 的方案。此外，你还可以调整一些字段来满足应用程序的需求。

在 Kubernetes 中，应用程序的部署策略定义在部署清单中。默认策略是 RollingUpdate，因此如果你不指定策略，那么 Kubernetes 就会使用这个默认值。如果想将策略更改为 Recreate，则需要按照如下进行设置：

```
apiVersion: apps/v1
kind: Deployment
spec:
  replicas: 1
  strategy:
    type: Recreate
```

下面我们来仔细看一看这些部署策略，并了解它们的机制。

13.2.1 滚动更新

如果采用滚动更新，则一次只能升级一个 Pod，直到所有副本都被替换成新版本。

例如，我们假设应用程序拥有三个副本，每个副本都在运行 v1。开发人员运行 kubectl apply……或 helm upgrade……命令升级到 v2，结果会怎样？

首先，其中一个 v1 版本的 Pod 会被终止。Kubernetes 会将其标记为未就绪，并停止发送流量。然后启动一个 v2 版本的新 Pod 来替换它。在这期间内，其余两个 v1 版本的 Pod 仍将继续接收传入的请求。在等待第一个 v2 版本的 Pod 就绪期间，我们只有两个 Pod，但我们仍在为用户提供服务。

等到 v2 版本的 Pod 就绪，Kubernetes 开始将用户流量发送到这个新 Pod 以及其余两个 v1 版本的 Pod。这时，我们又回到了完整的 3 个 Pod。

这个过程会一直继续，直到所有 v1 版本的 Pod 都替换成 v2 版本的 Pod。虽然这期间内可用于处理流量的 Pod 数目比平时少，但整个应用程序从未停止服务。这就是零停机时间部署。

在滚动更新期间，应用程序的新旧版本在同时服务用户。虽然一般情况下不会出现问题，但你可能还是需要采取措施来确保安全。例如，如果更新涉及数据库迁移（请参见 13.3 节），则不能进行常规的滚动更新。

如果 Pod 在进入准备就绪状态后的短时间内偶尔崩溃或失败，则请使用 minReadySeconds 字段，确保推出过程会一直等到每个 Pod 稳定后再继续（请参见 5.2.7 节）。

13.2.2 Recreate 模式

在 Recreate 模式下，所有正在运行的副本会被立即终止，然后创建新副本。

只有不需要直接处理请求的应用程序才可以采用这种模式。Recreate 的优势在于，它避免了两个不同版本的应用程序同时运行的情况（请参见上一节）。

13.2.3 maxSurge 和 maxUnavailable

在滚动更新期间，有时运行的 Pod 数量会低于标称的 replicas 数量，而有时则会超过。有两个重要的设置可以控制这种行为：maxSurge 和 maxUnavailable。

- maxSurge：设置过量 Pod 的最大值。例如，如果你有 10 个副本，并且将 maxSurge 设置为 30%，则任何时候最多只能运行 13 个 Pod。
- maxUnavailable：设置不可用 Pod 的最大数量。假设标称副本数为 10 个，maxUnavailable 为 20%，则 Kubernetes 绝不会让可用 Pod 的数量降至 8 以下。

这两个值可以设置为整数或百分比：

```
apiVersion: apps/v1
kind: Deployment
spec:
  replicas: 10
  strategy:
    type: RollingUpdate
    rollingUpdate:
      maxSurge: 20%
      maxUnavailable: 3
```

一般情况下，使用二者的默认值就很好（25% 或 1，具体取决于 Kubernetes 的版本），并不需要调整。但在某些情况下，可能需要调整这两个值，以确保应用程序在升级期间仍可保持一定的容量。在非常大的集群中，只有 75% 的可用 Pod 可能会不够用，因此需要将 `maxUnavailable` 设置得稍微低一点。

`maxSurge` 的值越大，推出的速度就越快，但是对集群资源造成的额外负载就越多。`maxUnavailable` 的值越大，部署的速度就越快，但会牺牲应用程序的容量。

另一方面，`maxSurge` 和 `maxUnavailable` 的值越小，对集群和用户造成的影响就越小，但部署所需的时间越长。因此，你需要根据应用程序做相应的权衡。

13.2.4 蓝绿部署

蓝绿部署不需要一次性干掉所有的 Pod 然后再替换，我们可以创建一个全新的部署，并单独启动一系列 `v2` 版本的 Pod，与 `v1` 部署并存。

这种方式的优点在于，你不必面对新旧版本应用程序同时处理请求的局面。但缺点是，你的集群必须足够大，才能运行双倍的应用程序所需副本，代价非常昂贵，并且意味着大部分时间都有大量未使用的容量（除非你根据需求扩展或缩小集群）。

回顾一下，我们曾在 4.6.4 节中介绍过，Kubernetes 通过标签来决定哪些 Pod 应该接收来自服务的流量。实现蓝绿部署的一种方法就是在新旧 Pod 上设置不同的标签（请参见 9.1 节）。

下面我们来稍微调整一下示例应用程序的服务定义，将流量发送到标记了 `deployment: blue` 的 Pod 上：

```
apiVersion: v1
kind: Service
metadata:
  name: demo
spec:
  ports:
  - port: 8080
    protocol: TCP
    targetPort: 8080
  selector:
    app: demo
    deployment: blue
  type: ClusterIP
```

部署新版本时，你可以将其标记为 `deployment: green`，这样即使新版本完全启动并处于运行状态，也不会收到任何流量，因为服务只会将流量发送到 `blue` Pod 上。你可以对其进行测试并确保它已准备就绪，然后再进行切换。

如果想切换到新的部署上，则请编辑服务，将选择器改为 `deployment: green`，那么新的 `green` Pod 就会开始接收流量，等到所有旧的 `blue` Pod 都处于空闲状态后再将其关闭。

13.2.5 彩虹部署

在极少数情况下，尤其当 Pod 会建立长时间的连接（如 websocket）时，仅靠蓝绿可能还不够。你可能需要同时维护三个或更多版本的应用程序。

这种部署有时被称为彩虹部署。每次部署更新时，你都需要建立一套新颜色的 Pod。等到最终排空旧 Pod 集中的连接后，才可以关闭。

Brandon Dimcheff 在这篇文章（地址：*https://github.com/bdimcheff/rainbow-deploys*）中详细描述了彩虹部署的示例。

13.2.6 金丝雀部署

蓝绿(或彩虹)部署的优点是,如果你不喜欢新版本,或者新版本的行为不正确,则只需切换回仍在运行的旧版本即可。但是，这种方法非常昂贵，因为你需要足够的容量同时运行两个版本。

有一种方法可以避免这个问题：金丝雀部署。就像矿洞中的金丝雀[译注1]，将几个 Pod 暴露在危险的生产世界中，观察它们的状况。如果这几个 Pod 存活下来，则部署可以继续完成。如果有问题，则可以严格控制影响范围。

与蓝绿部署一样，你可以使用标签来完成此操作（请参见 9.1 节）。Kubernetes 的文档提供了运行金丝雀部署的详细示例（地址：*https://kubernetes.io/docs/concepts/cluster-administration/manage-deployment/#canary-deployments*）。

还有一种更复杂的方法是使用 Istio（请参见 9.2 节），它允许随机将一部分（比例可调整）流量路由到服务的一个或多个版本上。这种方法也可以用于执行 A/B 测试。

13.3 使用 Helm 处理迁移

无状态应用程序易于部署和升级，但是当涉及数据库时，情况就会更加复杂。

译注 1：相传 20 世纪煤矿工人在作业时，为了避免瓦斯中毒会随身带几只金丝雀下矿洞，由于金丝雀对二氧化碳非常敏感，所以看到金丝雀昏厥的时候矿工们就知道该逃生了。

数据库架构的变更通常需要在部署的特定时间点上运行迁移任务。例如，对于 Rails 应用程序，你需要在启动新 Pod 之前运行 `rake db:migrate`。

在 Kubernetes 上，你可以使用作业资源来执行此操作（请参见 9.5.3 节）。你可以使用 `kubectl` 命令编写脚本并将其作为升级过程的一部分，或者，如果你使用的是 Helm，则可以使用一种名叫钩子的内置功能。

13.3.1 Helm 的钩子

Helm 的钩子允许你控制部署期间各种操作发生的顺序。如果出现问题，还可以放弃升级。

下面是一个使用 Helm 部署 Rails 应用程序的数据库迁移作业的示例：

```
apiVersion: batch/v1
kind: Job
metadata:
  name: {{ .Values.appName }}-db-migrate
  annotations:
    "helm.sh/hook": pre-upgrade
    "helm.sh/hook-delete-policy": hook-succeeded
spec:
  activeDeadlineSeconds: 60
  template:
      name: {{ .Values.appName }}-db-migrate
    spec:
      restartPolicy: Never
      containers:
      - name: {{ .Values.appName }}-migration-job
        image: {{ .Values.image.repository }}:{{ .Values.image.tag }}
        command:
          - bundle
          - exec
          - rails
          - db:migrate
```

helm.sh/hook 属性的定义位于 annotations 部分：

```
annotations:
  "helm.sh/hook": pre-upgrade
  "helm.sh/hook-delete-policy": hook-succeeded
```

pre-upgrade 设置告诉 Helm 在升级之前应用这个作业清单。而这个作业将运行标准的 Rails 迁移命令。

"helm.sh/hook-delete-policy": hook-succeeded 告诉 Helm 如果作业成功完成（即以状态 0 退出），则删除该作业。

13.3.2 处理失败的钩子

如果作业返回一个非零的退出代码，则表明出错且迁移未能成功。Helm 会让作业保持失败状态，方便你调试问题。

如果发生这种情况，发布过程将停止，而且应用程序不会被升级。运行 kubectl get pods 命令会显示失败的 Pod，你可以检查日志，看看出了什么问题。

在问题得到解决后，你可以删除失败的作业（命令：kubectl delete job<作业名称>），然后重新尝试升级。

13.3.3 其他钩子

钩子的使用不仅限于 pre-upgrade（升级前）阶段。发布的下列阶段都可以使用钩子：

- pre-install（安装前）：在模板渲染之后，创建任何资源之前执行。
- post-install（安装后）：在所有资源加载完成后执行。

- pre-delete（删除前）：在接到删除请求，但在实际删除任何资源之前执行。
- post-delete（删除后）：在接到删除请求，并删除了所有发布的资源之后执行。
- pre-upgrade（升级前）：在模板渲染之后，加载任何资源之前执行（比如在 kubectl apply 操作之前）。
- post-upgrade（升级后）：所有资源都已升级后执行。
- pre-rollback（回滚前）：在模板渲染之后接到回滚请求，但在回滚任何资源之前执行。
- post-rollback （回滚后）：在接到回滚请求，并对所有资源完成修改之后执行。

13.3.4 钩子连接

Helm 还能够使用 helm.sh/hook-weight 属性将钩子按照一定的顺序连接在一起。这些钩子将按照从低到高依次运行，hook-weight 为 0 的作业将在 hook-weight 为 1 的作业前面运行：

```
apiVersion: batch/v1
kind: Job
metadata:
  name: {{ .Values.appName }}-stage-0
  annotations:
    "helm.sh/hook": pre-upgrade
    "helm.sh/hook-delete-policy": hook-succeeded
    "helm.sh/hook-weight": "0
```

有关钩子的详细信息，请参照 Helm 文档（地址：*https://v2.helm.sh/docs/developing_charts/#hooks*）。

13.4 小结

如果每个小小的代码改动都必须经历构建、推送和部署容器，那么开发 Kubernetes 应用程序可能会让人感觉很繁琐。Draft、Skaffold 和 Telepresence 之类的工具可以加快这个循环，从而加快开发速度。

特别是，如果你掌握了基本概念以及如何通过自定义满足应用程序的需求，那么就会发现与传统的服务器相比，使用 Kubernetes 推出更新到生产中会容易许多。

- Kubernetes 默认的 `RollingUpdate` 部署策略一次只能升级几个 Pod，需要等到每个新 Pod 准备就绪后，才会关闭旧 Pod。
- 滚动更新可以避免停机时间，但代价是延长了部署时间。这也意味着应用程序的新旧版本将在更新推出期间同时运行。
- 你可以通过调整 `maxSurge` 和 `maxUnavailable` 字段来微调滚动更新。根据你所使用的 Kubernetes API 的版本，默认值可能适合你的情况，但也有可能不合适。
- `Recreate` 策略会一次性用新的 Pod 替换掉所有的旧 Pod。这种方式虽然很快，但会引发停机，因此不适合面向用户的应用程序。
- 在蓝绿部署中，新 Pod 不会收到任何用户流量，必须等到所有新 Pod 均启动完毕且准备就绪之后，所有流量一口气切换到新 Pod，然后再让所有旧 Pod 退出。
- 彩虹部署类似蓝绿部署，只不过同时提供服务的版本有两个以上。
- 为了在 Kubernetes 中实现蓝绿部署和彩虹部署，你可以通过调整 Pod 上的标签以及修改前端服务上的选择器，将流量定向到适当的 Pod 上。
- Helm 钩子提供了一种在部署的特定阶段应用某些 Kubernetes 资源（通常是作业）的方法，例如运行数据库迁移等。钩子可以定义部署期间应用资源的顺序，并在某些操作未能成功时暂停部署。

第 14 章

Kubernetes 的持续部署

道常无为而无不为。

——老子

在本章中，我们来看一看开发运维的关键原则：持续部署，并了解如何在基于 Kubernetes 的云原生环境中实现持续部署。我们将概述设置 Kubernetes 持续部署流水线的一些方案，并通过 Google 云构建展示一个完整的示例。

14.1 什么是持续部署？

持续部署（Continuous Deployment，CD）是指将成功的构建自动部署到生产环境。与测试套件一样，部署也应该集中管理和自动化。开发人员只需按一个按钮、合并一个请求或推送一个 Git 发布标签就可以部署新版本。

CD 常常与持续集成（Continuous Integration，CI）密不可分，后者的意思是针对开发人员对主线分支所做的更改进行自动集成和测试。基本思想是，如果在分支上完成的更改，在合并到主线时会破坏构建，则持续集成会立即通知你，因此你不必等到完成分支以及最终合并。持续集成与持续部署的组合通常称为 CI/CD。

持续部署的机制通常称为流水线，即一系列的自动化操作，从开发人员的机器上拿到代码，通过一系列测试和验收阶段，最终推送到生产环境。

容器化应用程序最常见的流水线如下所示：

1. 开发人员将代码变更推送到 Git。
2. 构建系统自动构建当前版本的代码并运行测试。
3. 如果所有测试均通过，则将容器镜像发布到中心容器仓库。
4. 新建的容器自动部署到预发布环境。
5. 预发布环境实施自动验收测试。
6. 将经过验证后的容器镜像部署到生产。

这里的关键点是，通过各种环境测试和部署的不是源代码，而是容器。源代码与实际运行的可执行文件之间有可能隐藏着很多错误，因此测试容器（而不是代码）可以帮助我们捕获很多这类错误。

CD 的巨大优势在于，生产环境不会发生意外。只有在预发布环境中成功通过测试的二进制镜像才会被部署到生产环境。

有关 CD 流水线的详细示例，请参见 14.4 节。

14.2 CD 工具

一如既往，问题不在于我们缺乏可用的工具，而是太多选择让人眼花缭乱。有几种 CD 工具专门面向云原生应用程序，还有 Jenkins 等历史悠久的传统构建工具现在也有插件可与 Kubernetes 和容器一起使用。

因此，如果你已经在使用 CD，则可能无需切换到全新的系统。如果你想将现有的应用程序迁移到 Kubernetes，那么只需对现有构建系统进行一些改动即可。

如果你尚未采用 CD 系统，那么我们将在本节中简要介绍一些备选方案。

14.2.1 Jenkins

Jenkins 是一种使用非常广泛的 CD 工具，已有很多年的历史。它拥有所有 CD 工作流程所需的插件，包括 Docker、`kubectl` 和 Helm。

此外，还有一个专门用于在 Kubernetes 集群中运行 Jenkins 的辅助项目，名叫 JenkinsX。

14.2.2 Drone

Drone 是面向容器的新型 CD 工具，而且其本身也是由容器构建的。这款工具简单轻巧，定义流水线只需要一个 YAML 文件。每个构建步骤都是运行一个容器，因此，凡是可以在容器中运行的内容都可以在 Drone 上运行[注1]。

14.2.3 Google 云构建

如果你在 Google 云平台上运行基础设施，那么 Google 云构建应该是 CD 的首选。与 Drone 一样，Google 云构建的各个构建步骤也是运行容器，而且 YAML 的配置就存储在你的代码库中。

你可以通过配置 Google 云构建来监视 Git 代码库（它也集成了 GitHub）。当预设条件被触发时（比如推送到某个分支或标签），Google 云构建就会运行指定的流水线、构建新容器、运行测试套件、发布镜像并将新版本部署到 Kubernetes。

完整的 Google 云构建 CD 流水线示例，请参见 14.4 节。

注 1：《纽约时报》开发团队撰写了博客文章，介绍如何利用 Drone 部署到 GKE（地址：*https://open.blogs.nytimes.com/2017/01/12/continuous-deployment-to-google-cloud-platform-with-drone*）。

14.2.4 Concourse

Concourse是一款用Go编写的开源CD工具。它也采用了声明式的流水线方法，就像Drone和Google云构建一样，使用YAML文件来定义和执行构建步骤。Concourse已有官方发布的稳定Helm Chart，可部署到Kubernetes上，你可以利用该工具轻松快速地启动并运行容器化流水线。

14.2.5 Spinnaker

Spinnaker非常强大且灵活，但最初的印象可能会觉得有点复杂。它由Netflix开发，擅长大型复杂的部署，例如蓝绿部署（请参见13.2.4节）。有一本关于Spinnaker的免费电子书，应该可以帮助你了解Spinnaker是否符合你的需求（地址：*https://spinnaker.io/concepts/ebook/*）。

14.2.6 GitLab CI

在托管Git代码库方面，GitLab是一个流行的GitHub替代方案。它内置了功能强大的CD工具：GitLab CI，可用于测试和部署代码。

如果你已经在使用GitLab，则应该考虑利用GitLab CI来实现持续部署流水线。

14.2.7 Codefresh

Codefresh是一项托管的CD服务，用于测试应用程序并将其部署到Kubernetes。这款工具的亮点是能够针对每个功能分支部署临时的预发布环境。

CodeFresh使用容器构建、测试和部署所需的环境，然后由你来配置如何将容器部署到集群的各种环境中。

14.2.8 Azure流水线

微软的Azure开发运维服务（原名Visual Studio团队服务）包括一个名叫Azure流水线的持续交付流水线设施，类似于Google的云构建。

14.3 CD组件

如果你已经拥有完善的CD系统，只需要添加一个组件，用于构建容器或在构建完成后部署容器，则可以考虑将下面这些方案集成到现有的系统。

14.3.1 Docker Hub

如果你想在代码发生变化时自动构建新容器，那么最简单的方法之一就是使用Docker Hub。如果你有Docker Hub的账号（请参见2.4节），则可以创建一个针对GitHub或BitBucket代码库的触发器，自动构建新容器并将其发布到Docker Hub。

14.3.2 Gitkube

Gitkube是一个自托管工具，可在集群中运行，监视Git代码库，并在触发器被触发时自动构建并推送新容器。这款工具简单、可移植，且易于设置。

14.3.3 Flux

通过Git分支或标签触发CD流水线（或其他自动化过程）的模式也称为*GitOps*。Flux扩展了这个概念，它监视的是容器仓库（而不是Git代码库）。每当新容器被推送到容器仓库时，Flux就会自动将其部署到Kubernetes集群。

14.3.4 Keel

与Flux一样，Keel的用途也是部署容器仓库中的新容器镜像。通过配置之后，Keel可响应Webhook，实现发送和接收Slack消息，或者在部署前等待批准，还可以执行其他工作流程。

14.4 Google 云构建的 CD 流水线

通过以上介绍，我们学习了 CD 的一般原理，还了解了一些备选的工具，下面我们来看一个完整的、端到端的 CD 流水线示例。

我们并不是说你应该使用完全相同的工具和配置，相反，我们希望你能够了解这些工具的组合方式，并根据自己的环境适当地修改示例。

在这个示例中，我们将使用 Google 云平台（Google Cloud Platform，GCP）、Google Kubernetes Engine 集群（GKE）以及 Google 云构建，但我们不依赖任何产品特有的功能。你可以使用任何自己喜欢的工具来搭建这种流水线。

如果你想使用自己的 GCP 账号来尝试这个示例，那么请注意这个示例使用了一些收费资源。虽然不会花很多钱，但是在使用完之后，你应该删除并清理所有云资源，以确保不会被收取不必要的费用。

14.4.1 设置 Google 云和 GKE

第一次注册 Google 云时，可以获得大量的免费积分，足够你在很长一段时间内免费运行 Kubernetes 集群和其他资源。如果想获取更多信息并创建账号，请访问 Google 云平台（地址：*https://cloud.google.com/free*）。

在注册完毕并登录到自己的 Google 云项目后，请按照以下说明创建 GKE 集群（地址：*https://cloud.google.com/kubernetes-engine/docs/how-to/creating-a-cluster*）。

接下来，在集群中初始化 Helm（请参见 4.7 节）。

下面我们来设置流水线，请参照以下步骤：

1. 将 demo 代码库分叉到你个人的 GitHub 账号中。
2. 创建一个 Google 云构建触发器，在某个 Git 分支收到推送时执行构建和测试。
3. 创建基于 Git 标签的触发器，执行部署到 GKE 的操作。

14.4.2 分叉 demo 代码库

如果你有 GitHub 账号，那么可以使用 GitHub 界面创建 demo 代码库的分叉。

如果你不使用 GitHub，则可以复制我们的代码库，并将其推送到你自己的 Git 服务器。

14.4.3 Google 云构建简介

与 Drone 以及许多其他现代 CD 平台一样，在 Google 云构建中，构建流程的每个步骤都需要运行一个容器。而构建步骤则由 Git 代码库中的 YAML 文件定义。

当流水线被某次提交触发时，Google 云构建会利用该提交对应的代码版本创建一个代码库的副本，并按顺序执行流水线中的每个步骤。

在 demo 代码库中，有一个名为 *hello-cloudbuild* 的文件夹，该文件夹中的 *cloudbuild.yaml* 文件就是 Google 云构建流水线的定义。

下面我们来仔细看看这个文件中的每个构建步骤。

14.4.4 构建测试容器

以下是第一步：

```
- id: build-test-image
  dir: hello-cloudbuild
```

```
name: gcr.io/cloud-builders/docker
entrypoint: bash
args:
  - -c
  - |
    docker image build --target build --tag demo:test .
```

与其他 Google 云构建的步骤一样，它由一组 YAML 键值对组成：

- id：为构建步骤指定可供人阅读的标签。
- dir：指定要使用的 Git 代码库的子目录。
- name：指定该步骤需要运行的容器。
- entrypoint：指定要在容器中运行的命令（如果不采用默认值的话）。
- args：为 entrypoint 命令提供必要的参数。

这样就可以了！

这个步骤的目的是构建一个容器，用于运行应用程序测试。由于我们使用的是多阶段构建（请参见 2.3.1 节），因此目前我们只想构建第一阶段。下面，我们来运行以下命令：

```
docker image build --target build --tag demo:test .
```

`--target build` 参数告诉 Docker 只构建 Dockerfile 中 `FROM golang:1.14-alpine AS build` 以下的部分，并在进行下一步前停止。

这意味着生成的容器仍将安装 Go，还会安装标记了……`AS build` 步骤中用到的所有软件包或文件。实际上，这是一个一次性的容器，仅用于运行应用程序的测试套件，然后就可以丢弃了。

14.4.5 运行测试

接下来是第二步：

```
- id: run-tests
  dir: hello-cloudbuild
  name: gcr.io/cloud-builders/docker
  entrypoint: bash
  args:
    - -c
    - |
      docker container run demo:test go test
```

由于我们为一次性的容器打上了标记 demo:test，因此在 Google 云构建中，这个临时的镜像也可用于构建的其余部分，而且这个步骤还将针对该容器运行 go test。如果任何测试失败，则构建将退出，并报告失败。否则，它将继续进行下一步。

14.4.6 构建应用程序容器

在这一步中，我们将再次运行 docker build ，但不使用 --target 标志，也就是说我们将完整地运行多阶段构建，并得到最终的应用程序容器：

```
- id: build-app
  dir: hello-cloudbuild
  name: gcr.io/cloud-builders/docker
  entrypoint: bash
  args:
    - -c
    - |
      docker build --tag gcr.io/${PROJECT_ID}/demo:${COMMIT_SHA} .
```

14.4.7 验证 Kubernetes 清单

至此为止，我们建立了一个已通过测试的容器，可随时在 Kubernetes 中运行。但在实际部署时，我们要使用 Helm Chart，因此在这一步中，我们将运行

helm template 来生成 Kubernetes 清单，然后利用流水线传递给 kubeval 工具进行检查（请参见 12.4.6 节）：

```
- id: kubeval
  dir: hello-cloudbuild
  name: cloudnatived/helm-cloudbuilder
  entrypoint: bash
  args:
    - -c
    - |
      helm template ./k8s/demo/ | kubeval
```

请注意，在这个示例中，我们使用自己的 Helm 容器镜像（cloudnatived/helm-cloudbuilder）。奇怪的是，作为一款专业的部署容器工具，Helm 并没有官方的容器镜像。在这个例子中，你可以使用我们的镜像，但在生产中，你可能需要自己构建。

14.4.8 发布镜像

流水线成功完成后，Google 云构建会自动将生成的容器镜像发布到容器仓库。如果想指定发布哪个镜像，则可以在 Google 云构建文件的 images 中列出：

```
images:
  - gcr.io/${PROJECT_ID}/demo:${COMMIT_SHA}
```

14.4.9 Git SHA 标签

什么是 COMMIT_SHA 标签？在 Git 中，每个提交都有一个唯一的标识符，名叫 SHA（这个名字源自生成该标识符的算法：安全哈希算法，即 Secure Hash Algorithm）。SHA 是一长串十六进制的数字，形如 5ba6bfd64a31eb4013ccaba27d95cddd15d50ba3。

如果使用这个 SHA 标记镜像，则它会提供一个指向生成该镜像的 Git 提交的链接，相当于容器所包含代码的快照。使用原始的 Git SHA 标记构建产物的好处在于，你可以同时构建和测试多个功能分支，而不会发生任何冲突。

以上，我们学习了流水线的工作原理，下面我们将注意力转向构建触发器，它能够根据指定的条件执行流水线。

14.4.10 创建第一个构建触发器

Google 云构建触发器需要指定监视的 Git 代码库、触发的条件（比如推送到特定分支或标签），以及一个需要执行的流水线文件。

现在来试试看创建一个新的触发器。首先登录到你的 Google 云项目，并打开页面：*https://console.cloud.google.com/cloud-build/triggers?pli=1*。

单击 Add Trigger（添加触发器）按钮来创建新的构建触发器，然后选择 GitHub 作为源代码库。

系统会要求你授予 Google 云访问 GitHub 代码库的权限。请选择“你的 GITHUB 用户名 /demo”，然后 Google 云就会链接到你的代码库。

接下来，请按照图 14-1 所示配置触发器。

你可以随意命名触发器。注意 `branch` 部分保留默认值 `.*`，表示匹配任何分支。

将 `Build configuration` 的设置从 `Dockerfile` 改为 `cloudbuild.yaml`。

`cloudbuild.yaml Location` 字段告诉 Google 云构建包含构建步骤的流水线文件位于何处。在我们的示例中是 *hello-cloudbuild/cloudbuild.yaml*。

完成后，单击“Create trigger”（创建触发器）按钮。下面我们来测试一下这个触发器。

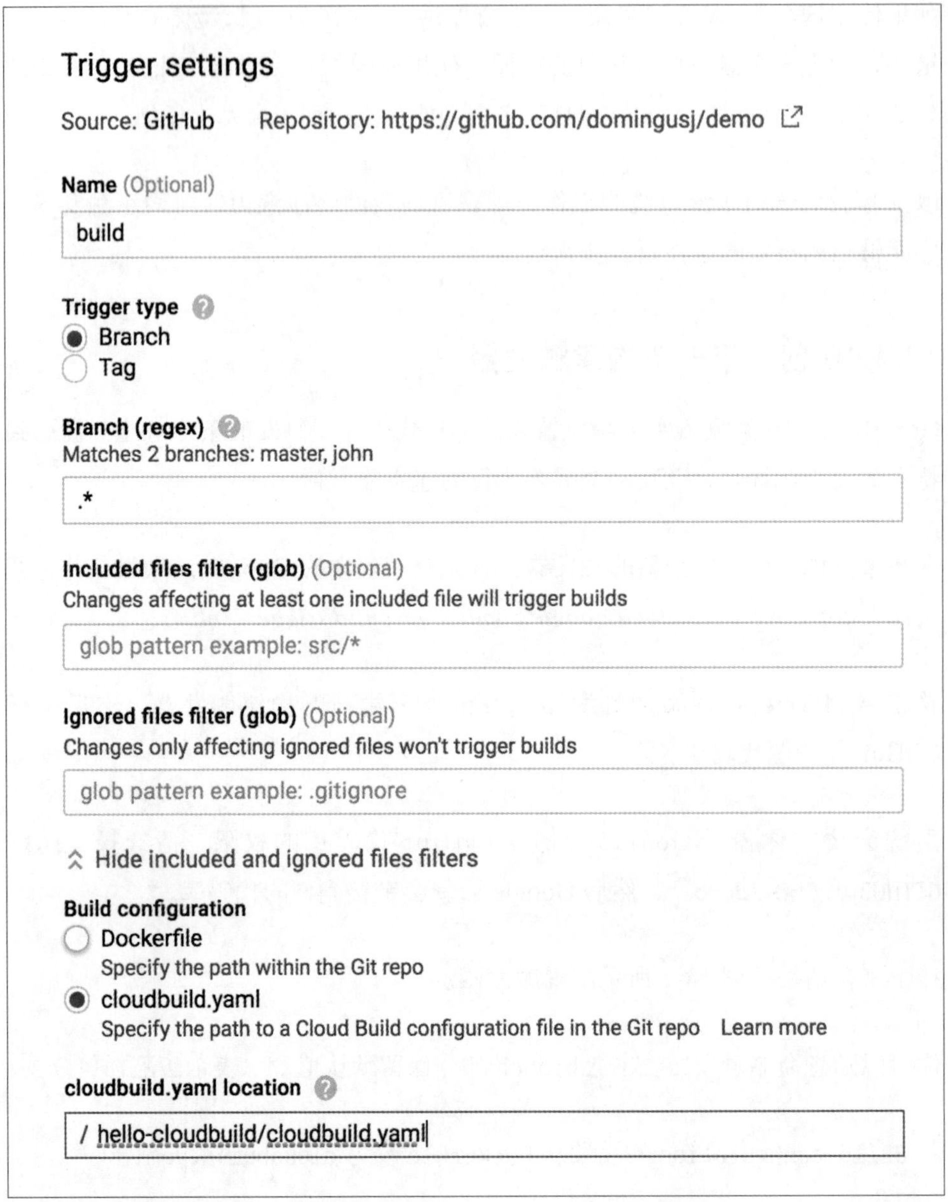

Trigger settings

Source: GitHub   Repository: https://github.com/domingusj/demo

Name (Optional)

build

Trigger type

Branch

Tag

Branch (regex)

Matches 2 branches: master, john

.*

Included files filter (glob) (Optional)

Changes affecting at least one included file will trigger builds

glob pattern example: src/*

Ignored files filter (glob) (Optional)

Changes only affecting ignored files won't trigger builds

glob pattern example: .gitignore

Hide included and ignored files filters

Build configuration

Dockerfile

Specify the path within the Git repo

cloudbuild.yaml

Specify the path to a Cloud Build configuration file in the Git repo   Learn more

cloudbuild.yaml location

/ hello-cloudbuild/cloudbuild.yaml

图 14-1：创建触发器

14.4.11 测试触发器

首先我们需要修改 demo 代码库的副本。例如，我们来创建一个新分支，将问候语 Hello 改为 Hola：

```
cd hello-cloudbuild
git checkout -b hola
Switched to a new branch hola
```

编辑*main.go*和*main_test.go*，将Hello替换为Hola（或任何你喜欢的问候语），然后保存这两个文件。

运行测试，看看一切是否正常：

```
go test
PASS
ok      github.com/cloudnativedevops/demo/hello-cloudbuild      0.011s
```

下面提交更改，并推送到分叉的代码库。如果一切顺利，那么这时 Google 云构建就会被触发，并启动一个新的构建。请打开页面：*https://console.cloud.google.com/cloud-build/builds*。

可以看到项目中近期构建的列表。列表的顶部显示了你刚刚推送的一个当前变更，可能仍在运行，也有可能已经完成。

希望你能看到绿色的对勾，这表明所有步骤均已通过。如果不是，则请检查构建的日志输出，看看失败的原因。

如果构建成功，那么容器应该已经发布到了你私有的 Google 容器仓库中，其标记是本次更改对应的 Git 提交的 SHA。

14.4.12 CD 流水线部署

现在你可以通过 Git 推送触发构建、运行测试并将最终容器发布到仓库。到此阶段时，容器就可以部署到 Kubernetes 了。

在这个示例中，我们假定有两个环境：一个生产环境 production，一个预发布环境 staging，而且我们将它们部署到不同的命名空间中：staging-demo 和 production-demo。

我们可以将 Google 云部署配置为：如果看到包含 Git 标签 staging 就部署到 staging；如果看到 Git 标签 production 则部署到 production。这需要通过一个单独的文件 *cloudbuild-deploy.yaml* 建立一个新的流水线。步骤如下。

获取 Kubernetes 集群的凭据

如果想使用 Helm 部署到 Kubernetes，那么需要通过配置 kubectl 与我们的集群通信：

```
- id: get-kube-config
  dir: hello-cloudbuild
  name: gcr.io/cloud-builders/kubectl
  env:
  - CLOUDSDK_CORE_PROJECT=${_CLOUDSDK_CORE_PROJECT}
  - CLOUDSDK_COMPUTE_ZONE=${_CLOUDSDK_COMPUTE_ZONE}
  - CLOUDSDK_CONTAINER_CLUSTER=${_CLOUDSDK_CONTAINER_CLUSTER}
  - KUBECONFIG=/workspace/.kube/config
  args:
    - cluster-info
```

这一步引用了一些变量，比如 ${_CLOUDSDK_CORE_PROJECT}。我们可以在构建触发器中定义这些变量（如本例所示），也可以在流水线文件的 substitutions 下定义：

```
substitutions:
  _CLOUDSDK_CORE_PROJECT=demo_project
```

用户定义的 substitutions 必须以下划线字符（ _ ）开头，并且只能使用大写字母和数字。Google 云构建还预定义了一些 substitutions，例如 $PROJECT_ID 和 $COMMIT_SHA（完整的列表，请参见 *https://cloud.google.com/cloud-build/docs/configuring-builds/substitute-variable-values*）。

此外，你还需要赋予Google云构建服务账号更改Kubernetes Engine集群的权限。在GCP的IAM部分下，为Google云构建服务账号指定你项目中的角色，即角色*Kubernetes Engine Developer* IAM。

添加环境标签

在这一步中，我们将使用触发部署时使用的Git标签来标记容器：

```
- id: update-deploy-tag
  dir: hello-cloudbuild
  name: gcr.io/cloud-builders/gcloud
  args:
    - container
    - images
    - add-tag
    - gcr.io/${PROJECT_ID}/demo:${COMMIT_SHA}
    - gcr.io/${PROJECT_ID}/demo:${TAG_NAME}
```

部署到集群

下面我们使用前面获得的Kubernetes凭据来运行Helm，以升级集群中的应用程序：

```
- id: deploy
  dir: hello-cloudbuild
  name: cloudnatived/helm-cloudbuilder
  env:
    - KUBECONFIG=/workspace/.kube/config
  args:
    - helm
    - upgrade
    - --install
    - ${TAG_NAME}-demo
    - --namespace=${TAG_NAME}-demo
    - --values
    - k8s/demo/${TAG_NAME}-values.yaml
    - --set
```

```
    - container.image=gcr.io/${PROJECT_ID}/demo
    - --set
    - container.tag=${COMMIT_SHA}
    - ./k8s/demo
```

我们还向 `helm upgrade` 命令传递了一些其他标志：

`namespace`
: 应用程序部署的目标命名空间。

`values`
: 该环境使用的 Helm 值文件。

`set container.image`
: 设置部署的容器名称。

`set container.tag`
: 部署带有指定标签（源自 Git SHA 的标签）的镜像。

14.4.13 创建部署触发器

下面，我们来添加部署到 `staging` 和 `production` 的触发器。

你可以按照 14.4.10 节中的介绍，在 Google 云构建中创建一个新的触发器，但这一次触发构建的条件是推送标签（而不是分支）。

另外，对于这个构建我们将不再使用 *hello-cloudbuild/cloudbuild.yaml*，而是换成 *hello-cloudbuild/cloudbuild-deploy.yaml*。

在 `Substitution variables` 部分，我们需要设置一些预发布构建专用的值：

- `_CLOUDSDK_CORE_PROJECT`：需要设置成运行 GKE 集群的 Google 云项目 ID。

- _CLOUDSDK_COMPUTE_ZONE：应该与集群可用区域一致。
- _CLOUDSDK_CONTAINER_CLUSTER：GKE 集群的实际名称。

这些变量意味着我们可以使用同一个 YAML 文件来部署预发布和生产，即使我们想在不同的集群甚至不同的 GCP 项目中运行这些环境。

在创建了 staging 标签的触发器后，我们来试试看将 staging 标签推到代码库：

```
git tag -f staging
git push -f origin refs/tags/staging
Total 0 (delta 0), reused 0 (delta 0)
To github.com:domingusj/demo.git
 * [new tag]         staging -> staging
```

和前面一样，你可以监视构建的进度。

如果一切按计划进行，则 Google 云构建应该能够成功地通过 GKE 集群的身份验证，并将应用程序的预发布版本部署到 staging-demo 命名空间中。

你可以检查 GKE 仪表板（或使用 helm status）来验证。

最后，按照相同的步骤创建触发器，在推送到 production 标签时部署到生产中。

14.4.14 优化构建流水线

如果你正在使用基于容器的 CD 流水线工具（比如 Google 云构建），则每个步骤的容器都应该尽可能保持最低限度（请参见 2.3.2 节）。每天你都需要运行成百上千的构建，臃肿的容器日益增加的拉取时间会成为隐患。

例如，如果你使用 Sops 解密机密数据（请参见 10.4 节），官方的 mozilla/sops 容器镜像约为 800 MiB。通过多阶段构建来构建自己的自定义镜像，可以将镜像的大小减小到大约 20 MiB。由于每次构建都需要拉取这个镜像，因此将其缩小 40 倍非常值得。

有一个版本的 Sops 提供了修改后的 Dockerfile，可以构建最低限度的容器镜像（请参见：*https://github.com/bitfield/sops*）。

14.4.15 调整示例流水线

我们希望以上示例演示了 CD 流水线的关键概念。如果你使用的是 Google 云构建，则可以从这个示例代码着手设置自己的流水线。如果你使用的是其他工具，则可以根据你自己的工作环境，调整本章介绍的步骤。

14.5 小结

为应用程序设置持续部署流水线可以帮助你通过一致、可靠且快速的方式部署软件。在理想情况下，开发人员只需将代码推送到源代码控制库中，而所有构建、测试和部署阶段都应该自动在集中式流水线中完成。

由于 CD 方面可选择的软件和技术太多，因此我们无法提供适用于每个人的统一解决方案。我们的目的是向你展示 CD 的优势以及原因，以及你在自己的组织中实现 CD 时需要考虑的一些重要事项：

- 在建立新流水线时，确定要使用的 CD 工具是一个重要的过程。我们在本书中提到的所有工具都可以融合到现有的 CD 工具中。
- Jenkins、GitLab、Drone、Google 云构建和 Spinnaker 只是众多可与 Kubernetes 配合使用的流行 CD 工具中的一部分。此外最新的 Gitkube、Flux 和 Keel 等工具是专门为自动部署 Kubernetes 集群而构建的。
- 使用代码定义构建流水线步骤，这样就可以与应用程序代码一起跟踪和修改。

- 在容器的帮助下，开发人员可以将构建的成果部署到所有环境（比如测试、预发布以及最终的生产），而且在理想状况下无需重建新容器。
- 我们的示例流水线使用了 Google 云构建，但经过调整后应该很容易应用于其他工具和类型的应用程序。无论使用哪种工具或哪种软件，总的来说任何 CD 流水线中的构建、测试以及部署步骤基本都相同。

第 15 章

可观察性和监控

Nothing is ever completely right aboard a ship.

—— William Langewiesche, The Outlaw Sea

在本章中，我们将探讨有关云原生应用程序的可观察性和监控的问题。什么是可观察性？它与监控有什么关系？如何在 Kubernetes 中执行监控、日志记录、度量指标和跟踪？

15.1 什么是可观察性？

你可能不太熟悉可观察性这个术语，尽管这个词越来越流行，指代的范畴也远远超过了传统的监控。首先，让我们来看看监控，进而再介绍可观察性在监控的基础之上做了哪些扩展。

15.1.1 什么是监控？

你的网站在正常工作吗？去检查一下，我们等着你。最基本的了解应用程序和服务是否正常工作的方法就是亲眼看一看。但是，当我们在开发运维的语境中谈论监控时，一般指的是自动监控。

自动监控是通过程序化的方式检查网站或服务的可用性或行为（通常是定期

检查），并通过某种自动化的方式来向人类工程师报告是否有问题。但是，如何定义问题呢？

15.1.2 黑盒监控

让我们以简单的静态网站为例，例如本书的博客网站（地址：*https://cloudnativedevopsblog.com/*）。

如果网站完全不能正常工作，则不会返回任何响应，或者你会在浏览器中看到一条错误消息（我们并不希望出现这种现象，但无人能确保万一）。因此，最简单的监控该网站的方法就是访问主页并检查 HTTP 状态码（200 表示请求成功）。你可以使用命令行 HTTP 客户端（例如 httpie 或 curl）来检查。如果客户端的退出状态不是零，则说明获取网站出现了问题。

但是，假设 Web 服务器配置出了问题，尽管服务器可以工作，而且还可以响应 HTTP 200 OK 状态，但实际上它只能提供空白页面（或某个默认页面、欢迎页面，甚至有可能是完全错误的站点）。我们这个简单的监控根本不会报错，因为 HTTP 请求成功了。但是，对于用户来说，这个网站实际上已经宕机了，因为他们看不到我们提供的丰富多彩的博客文章。

更为复杂的监控检查可能会寻找页面上某些特定的文本，比如“云原生开发运维”等。这种方式能够捕捉到配置错误但仍可正常运行的Web服务器的问题。

比静态页面更复杂的情况

可以想象，更复杂的网站则需要更复杂的监控。例如，如果网站提供用户登录的功能，则监控检查需要尝试使用预先创建好的用户账号登录，并在登录失败时发出警报。又或者，如果网站提供搜索功能，则检查的时候可能需要在文本字段中输入一些搜索文本，模拟单击搜索按钮，并验证结果是否包含某些预期的文本。

对于比较简单的网站，只需要回答“网站是否正常运行？”的问题可能就足够了，而答案也只能是“是”或“否”。对于云原生应用程序等更为复杂的分布式系统，我们可能需要考虑很多问题：

- 世界各地的用户都可以使用我的应用程序吗？还是仅限某些地区？
- 大部分用户加载需要多长时间？
- 下载速度较慢的用户呢？
- 网站上所有的功能都能按预期工作吗？
- 某些功能是否运行缓慢或者压根不能用，有多少用户受到影响？
- 如果依赖第三方服务，那么当该外部服务出现故障或不可用时，我的应用程序会如何处理？
- 如果我的云提供商出现故障，情况会怎样？

很明显，云原生分布式系统的监视并没有清晰的方案。

黑盒监控的局限性

然而，无论这些检查多么复杂，它们仍属于同一类别的监控，即黑盒监控。顾名思义，黑盒检查仅观察系统的外部行为，不会尝试观察系统内部的情况。

直到几年前，处于领先地位的依然是由 Nagios、Icinga、Zabbix、Sensu 和 Check_MK 等流行工具执行的黑盒监控。有一点很肯定，与完全没有监控的系统相比，实施任何类型的自动监控都是巨大的进步。然而，黑盒检查存在一些局限性：

- 只能检测可预测的故障（例如网站没有响应）。
- 只能检查暴露在外部的系统行为。

- 黑盒检查是被动式和反应式的检查，仅在出现问题后才能发现。
- 只能检测出“哪里出了问题？”但不能进一步找出问题的原因。

为了找出问题的原因，我们需要比黑盒监控更进一步。

这种“正常 / 宕机测试”（Up/Down Test）还有一个问题：“正常”指什么？

15.1.3 “正常”指什么？

在运维中，我们习惯于使用正常运行时间（uptime）来测量应用程序的弹性和可用性，通常以百分比衡量。例如，一个正常运行时间为 99% 的应用程序，无法正常使用的时间不能超过 1%。正常运行时间为 99.9%（又名 3 个 9 标准）则意味着每年的故障时间约为 9 个小时，对于一般的 Web 应用程序来说，这已经很不错了。4 个 9（99.99%）的年故障时间不到一个小时，5 个 9（99.999%）则约为五分钟。

因此，你可能觉得 9 越多越好。但是，这种观点忽略了重要的一点：

> 如果用户不满意，再多 9 也没用。
>
> —— Charity Majors

如果用户不满意，再多 9 也没用

我们常说，凡是被衡量的东西都会被最大化。因此，在决定衡量什么时请务必要谨慎。如果你的服务不适合用户，则无论内部指标如何都无关紧要，因为你的服务已经完蛋了。服务引发用户不满的因素多种多样，即便表面上看来服务仍在正常运行也无济于事。

举个显而易见的例子，如果你的网站加载需要 10s，那么会怎样？即便加载完成后，网站仍可正常工作，但是如果响应速度太慢，那么也于事无补，用户早就流失了。

为了解决这个问题，传统的黑盒监控可能会衡量加载时间，比如将加载时间小于 5s 定义为正常，一旦超过就认为服务宕机，并生成警报。但是，如果每个用户的加载时间差异很大，比如 2-10s，那么该怎么办？使用这种硬性阈值，你可能会认为对于有些用户服务是宕机的，而对于有些用户则是正常的。如果北美用户的加载时间没问题，但是欧洲或亚洲的用户不能使用，应该算正常还是算宕机？

云原生应用程序永远不会“正常”

尽管你可以继续使用更复杂的规则和阈值，来决定服务状态何时正常何时宕机，但事实上，这个问题本身存在着无法弥补的缺陷。云原生应用程序这类的分布式系统永远都不会“正常”，部分降级是它们的恒定常态。

这类问题又名灰色故障（Gray Failure）。灰色故障的定义表明它很难检测到，尤其是从单个角度或单个观察结果来看。

因此，尽管黑盒监控可以作为可观察性的着手点，但重要的是要认识到你不能止步于此。下面我们来看看有没有更好的方法。

15.1.4 日志

大多数应用程序都会生成某种日志。日志是一系列记录，一般都带有某种时间戳，用以表明记录的生成时间以及顺序。例如，Web 服务器会将每个请求都记录在日志中，其中包括以下信息：

- 请求的 URI。
- 客户端的 IP 地址。
- 响应的 HTTP 状态。

如果应用程序遇到错误，通常日志会记录这个事实以及一些可能有助于（也可能没什么帮助）运维人员找出问题发生原因的信息。

通常，来自多个应用程序和服务的日志会被汇总到一个中央数据库（例如 Elasticsearch），为故障排除提供查询和图表。Logstash 和 Kibana 等工具，或 Splunk 和 Loggly 等托管服务可以帮助你收集和分析大量日志数据。

日志记录的局限性

虽然日志非常有用，但也有其局限性。日志记录什么或不记录什么，是由程序员在编写应用程序时决定的。因此，就像黑匣子检查一样，日志只能回答问题，或发现可以提前预知的问题。

此外，从日志中提取信息也很困难，因为每个应用程序记录日志的格式都不相同，而运维人员经常需要针对每种类型的日志记录编写自定义的解析器，将其转换为方便使用的数字或事件数据。

由于日志必须记录足够的信息才能诊断任何可能出现的问题，因此通常日志中的信噪比都很高。如果记录所有内容，那么在寻找某一条错误信息时往往需要遍历数百页的日志，难度非常大且非常耗时。如果只记录偶尔出现的错误，则很难知道正常情况下是什么样子。

日志很难伸缩

此外，日志在根据流量进行伸缩方面的表现并不好。如果每个用户请求都生成一行日志，而且还需要送到聚合器，则可能会占用大量网络带宽（因此导致无法为用户提供服务），并且日志聚合器也可能会成为瓶颈。

许多托管的日志记录提供商还会根据你生成的日志量收费，这种做法可以理解，但不幸的是：这无疑是鼓励你减少日志记录、减少用户数量和服务流量！

自托管日志记录解决方案也是如此，存储的数据越多，所需承担的硬件、存储以及网络资源费用就越高，而且为了保证日志聚合正常工作需要付出的工程时间就越多。

Kubernetes 中的日志记录有用吗？

在 7.3.1 节中，我们讨论了容器如何生成日志以及如何在 Kubernetes 中直接检查日志。这是一种非常实用的调试单个容器的技术。

如果你使用日志记录，则不要使用纯文本记录，应该使用某种形式的结构化数据，例如 JSON，它可以自动被解析（请参见 15.2 节）。

尽管集中式日志聚合（ELK 之类的服务）对 Kubernetes 应用程序很有用，但仅靠日志还不够。有些业务用例（例如审计和安全要求，或客户分析）的确会使用中心式日志，但日志无法提供真正的可观察性所需的全部信息。

为此，我们不能局限于日志，必须拓宽视野寻找更强大的手段。

15.1.5 指标

更复杂的收集服务信息的方法是使用指标。顾名思义，指标是某种事 物的数字度量标准。根据应用程序，相关的指标可能包括：

- 当前正在处理的请求数。
- 每分钟（或每秒、每小时）处理的请求数。
- 处理请求时遇到的错误数。
- 处理请求所花费的平均时间（或高峰时期的响应时间，或 99 百分位响应时间）。

收集有关基础设施以及应用程序的指标也很有用：

- 各个进程或容器的 CPU 使用率。
- 节点和服务器的磁盘 I/O 活动。
- 计算机、集群或负载均衡器的入 / 出网络流量。

指标能够找出原因

指标打开了监控的新维度，使得监控不再是简单的工作或不工作的问题。就像汽车上的速度计或温控器上的温度标尺一样，指标可以为你提供有关当前状况的数字信息。与日志不同，我们可以通过各种方式轻松地处理指标：绘制图表、做统计或预定义发出警报的阈值。例如，如果应用程序的错误率在给定时间内超过 10%，则监视系统可以发出警报。

此外，指标还可以找出问题的原因。例如，假设用户感觉应用的响应时间过长（高延迟），那么检查指标，你就可以发现延迟指标的峰值与特定机器或组件 CPU 使用率指标的峰值相一致。这个线索可以告诉你应该从哪里开始寻找问题。这个组件可能被堵塞，或在反复重试某些失败的操作，或者其主机节点可能存在硬件问题。

指标有助于预测问题的出现

同样，指标也可以用来预测，冰冻三尺非一日之寒，在你或你的用户注意到某个问题之前，某些指标的上升可能表明问题已经出现。

例如，服务器的磁盘使用率指标可能会逐渐上升，并随着时间的推移，一直上升到磁盘空间不足，导致故障发生。如果在指标步入故障区域之前就发出警报，那么完全可以防止故障发生。

有些系统甚至使用机器学习技术来分析指标、检测异常及其原因。这种做法很有帮助，尤其是在复杂的分布式系统中，但对于大多数系统来说，通过某种方法来收集指标、绘制图形并发出警报就足够了。

从内部监控应用程序的指标

使用黑盒检查时，运维人员必须猜测应用程序或服务的内部实现，并预测可能发生的故障类型，以及对外部行为的影响。相比之下，指标允许应用程序的开发人员根据他们对系统实际工作方式（以及故障）的了解，导出系统不常为人知的关键信息：

> 不要再实施应用程序的逆向工程，应该从内部开始监控应用程序。
>
> —— Kelsey Hightower，Monitorama 2016（地址：*https://vimeo.com/173610242*）

Prometheus、statsd 和 Graphite 等工具，或者 Datadog、New Relic 和 Dynatrace 等托管服务被广泛用于收集和管理指标数据。

我们将在第 16 章中详细讨论指标，包括你应该关注哪些类别的指标，以及应如何利用这些指标。下面，我们来看一看有关可观察性的最后一点：跟踪。

15.1.6 跟踪

跟踪是监控工具箱中的另一项实用技术。在分布式系统中跟踪尤其重要。指标和日志可以让你了解系统中每个组件的运行状况，而跟踪则可以记录某个用户请求的整个生命周期。

假设你想弄清楚为什么某些用户的请求等待时间非常长。你检查了每个系统组件的指标，包括负载均衡器、ingress、Web 服务器、应用程序服务器、数据库、消息总线等，但一切看起来都很正常。究竟怎么回事呢？

如果从用户打开连接就开始跟踪某个请求（最好是具有代表性的请求），一直到连接关闭，那么就可以大致了解到请求在经过系统时，每个阶段的延迟情况。

例如，你可能会发现流水线的每个阶段处理请求所花费的时间是正常的，除了连接数据库（是正常情况的 100 倍）之外。尽管数据库运行良好，而且指标没有问题，但是由于某些原因，应用程序服务器必须等待很长时间才能完成数据库的请求。

最终，你发现问题可以归结为应用程序服务器和数据库服务器之间一条特定网络链接上的大量数据包丢失。如果没有分布式跟踪提供的请求视图，则很难找到这样的问题。

一些流行的分布式跟踪工具包括 Zipkin、Jaeger 和 LightStep 等。工程师 Masroor Hasan 写了一篇博客文章（地址：*https://medium.com/@masroor.hasan/tracing-infrastructure-with-jaeger-on-kubernetes-6800132a677*），描述了如何使用 Jaeger 在 Kubernetes 中进行分布式跟踪。

OpenTracing 框架（云原生计算基金会的一部分）旨在为分布式跟踪提供一组标准的 API 和库。

15.1.7 可观察性

由于监控一词对不同的人来说具有不同的含义，从简单的黑盒检查到指标、日志和跟踪的组合，这些都可以叫作监控，因此人们越来越普遍地使用可观察性一词作为涵盖所有这些技术的统称。系统的可观察性可以衡量系统的良好运行程度，以及发现系统内部运行情况的难易程度。有人说可观察性是监控的超集，而有些人则认为可观察性反映了与传统监控完全不同的思维方式。

区分这些术语的最有效方法是：监控可以告诉你系统是否正常运行；而可观察性则可以帮助你发现为什么系统无法正常运行。

可观察性表示对系统的理解

一般而言，可观察性表示对系统的理解，即理解你的系统可以做什么以及如何做。例如，如果你想推出某个代码变更，目的是将特定功能的性能提高 10%，则可观察性可以告诉你此次代码变更是否有效。如果性能只提高了一点点，或者甚至略微降低了，则你需要重新检查代码。

另一方面，如果性能提高了 20%，则表明此次代码变更超出了预期，也许你需要思考为什么你的预期偏低。可观察性可以帮助你建立和完善有关系统的不同部分如何交互的思维模型。

此外，可观察性也表示数据。我们需要知道要生成什么数据，收集什么数据，如何对其进行汇总（如果需要的话），关注哪些结果以及如何查询和显示数据。

软件是不透明的

在传统的监控中，我们有很多机器方面的数据：CPU 负载、磁盘活动、网络数据包等。但是，我们很难根据这些数据反向推断出软件的行为。我们需要对软件本身进行检测：

> 在默认情况下，软件是不透明的；它必须生成数据，人们才能了解它在做什么。在可观察的系统中，人们能够回答“系统是否正常工作？”之类的问题，而且如果答案是否定的，则可以诊断出影响的范围并找出问题所在。
>
> —— Christine Spang（Nylas）

建立可观察性文化

一般来说，可观察性与文化有关。开发运维理念的主要宗旨是在开发代码与在大规模生产环境中运行代码之间形成闭环。可观察性是创造这种闭环的主要工具。开发人员和运维人员需要紧密合作，对服务进行观测，然后找出使用和提供信息的最佳方法：

> 可观察性团队的目标不是收集日志、指标或跟踪。它的目标是基于事实和反馈建立工程的文化，并将这种文化传播到更广泛地组织中。
>
> —— Brian Knox（DigitalOcean）

15.2 可观测性流水线

从实践的角度看，如何建立可观察性呢？通常，我们需要以特定的方式将多个数据源（日志、指标等）连接到各种不同的数据存储。

例如，日志可能需要发送到 ELK 服务器，指标则需要发送到 3 ～ 4 个不同的托管服务，而传统的监控服务则需要报告给另一个服务。这种情况并不理想。

首先，这种做法很难扩展。你拥有的数据源和存储越多，它们之间的连接就越多，连接之间的流量也就越多。而你本不应该在稳定所有这些不同类型的连接上投入任何工程时间。

其次，系统与特定解决方案或提供商的集成越紧密，修改或尝试其他方案的难度就越大。

有一种解决该问题的方法日益流行，那就是可观察性流水线（参考链接：*https://dzone.com/articles/the-observability-pipeline*）：

> 可观察性流水线可以将数据源从目标中解耦出来，并在二者之间提供缓冲。如此一来，可观察性数据就更易于消费。我们不再需要弄清楚容器、虚拟机和基础设施发送了哪些数据，发送到哪里以及如何发送。所有数据只需发送到流水线，然后由流水线进行过滤并将数据发送到正确的位置。这样我们也可以更灵活地添加或删除数据接收器，而且流水线还在数据生产者和消费者之间提供了缓冲。
>
> —— Tyler Treat

可观察性流水线带来了巨大的优势。添加新数据源只需将其连接到流水线即可。同样，新的可视化或报警服务也只是流水线的消费者。

由于流水线会缓冲数据，因此数据不会再出现丢失的现象。如果流量突然增加并导致指标数据过载，则流水线会缓冲这些数据，而不会丢弃样本。

使用可观察性流水线需要一种标准的指标格式（请参见 16.6.1 节），最好使用 JSON 或其他一些合理的序列化数据格式来记录应用程序结构化的日志。而且应当从一开始就建立结构化的数据，而不是发送原始的文本日志，稍后再使用脆弱的正则表达式进行解析。

15.3 Kubernetes 中的监控

下面我们来介绍一下什么是黑盒监控，以及它与可观察性的一般性联系，首先我们来看看 Kubernetes 应用程序中的监控应用。

15.3.1 外部的黑盒检查

如上所述，黑盒监控只能告诉你应用程序是否已经宕机。但这仍然是非常有用的信息。云原生应用程序可能会出现各种问题，同时仍然可以接受某些请求。工程师可以解决内部的问题，例如慢查询和错误率过高等，而用户则根本意识不到这些问题。

但是，有些严重的问题会导致服务全面中断，即应用程序下线，或大多数用户都无法使用。这对用户不利，而且根据应用程序不同，也有可能对你的业务产生严重影响。为了检测中断，监控需要像用户一样使用服务。

监控需要模仿用户行为

例如，如果是一个 HTTP 服务，则监控系统需要向它发送 HTTP 请求，而不仅仅是 TCP 连接。如果服务只返回静态文本，则监控可以检查这个文本是否与某些预期的字符串相匹配。通常，实际的情况会更复杂一点，正如 15.1.2 节的介绍，你的检查可能也会更加复杂。

虽然在服务中断的情况下，很可能简单的文本匹配就足以告诉你应用程序已宕机。但是，仅从基础设施内部（例如在 Kubernetes 中）进行这些黑盒检查还不够。用户和基础设施外部边缘之间的各种问题和故障都可能导致服务中断，包括：

- 错误的 DNS 记录。
- 网络分区。

- 数据包丢失。
- 路由配置错误。
- 防火墙规则缺失或错误。
- 云提供商中断。

在所有这些情况下，你的内部指标和监控可能完全不会发现问题。因此，最重要的可观察性任务应该是从你自己的基础设施外部的某个点上监控服务的可用性。有许多第三方服务可以执行这种监控（有时称为监控即服务，*Monitoring as a Service*，MaaS），包括 Uptime Robot、Pingdom 和 Wormly。

不要自行构建监控基础架构

这些服务大多数都提供免费套餐或非常便宜的订阅，而且支付的这些服务费用最终都可以计入运营费用。不要尝试自行构建外部监控基础设施。不值得这么做。Uptime Robot 专业版一年的订阅费还不够支付工程师一小时的费用。

在选择外部监控提供商时，你需要考察以下几个关键的功能：

- 检测 HTTP/HTTPS。
- 检测 TLS 证书是否失效或已过期。
- 关键字匹配（当关键字缺失或存在时发出警报）。
- 通过 API 自动创建或更新检查。
- 通过电子邮件、短信、Webhook 或其他一些简单的机制发出警报。

本书始终坚持基础设施即代码的理念，因此这里也应该使用代码自动执行外部监视检查。例如，Uptime Robot 拥有创建新检查的 REST API，而且你可以使用客户端库或 `uptimerobot` 之类的命令行工具实现自动化。

其实使用哪种外部监控服务并不重要，只要选用一种就行。但是不能止步于此。在下一节中，我们将看到如何监控 Kubernetes 集群本身内部应用程序的运行状况。

15.3.2 内部健康检查

云原生应用程序出现问题的原因复杂、不可预测且难以检测。应用程序的设计必须具备弹性，并在遇到意外故障时优雅地降级，但讽刺的是，它们的弹性越好，就越难通过黑盒监控检测到这些故障。

为了解决这个问题，应用程序可以自行展开健康检查，并且应该这样做。某个功能或服务的开发人员最了解怎样才能保持健康，而且他们可以编写代码检查结果，并通过容器外部（例如 HTTP 端点）的监控公开结果。

用户是否满意?

正如我们在 5.2.1 节中的介绍，Kubernetes 为我们提供了一种简单的机制用于检查应用程序的存活或就绪状态，因此这是一个不错的起点。通常，Kubernetes 的存活探针或就绪探针都很简单，应用程序遇到任何请求都会响应“OK”。因此，如果没有响应，则 Kubernetes 会认为应用程序已关闭或未就绪。

然而，许多程序员都有痛苦的经历，他们明白即便程序仍在运行，也不一定意味着它在正常工作。更高级的就绪探针应该搞清楚：“应用程序需要什么才能完成工作？”

例如，如果应用程序需要与数据库对话，则可以检查据库连接是否有效且能迅速响应。如果应用程序依赖其他服务，则可以检查这些服务的可用性（但是，由于健康检查的运行非常频繁，因此不应该执行任何可能会影响到实际服务用户请求的昂贵操作）。

请注意，在遇到就绪探针时我们仍然会返回“是与否”的二元响应。只不过这次的答案包含的信息更多。我们在设法更准确地回答这样一个问题：“用户是否满意？”

服务和断路器

如你所知，如果容器的存活探针失败，则 Kubernetes 会以指数补偿的方式自动重试探针。在容器没有问题，但其中一个依赖项出现问题的情况下，存活探针并没有太大用处。而另一方面，就绪检查失败的含义是：“我很好，但目前无法服务用户的请求。”

在这种情况下，该容器将从所有以它为后端的服务中删除，Kubernetes 也会停止向该容器发送请求，直到容器再次准备就绪为止。这种处理依赖关系失败的方法更好。

假设你有一个包含 10 个微服务的微服务链，每个微服务的关键部分都依赖于下一个。如果这条链中的最后一个服务出了问题，那么倒数第二个服务就会检测到，并开始让自己的就绪探针失败。这时 Kubernetes 会断开它的连接，并且微服务链中的下一个服务会检测到这个情况，依此类推。最终，前端服务将失败，而黑盒监控的警报将被触发（但愿如此）。

等到基础服务的问题解决后，或者通过自动重启得到了解决，该链中的所有其他服务将自动进入准备就绪状态，无需重启，也不会丢失任何状态。这是所谓的断路器模式（请参考：*https://martinfowler.com/bliki/CircuitBreaker.html*）。当应用程序检测到下游故障时，它将自行退出服务（通过就绪检查），以防止在问题得到解决之前，收到更多的请求。

优雅地降级

断路器对于尽快解决问题很有用，但设计服务时应当避免当因一个或多个组件服务不可用而导致整个系故障。相反，你应该设法让服务优雅地降级，即使它们无法完成应当承担的所有工作，但也仍然可以完成其中的部分工作。

在分布式系统中，我们必须假设组件和连接总会莫名地、间歇地发生故障。弹性系统能够处理这个问题，而不会完全宕机。

15.4 小结

关于监控的内容很多。由于篇幅限制， 在此不再赘述，但是我们希望通过本章的学习，你能够了解传统的监控技术、它们的功能和局限性，以及云原生环境中的监控有何不同。

可观察性的概念所涉及的范围远比传统的日志文件和黑盒检查更广泛。指标构成了这一概念的重要部分，在下一章（也就是最后一章）中，我们将带你深入了解 Kubernetes 中的各项指标。

但在此之前，我们先来回顾一下本章的重想：

- 黑盒监控通过观察系统的外部行为，检测可预测的故障。
- 分布式系统暴露了传统监控的局限性，因为分布式系统没有完全正常运行或完全宕机的状态，部分降级的服务是它们的恒定常态。换句话说，这条船上没有完全正确的东西。
- 日志对于事件发生后的故障排除很有用，但是很难扩展。
- 指标开辟了一个新的维度，不再简单地表示工作 / 不工作之别，它提供的连续数字类型的时间序列数据涉及到系统的方方面面。
- 指标可以帮助你发现问题的原因，并在服务中断之前发现出现问题的趋势。
- 跟踪能够记录某个请求生命周期内的各个事件以及准确的时间，以帮助你调试性能问题。
- 可观察性是传统的监控、日志记录、指标和跟踪以及其他了解系统的方式的结合。
- 可观察性还代表了根据事实和反馈向工程团队文化的转变。

- 通过外部黑盒检查来检查面向用户的服务是否正常非常重要，但不要尝试构建自己的服务，请使用 Uptime Robot 等第三方监控服务。

- 如果用户不满意，再多 9 也没用。

第 16 章

Kubernetes 指标

It is possible to know so much about a subject that you become totally ignorant.

—— Frank Herbert, Chapterhouse: Dune

在本章中，我们将介绍第 15 章提到的指标概念，并深入探讨以下细节：哪些指标对云原生服务很重要，如何选择需要关注的指标，如何通过分析指标数据获得可付诸行动的信息，以及如何将原始的指标数据转换成实用的仪表板和警告？最后，我们还将简要介绍一些指标的工具以及平台。

16.1 什么是指标？

由于在开发运维领域中，以指标为中心的可观察性方法相对较新，因此我们来讨论一下什么是指标，以及如何才能最有效地利用指标。

正如 15.1.5 节中的介绍，指标是某种事物的数字度量标准。传统服务器领域中最常见的指标是某台计算机的内存使用状况。如果当前分配给用户进程的物理内存只占 10%，则该计算机拥有闲置的容量。但是，如果 90% 的内存都在使用中，则这台机器很忙。

因此，指标可以告诉我们一种非常有价值的信息，那就是特定时刻的快照。

但是指标能做的远不止于此。内存使用率会随着工作负载的启动与停止而不停地上升和下降，但有时我们感兴趣的是内存使用率随时间的变化。

16.1.1 时间序列数据

定期采样内存的使用状况，就可以创建该数据的时间序列。图 16-1 展示了某个 Google Kubernetes Engine 节点上一周内内存使用率的时间序列数据图。与几个瞬时值相比，这张图能够让我们更加清楚地了解目前的状况。

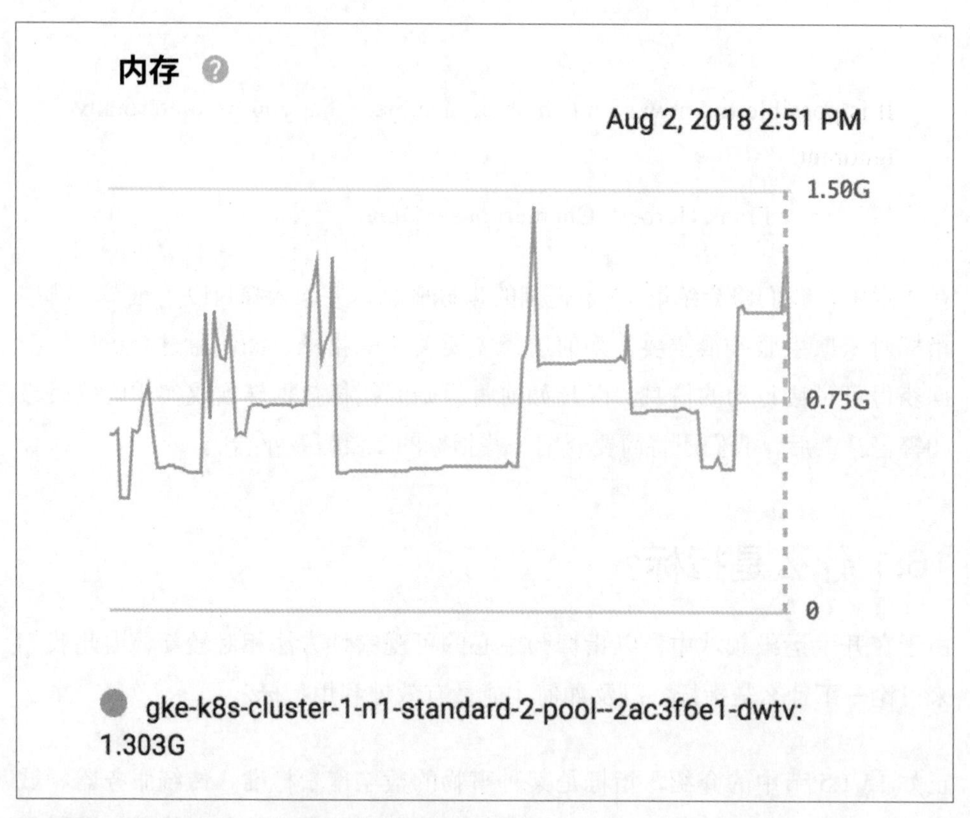

图 16-1：GKE 节点上内存使用率的时间序列图

我们感兴趣的面向云原生可观察性的大多数指标都通过时间序列表示。它们都是数字类型的值。与日志数据不同，例如你可以针对指标进行数学运算和统计。

16.1.2 计数器和计量器

指标是什么类型的数字？虽然有些数量可以用整数表示（例如计算机的物理 CPU 数量），但大多数都需要用小数表示，为了省去处理两种不同类型的数字的麻烦，指标往往都用浮点小数来表示。

因此，指标主要有两种类型：计数器和计量器。计数器只能增加（或重置为零），适用于测量服务请求数量和收到的错误数量等。另一方面，计量器可以增加或减少，适用于连续变化的数量（例如内存使用率）或表示其他数量的比率。

有些问题的答案只能是“是”或“否”，例如，特定端点是否正在响应 HTTP 连接。在这种情况下，合适的指标应为取值范围有限的计量器，比如 0 和 1。

例如，端点的 HTTP 检测可命名为 `http.can_connect`，当端点响应时其值为 1，否则为 0。

16.1.3 指标可以告诉我们什么？

指标有什么用？正如本章前面所述，指标可以告诉你何时出现了问题。例如，如果错误率突然上升（或技术支持页面的访问请求数量突然上升），则可能表明有问题。你可以在某些指标到达阈值时自动生成警报。

此外，指标还可以告诉你当前的状况，例如你的应用程序目前能够支持多少个用户同时访问。这些数字的长期趋势对于运维决策和商业智能都非常重要。

16.2 选择指标

刚开始的时候，你可能会认为“如果指标是好东西，那么肯定是越多越好！”但事实并非如此。你不可能监控所有的指标。例如，Google Stackdriver 公开了数百种有关云资源的指标，其中包括：

instance/network/sent_packets_count

每个计算实例发送的网络数据包数量。

storage/object_count

每个存储桶中的对象总数。

container/cpu/utilization

容器当前正在使用的 CPU 配额百分比。

以及很多其他指标（请参见：*https://cloud.google.com/monitoring/api/metrics*）。即使你可以一次性显示所有指标的图表（你需要一个比房子还要大的监控显示屏），也永远无法消化所有的信息，更不用说从中推断出任何有用的信息了。因此，我们需要找出我们关心的一套指标。

那么，在观察应用程序时应该关注什么？这个问题只有你自己才能回答，但是我们有一些可能会有所帮助的建议。本节的其余部分将概述可观察性的一些常见指标模式，这些模式针对不同的受众，满足不同的需求。

值得一提的是，这是一次展开开发运维合作的绝佳机会，你应该在开发刚开始（而不是结束的时候，请参见 1.2.4 节）的时候就思考和讨论需要哪些指标。

16.2.1 服务：RED 模式

大多数使用 Kubernetes 的人都会运行某种 Web 服务：用户发出请求，然后由应用程序发送响应。这里的用户可以是程序或其他服务，而在基于微服务的分布式系统中，每个服务都会向其他服务发送请求，并利用结果为更多服务提供信息。无论是何种方式，这都是一个请求驱动的系统。

那么，请求驱动系统中有什么值得了解的信息？

- 一个很明显的信息就是收到的请求数量。
- 另一个是各种方式下失败的请求数量，即错误的数量。

- 第三个重要的指标是每个请求的持续时间。你可以借此了解服务的性能如何，以及用户的不满程度。

RED 模式（Requests Errors Duration，请求 - 错误 - 持续时间）是一种经典的可观察性工具，最早可追溯到在线服务的早期时代。Google 的《Site Reliability Engineering》一书提出了“四个黄金信号”的概念，即请求、错误、持续时间和饱和度（我们稍后再讨论饱和度）。

工程师 Tom Wilkie 提出了 *RED* 这一缩写，并在博客文章中概述了这种模式背后的基本原理：

> 为什么每个服务都应该测量相同的指标？当然每个服务都不一样，但从监控的角度来看，统一处理每个服务可以提高运维团队的可伸缩性。每个服务的外观、感觉和体验都相同，则可以减轻负责响应事件的人员的认知负担。此外，如果所有服务都统一处理，那么许多重复性的任务都可以自动化。
>
> ——Tom Wilkie

我们如何精确地测量这些数字呢？由于请求总数只会不断增加，因此更有意义的做法是测量请求率，即每秒的请求数。我们可以通过请求率看出给定时间间隔内系统处理的流量。

由于错误率与请求率有关，因此我们还可以测量错误与请求的百分比。因此，例如，常见的服务仪表板可以显示：

- 每秒收到的请求数。
- 返回错误占请求的百分比。
- 请求的持续时间（也称为延迟）。

16.2.2 资源：USE 模式

上面我们看到，RED 模式可以提供有关服务性能以及用户体验方式的重要信息。你可以将其视为一种自上而下查看可观察性数据的方法。

另一方面，由 Netflix 性能工程师 Brendan Gregg 提出的 USE 模式则是一种自下而上的方法，旨在帮助我们分析性能问题并发现瓶颈。USE 代表利用率（Utilization）、饱和度（Saturation）与错误（Errors）。

USE 关注的是资源而不是服务，即物理服务器组件（例如 CPU 和磁盘）或网络接口和连接。其中任何一个都可能成为系统性能的瓶颈，而 USE 指标可以帮助我们找出：

利用率

　资源忙于处理请求的平均时间，或当前正在使用的资源容量。例如，如果 90% 的磁盘已满，则该磁盘的利用率为 90%。

饱和度

　资源的过载程度，或等待该资源的请求队列长度。例如，如果有 10 个进程正在等待某个 CPU，则其饱和度值为 10。

错误

　操作该资源失败的次数。例如，有坏扇区的磁盘，其错误数量可能为 25 次读失败。

测量系统中关键资源的数据是发现瓶颈的好方法。利用率低，不饱和且没有错误的资源都没有问题；反之则需要小心。例如，如果某个网络连接已饱和或出现大量错误，则很有可能引发整体性能问题。

> USE 方法是一种简单的策略，可针对系统运行状况进行全面检查，找出常见的瓶颈和错误。你可以在调查的早期阶段应用该策略，并快速确定问题区域，然后在需要时通过其他方法详细调查。

> USE 的优势在于它的速度和可见性。它能够总览所有资源，因此你不会忽略任何问题。然而，它只适合于发现某些类型的问题（瓶颈和错误），因此只是众多工具中的一种。
>
> —— Brendan Gregg

16.2.3 业务指标

上面我们介绍了开发人员最感兴趣的应用程序和服务指标（请参见 16.2.1 节），以及面向运维人员和基础设施工程师的硬件指标（请参见 16.2.2 节）。但是业务指标呢？可观察性是否可以帮助经理和行政人员了解业务绩效，并为他们提供重要的业务决策信息呢？哪些指标对他们有帮助呢？

大多数企业都在跟踪相关的关键绩效指标（KPI），例如销售收入、利润率和客户购置成本等。这些指标通常来自财务部门，不需要开发人员和基础设施人员的支持。

然而，还有一些业务指标可以由应用程序和服务生成。例如，软件即服务（SaaS）产品之类的订阅业务需要了解有关订阅者的数据：

- 渠道分析：多少人访问了登录页面，多少人点击进入了注册页面，多少人完成了交易等。
- 注册率和取消率（流失率）。
- 每位客户的收入（用于计算每月的经常性收入、每位客户的平均收入以及客户的终身价值）。
- 帮助与支持页面的有效性，例如多少人在“该页面是否解决了您的问题？”的问题中给出了“是”的答案。
- 系统状态公告页面的流量：通常在系统发生中断或服务降级时该页面的访问量会激增。

与通过处理日志和查询数据库来分析情况相比，利用应用程序生成的实时指标数据收集此类信息更为简便。通过检测应用程序生成指标时，请不要忽略关系到业务的重要信息。

业务及客户参与度专家所需的可观察性信息，与技术专家所需的可观察性信息之间不一定有明确的界线。实际上，二者之间有很多交集。我们应该尽早与所有利益相关者讨论指标，并就需要收集哪些数据、多久收集一次、如何汇总等问题达成一致。

尽管如此，这两组人对要收集的可观察性数据有不同的问题，因此每组人都需要使用各自的视图来查看数据。你可以使用公共数据湖为每组人创建不同的仪表板（请参见 16.4 节）和报告。

16.2.4 Kubernetes 指标

上述，我们从总体上讨论了可观察性和指标，并研究了不同类型的数据及其分析方法。那么，我们应该如何在 Kubernetes 中应用这一切呢？对于 Kubernetes 集群而言，哪些指标值得跟踪？而这些指标又可以帮助我们做出哪些决策呢？

在最底层，一款名为 `cAdvisor` 的工具可以监控每个集群节点上运行的容器使用资源的情况和性能统计信息，例如，每个容器使用了多少 CPU、内存和磁盘空间。cAdvisor 是 Kubelet 的一部分。

Kubernetes 会通过查询 Kubelet 来消费 cAdvisor 的数据，并使用这些信息来决定调度、自动伸缩等。但是，你也可以将这些数据导出到第三方指标服务，然后显示成图表并发出警报。例如，你可以跟踪每个容器使用 CPU 和内存的情况。

此外，你还可以使用一款名叫 `kube-state-metrics` 的工具来监视 Kubernetes 本身。该工具会监听 Kubernetes API 并报告有关逻辑对象（例如节点、Pod

和部署）的信息。这些数据对集群可观察性非常重要。例如，如果某个部署配置了一些副本，但由于某种原因（也许是因为该集群没有足够的容量），这些副本目前无法被调度，那么你肯定想知道。

像往常一样，问题不在于指标数据不足，而是你需要决定关注、跟踪以及可视化哪些关键指标。下面是一些建议。

集群健康指标

为了从最高层监视集群的运行状况和性能，你至少应该考虑以下指标：

- 节点数。
- 节点的健康状态。
- 每个节点以及整体的 Pod 数。
- 每个节点以及整体的资源使用和分配情况。

这些概览指标可以帮助你了解集群的性能、集群是否拥有足够的容量、集群容量的使用随时间变化的情况，以及是否需要扩展或缩减集群。

如果你使用的是托管的 Kubernetes 服务（例如 GKE），则它会自动检测不正常的节点并进行自动修复（前提是集群和节点池启用了自动修复）。但是依然有必要知道故障数量何时出现异常，因为这可能预示着潜在的问题。

部署指标

有关部署，你需要了解：

- 部署的数量。
- 每个部署中已配置副本的数量。
- 每个部署中不可用副本的数量。

如果启用了 Kubernetes 中的各种自动伸缩选项，则持续追踪这些信息特别有用（有关自动伸缩，请参见 6.1.3 节）。特别是不可用副本的数据可以提醒你有关容量的问题。

容器指标

容器级别的指标包括：

- 每个节点的容器数 /Pod 数，以及总数。
- 每个容器的资源使用与请求 / 约束之比（有关资源请求，请参见 5.1.2 节）。
- 容器的存活 / 就绪状态。
- 容器 /Pod 重启的次数。
- 每个容器的网络输入 / 输出流量以及错误。

由于 Kubernetes 会自动重启失败或超出资源约束的容器，因此你需要知道这种情况发生的频率。重启次数过多，则可能表明特定容器存在问题。如果容器经常超出资源约束，则表明程序有错误，或者你需要略微增加约束。

应用程序指标

无论你的应用程序使用哪种语言或软件平台，都可能有相应的库或工具，允许你从中导出自定义指标。这些主要是面向开发人员和运维团队的指标，它们能够查看应用程序的执行状况、执行频率以及执行的时长。这些是性能问题或可用性问题的关键指标。

具体应该捕捉以及导出哪些应用程序的指标取决于应用程序的实际功能。但有一些常见的模式。例如，如果你的服务消费队列中的消息，经过处理后再根据消息采取某些动作，则可能需要报告以下指标：

- 收到的消息数。
- 成功处理的消息数。

- 非法或错误消息的数量。
- 处理每个消息以及采取动作的时间。
- 生成的动作数。
- 失败动作数。

同理，如果你的应用程序主要是请求驱动的，则可以使用 RED 模式（请参见 16.2.1 节）：

- 收到的请求数。
- 返回的错误数。
- 持续时间（处理每个请求的时间）。

在开发的初期阶段，可能很难知道哪些指标会有用。如果不确定，则可以记录所有指标。记录指标的代价很低；记录一些看似并不重要的指标，通过长期的观察也有可能会发现意料之外的生产问题。

> 如果指标会变化，则请显示成图表。即使指标没有变化，也应该显示成图表，因为说不定有一天它就会变化。
>
> —— Laurie Denness（Bloomberg）

如果你打算让应用程序生成业务指标（请参见 16.2.3 节），则也可以将这些指标作为自定义指标进行计算和导出。

另一种对业务有帮助的指标是，查看应用程序在服务水平目标（SLO）或服务水平协议（SLA）上的表现，或者提供商的服务在 SLO 上的表现。你可以创建一个自定义指标来显示目标请求持续时间（比如 200ms），并创建一个仪表板，与当前实际性能重叠显示。

运行时指标

在运行时级别，大多数指标还可以报告有关程序执行情况的数据，例如：

- 进程 / 线程 / 例程数量。
- 堆和栈的使用状况。
- 非堆内存使用状况。
- 网络及 I/O 的缓冲池。
- 垃圾回收器的运行和暂停时间（针对使用垃圾回收的语言）。
- 正在使用的文件描述符 / 网络套接字。

在诊断性能不佳，甚至即将崩溃的问题时，这种信息非常有用。例如，长时间运行的应用程序使用的内存量往往会越来越多，直到由于超出 Kubernetes 资源约束而被干掉并重新启动。应用程序运行时指标可以帮助你搞清楚这些内存的去向，尤其是与有关应用程序执行状况的自定义指标结合使用。

上述我们介绍了哪些指标数据值得捕捉，在下一节中我们将介绍如何处理这些数据，换句话说，如何分析这些指标。

16.3 分析指标

数据与信息不是一码事。为了从捕捉的原始数据中获取有用的信息，我们需要对其进行汇总、处理和分析，也就是说我们需要进行统计分析。统计信息是一项繁琐的业务，尤其从抽象的角度来分析。下面，我们以请求持续时间作为具体示例来说明分析的方法。

在 16.2.1 节中，我们曾提到应该跟踪服务请求的持续时间指标，但是我们没有确切说明如何跟踪。持续时间到底是什么意思？通常，我们关心的是用户为获取某个请求的响应而必须等待的时间。

例如，对于一个网站，我们可以将持续时间定义为用户连接到服务器，到服务器开始发送响应数据之间的时间（用户总体的等待时间实际上更长，因为建立连接需要一些时间，读取响应数据并显示在浏览器中也需要时间。不过，通常我们无法获取这些数据，因此，我们只能捕捉力所能及的数据）。

而且每个请求的持续时间都不同，那么我们应当如何将数百甚至数千个请求的数据汇总成一个数字呢？

16.3.1 简单的平均值有什么问题？

显而易见的方法是求平均值。但是仔细想想就会发现平均值的含义并不一定很直观。统计数据中有一个古老的笑话：人的腿平均不足两条。换句话说，大多数人的腿都超过了平均数。怎么会这样？

绝大多数人都有两条腿，但有些人只有一条腿或者一条都没有，所以整体平均水平被拉低了（可能有些人有两条以上的腿，但相对而言还是少于两条腿的人更多）。在关于全体人类腿的数量分布上，或者说大多数人认为人有多少条腿这个问题上，简单的平均值无法为我们提供有用的信息。

此外，平均值（average）也不止一种。你可能知道，平均值常见的含义指的是平均数（mean）。一组值的平均数是所有值的总和除以值的数量。例如，一组有 3 个人，他们的平均年龄是年龄总和除以 3。

另一方面，中位数指的是将集合分为两等分的值，一半包含的值比中位数大，而另一半包含的值则比中位数小。例如，根据定义，在任何一群人中，一半人的身高超过了中位数，而另一半的人则比中位数矮。

16.3.2 平均值、中位数和离群值

直接获取请求持续时间的平均值有什么问题？一个重要的问题是，平均值很容易被离群值带偏，即一个或两个极端的值可能会大大扭曲平均值。

因此，受异常值影响较小的中位数是一种比平均值更有效的平均指标。如果某项服务的延迟时间中位数为 1s，则一半用户感受到的延迟少于 1s，另一半则超过了 1s。

图 16-2 说明了平均值可能会产生的误导。图中四组数据的均值相同，但图形显示的结果却有很大差异（统计学家称此示例为安斯库姆四重奏）。顺便说一句，这也说明了将数据绘制成图表的重要性，因此我们不应该仅依赖数字。

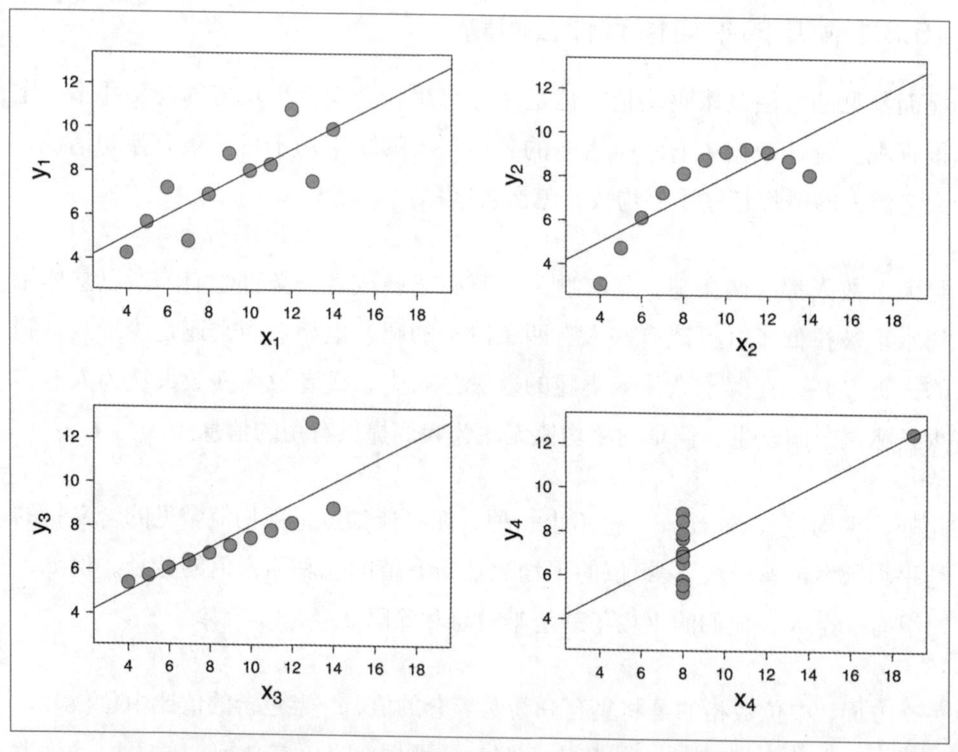

图 16-2：均值相同的四组数据集，图片来自 Schutz，CC BY-SA 3.0

16.3.3 百分位数

在讨论观察请求驱动系统所需的指标时，我们通常感兴趣的是用户感受到的最糟糕的延迟，而不是平均延迟。毕竟，即使所有用户的延迟中位数为 1 秒，需要等待 10 秒或更长时间的一小部分用户也肯定感觉不舒服。

获得此类信息的方法是将数据分解成百分位。第 90 百分位延迟（通常称为 P90）指的是这个值超过了 90% 的用户感受到的延迟值。换句话说，10% 的用户感受到的延迟将高于 P90 的值。

根据这种表示方法，中位数是第 50 百分位，即 P50。除此之外，可观察性通常需要测量的百分位还有 P95 和 P99，分别是第 95 百分位和第 99 百分位。

16.3.4 将百分位数应用于指标数据

Travis CI 的 Igor Wiedler 根据生产服务 10 分钟内接收到的 135000 个请求数据集（见图 16-3），汇总出了一篇优秀的说明文章（地址：*https://igor.io/latency/*）。如你所见，这份数据噪声很大，而且峰值很多，所以仅靠原始数据并不能简单地得出任何有用的结论。

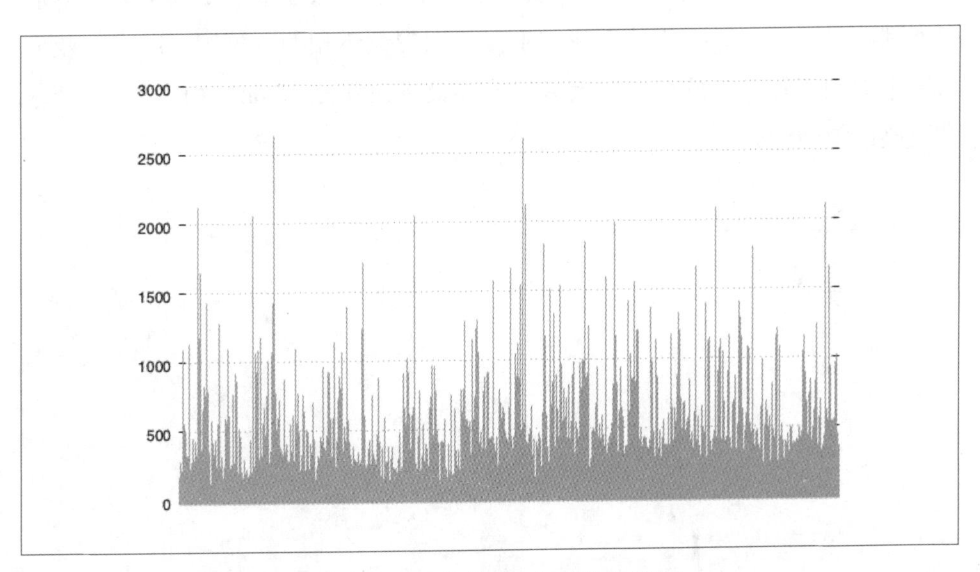

图 16-3：135000 个请求的延迟数据（原始数据，以毫秒为单位）

下面，我们来看看如果以 10 秒为间隔求数据的平均值，结果会怎样（见图 16-4）。结果看上去很不错：所有数据点都在 50ms 以下。所以，看似大多数用户的等待时间都小于 50 毫秒。但这是真的吗？

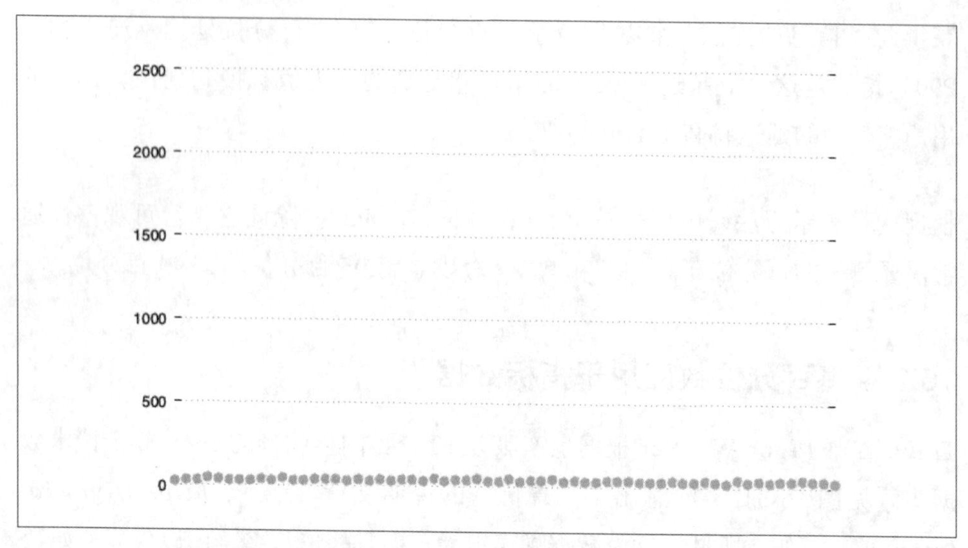

图 16-4：同一组数据的延迟平均数，以 10s 为间隔

下面我们来看看 P99 延迟的曲线图。这张图相当于在去掉 1% 的最高样本后观察到的最大延迟。得出的图形与上面的图形大不相同（见图 16-5）。我们从图中看到了锯齿状的模式，大多数值都聚集在 0 ~ 500ms 之间，个别请求甚至接近 1000ms。

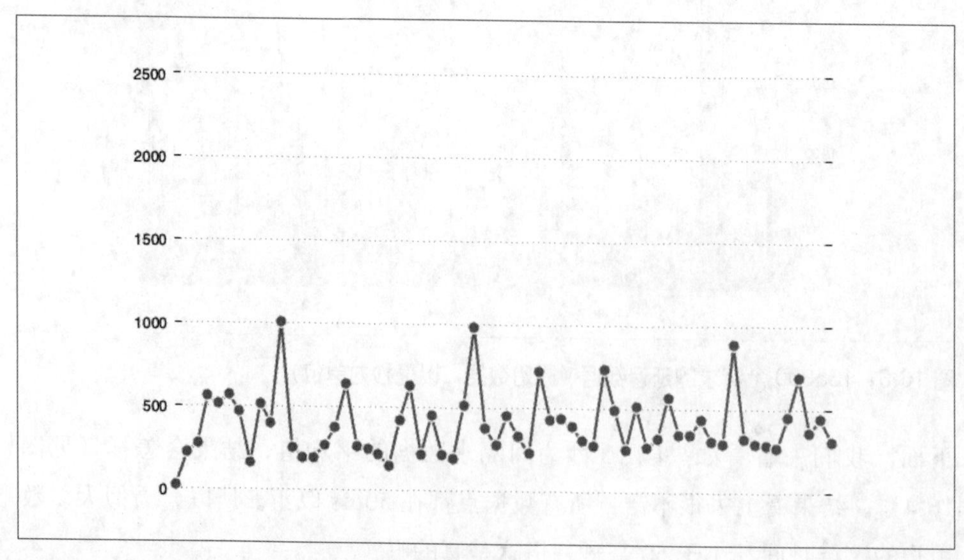

图 16-5：同一组数据的 P99 延迟（第 99 百分位）

16.3.5 一般我们想知道最坏的情况

由于我们注意到上图中缓慢的 Web 请求不成比例，因此 P99 数据可以让我们更真实地了解用户所经历的延迟。例如，考虑一个每天访问量高达一百万的高流量网站。如果 P99 延迟为 10s，那么就有 1 万次页面浏览花费的时间超过 10s。这个网站绝对有很多不满意的用户。

但更糟的是，在分布式系统中，每个页面浏览可能需要数十甚至数百个内部请求才能完成。如果每浏览个内部服务的 P99 延迟为 10s，并且 1 个页面浏览需要发出 10 个内部请求，则缓慢的页面浏览数量将增加到每天 10 万。那么大约有 10% 的用户不满意，这是一个大问题。

16.3.6 比百分位数更好的方式

许多指标服务都实现了百分位数延迟，但这个指标有一个问题，许多服务都倾向于在本地对请求进行采样，然后进行统计，再集中汇总。因此，最终 P99 延迟会成为每个代理报告的 P99 延迟的平均值，而且可能涉及几百个代理。

既然百分位数已经是一个平均值了，而且求平均值是一个众所周知的统计陷阱，那么结果可能并不一定等于实际的平均值。

根据我们选择汇总数据方式的不同，最终的 P99 延迟值可能相差 10 倍之多。这个结果就没有意义了。除非你的指标服务能够获取每个原始事件并产生真实的平均值。

工程师 Yan Cui 建议，更好的方法是监视错误的地方，而不是正确的地方：

> 除了百分位数之外，我们还可以通过哪些主要的指标来监视应用程序的性能，并在性能开始恶化时向我们发出警报？
>
> 回到 SLO 或 SLA，你可能会发现“99% 的请求应在 1s 或更短的时间内完成”的描述。换句话说，等待时间在 1s 以上的请求不得超过 1%。

> 那么，监控超出阈值的请求百分比是不是更好？为了在违反SLA的时候向我们发出警报，可以在某个预定义的时间范围内当百分比大于1%时触发警报。
>
> —— Yan Cui

如果每个代理都能提交两个指标：总请求数以及超出阈值的请求数，那么我们就可以针对这些数据求平均值，进而计算超出SLO的请求数百分比，并据此发出警报。

16.4 通过仪表板显示指标的图表

到目前为止，本章介绍了指标的用途，我们应该记录哪些指标，以及批量分析指标的统计技术。那么，我们究竟应该怎样处理这些指标呢？

答案很简单：我们将这些指标显示成图表，分组显示在仪表板中，并根据这些指标发出警报。我们将在下一节中讨论警报，下面首先来看看绘制图表以及仪表板的工具与技术。

16.4.1 所有服务都使用标准布局

当拥有的服务数量较少时，每个服务都可以按照相同的布局在仪表板上进行展示。负责随时响应呼叫的人只需看一眼受影响服务的仪表板，就知道如何解读仪表板上的内容，即便他不熟悉这个特定的服务。

Tom Werkie在Weaveworks博客文章（地址：*https://www.weave.works/blog/the-red-method-key-metrics-for-microservices-architecture/*）中提出了以下标准格式，见图16-6：

- 一行一个服务。
- 左侧是请求和错误率，错误显示为占请求的百分比。
- 右侧是延迟。

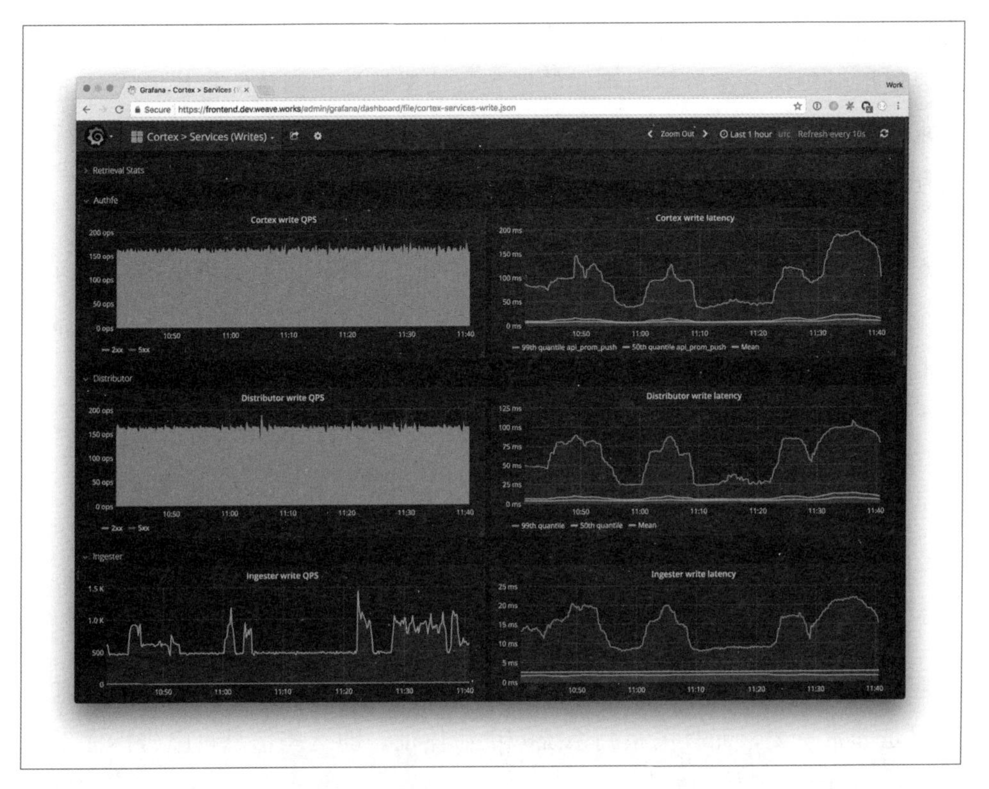

图 16-6：Weaveworks 推荐的服务仪表板布局

你不一定要使用一模一样的布局，重点是每个仪表板都有相同的布局，而且每个人都很熟悉。你应该定期（至少每周一次）查看关键的仪表板，查看前一周的数据，让所有人都知道正常情况是什么样子。

请求、错误和持续时间仪表板也适用于服务（请参见 16.2.1 节）。对于集群节点、磁盘和网络等资源，最实用的信息通常是利用率、饱和度和错误（请参见 16.2.2 节）。

16.4.2 利用主仪表板构建信息发射源

如果你有一百个服务，那么就有一百个仪表板，但是你不可能经常查看它们。提供这些信息固然很重要（例如找出失败的服务等），但在这个规模下，你需要更全面的概述。

为此，你应该创建一个主仪表板，聚合显示所有服务的请求、错误和持续时间。不要使用面积堆叠图等华而不实的图表，请坚持使用简单的折线图来显示总请求、总错误百分比以及总延迟。与复杂的图表相比，这类图更易于理解，而且可视化的效果也更准确。

理想情况下，你可以使用信息发射源（也叫大屏幕，或超大可见图）。通过一个大屏幕显示关键的可观察性数据，让相关团队或办公室中的每个人都可以看到。信息发射源的目的是：

- 一目了然地显示系统的当前状态。
- 发送清晰的信息，说明团队认为哪些指标很重要。
- 让人们熟悉正常情况。

你应该在这块大屏幕上显示什么？只显示至关重要的信息。至关重要的意思不仅是非常重要，而且关系到系统的生命体征，即这些信息可以告诉你系统的生命信息。

你在医院病床旁看到的生命体征监护仪就是一个很好的例子。它们显示了人类的关键指标：心率、血压、血氧饱和度、体温以及呼吸频率。当然还有很多其他患者的指标可以追踪，而且在医学上具有重要的用途，但只有这些才是主仪表板级别的关键指标。任何严重的健康问题都会通过这些指标中的一个或多个体现出来，而其他的指标只是关系到诊断。

同样，你的信息发射源应该显示业务或服务的生命体征。如果有数字，则不应该超过四个或五个数字。如果有图，则最多只能包含四个或五个图。

我们常常会忍不住在仪表板中塞满大量信息，导致仪表板过于复杂而且技术性很强。但这不是我们的目标。我们的目标是专注于一些关键指标，让房间里的每个人都可以一眼看到（见图 16-7）。

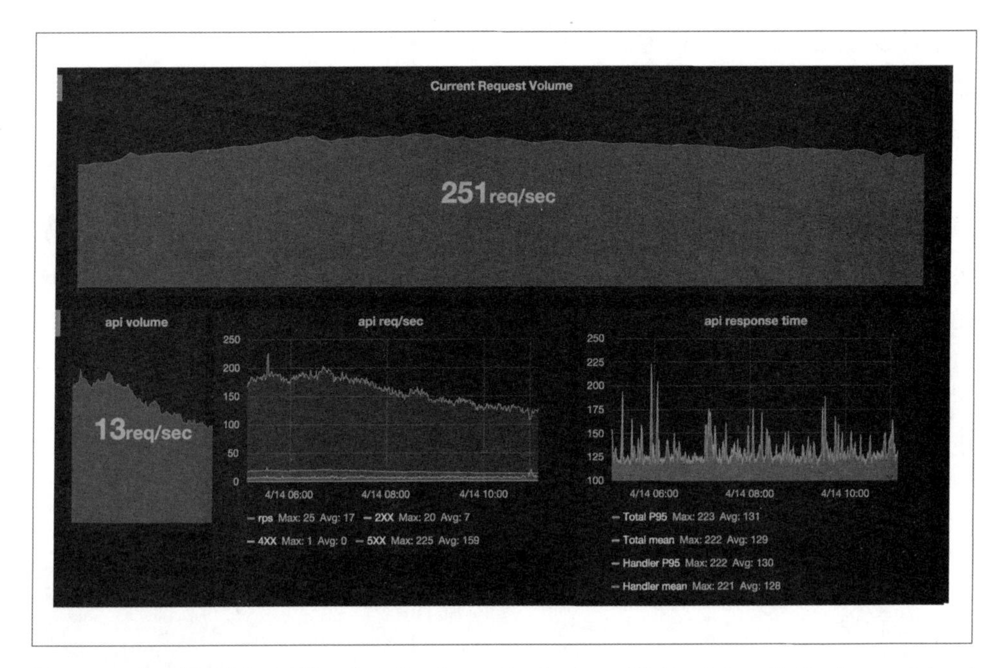

图 16-7：信息发射源的示例，来自 Grafana Dash Gen（地址：https://github.com/uber/grafana-dash-gen）

16.4.3 在仪表板上显示预示故障的数据

除了主要的信息发射源，以及各个服务和资源的仪表板之外，你可能还希望为特定指标创建仪表板，告诉你有关系统的重要信息。你可能已经想到了关于系统基础设施的某些指标。但是，还有一个有用的信息来源是故障的发生。

每次发生事件或服务中断时，你应该看看某个指标或多个指标的组合，可能这些指标之前就已经提醒过你这个问题了。例如，由于服务器磁盘空间不足而导致生产中断，可能有关该服务器磁盘空间的图表事先已经警告过你可用空间量正在下降，就快要导致服务中断了。

这里我们说的不是几分钟甚至几小时内发生的问题，那些问题通常都会被自动警报捕捉到（请参见 16.5 节）。相反，我们关心的是缓缓逼近的危险，这些危险可能需要几天或几周的时间才会显现，如果你没有发现并采取行动，那么你的系统有可能会在最糟糕的时刻宕机。

在事件发生后，你应该思考："事先了解哪些情况，才能在危险来临之际提前发出警告？"如果答案是你已拥有但没有注意到的数据，那么请采取行动着重显示这些数据。方法之一就是使用仪表板。

虽然警报可以告诉你某些值超过了预设的阈值，但你无法预先得知危险的等级。图表可以让你直观地看到这个值在很长一段时间的行为，并帮助你在问题真正影响到系统之前检测出趋势。

16.5 根据指标发出警报

你可能会很惊讶，本章的大部分篇幅都在讨论观察性和监控，却未提及警报。对于有些人来说，警报才是监控的重点。我们认为，出于多种原因，这种想法需要转变。

16.5.1 警报有什么问题？

警报表明系统意外偏离了稳定的工作状态。然而，分布式系统并没有所谓的"稳定的工作状态"！

我们曾说过，大规模分布式系统永远不会"正常运行"，它们总是处于部分降级的状态（请参见 15.1.3 节）。这类系统的指标太多了，但凡某个指标超出正常范围就发出警报，那么每天会发出数百页的警告，这毫无意义：

> 人们常常发送过量的警报，因为他们没有规划好可观察性，而且他们不信任自己的工具，不愿利用这些工具调试和诊断问题。因此，他们常常收到成百上千的警报，然后通过模式匹配寻找根本原因的线索。这种做法非常盲目。我们所有人在一片混乱中朝着艰难的方向前进，实际上，你必须做好规划，只发送极少量的警报。比如请求率、延迟、错误率、饱和度等。
>
> —— Charity Majors

对有些不幸的人来说，回应警报呼叫成了生活的一部分。这是一件坏事，而且不仅是出于对人的考虑。警报疲劳是医学界众所周知的问题，临床医生由于持续不断的警报而迅速变得麻木，从而导致他们更有可能忽略严重问题的出现。

为了有效利用监控系统，我们必须保证很高的信噪比。虚假的警报不仅招人厌，而且很危险，因为它们降低了人们对系统的信任，并导致人们心安理得地忽略警报。

数量过多、持续不断以及无关痛痒的警报是引发三哩岛核泄漏事故的主要因素（请参阅：*https://humanisticsystems.com/2015/10/16/fit-for-purpose-questions-about-alarm-system-design-from-theory-and-practice/*），即使每个警报都设计得很好，运维人员也会因为同时发出太多警报而感到不知所措。

警报应该意味着一件非常简单的事情：必须有人立即采取行动。

如果不需要采取任何行动，那么就不需要发送警报。如果需要在某个时间（但不是现在）采取行动，则可以将警报降级为电子邮件或聊天消息。如果这个动作可以由系统自动执行，则请自动化，不要吵醒有价值的人类。

16.5.2 值班不应该成为地狱

虽然因为自己的服务而值班是开发运维理念的一项关键活动，但同等重要的是，值班应该是尽可能轻松的体验。

警报呼叫应该非常罕见，而且极其偶然。一旦发生警报，就应该有一套完善有效的程序来处理，将响应者受到的压力降到最低。

不应该有人一直值班。如果遇到这种情况，则应该实行多人轮岗。值班的人不需要成为某个主题的专家，他的主要任务是对问题进行分类，确定是否需要采取行动，然后分配给合适的人员。

虽然值班的重担应该公平地分配给每个人，但每个人的情况都不同。如果你有家庭，或有工作以外的其他事情，那么担负轮岗可能不那么容易。在安排值班轮岗时，请保持谨慎和敏锐，确保对每个人都公平。

如果某个岗位需要值班，那么应该向应聘人员交代清楚。有关值班的时间和频率的要求应写入合同。聘用一位严格遵守朝九晚五工作时间的人，然后要求他们在夜间和周末值班是不公平的。

值班的工作时间应该通过奖金、补休或其他实惠的福利予以补偿。无论他们是否收到了任何警报，都应该予以补偿，在一定程度上，值班时间就是在工作。

此外，一个人的值班时间也应该有一个硬性限制。如果有人有很多空闲时间或精力，自愿帮助减轻同事的压力，那当然再好不过，但不要让任何人承担过多。

你应该意识到，让某个人值班实际上是在消耗人力资本，所以请精打细算。

16.5.3 紧急、重大且需要付诸行动的警报

如果警报如此可怕，那么我们为什么要讨论呢？其实我们仍然很需要警报。情况不妙、问题爆发、系统崩溃直到停止，而且往往来的不合时宜。

可观察性虽好，但你不注意观察就发现不了问题。仪表板虽好，但你不能花钱雇人整天坐在仪表板前。为了检测当前正在发生的中断或问题，并引起人们的注意，根据阈值自动发送警报才是不二之选。

例如，如果某个服务的错误率在一段时间内（比如 5min）持续高于 10%，则我们希望系统能发出警报。当服务的 P99 延迟超过某个固定值（比如 1000ms）时，生成警报。

通常，如果某个问题对业务有实际或潜在的影响，并且需要有人立即采取行动，则该问题应该出现在警报呼叫中。

不要针对每个指标都发出警报。你应该从成百上千的指标中挑选少数几个来生成警报。而且即使生成警报，也不一定非要呼叫某个人。

呼叫应该仅限于紧急、重大且需要付诸行动的警报：

- 重要但不紧急的警报可以在正常工作时间内处理。只有不能等到第二天早上的问题才需要呼叫人员。
- 紧急但不重要的警报不能作为吵醒某人的理由。例如，很少使用的内部服务故障不会影响客户。
- 如果不需要立即采取行动来修复，那么呼叫就没有意义。

在其他情况下，你可以发送异步通知：电子邮件、Slack 消息、支持通知单、项目问题等。如果你的系统运行正常，那么就会有人及时查看并处理这些问题。你无需用刺耳的警报三更半夜吵醒别人，让他们压力倍增。

16.5.4 跟踪警报、工作时间外的呼叫

对于基础设施来说，员工与云服务和 Kubernetes 集群同等重要，甚至员工更重要。员工更昂贵，而且很难替换。因此，你应该像监控服务状况一样，关心员工的情况。

一周内发送的警报数量可以很好地说明系统的整体运行状况和稳定性。紧急呼叫的次数，尤其是工作时间外、周末以及正常睡眠时间内被呼叫的次数，可以很好地说明团队的整体健康状况和士气。

你应该为紧急呼叫次数设置预算，尤其是在工作时间之外，而且这个预算应该非常低。每位值班的工程师每周收到的工作时间外呼叫不应该超过 1 ～ 2h。如果你经常超出这个范围，则需要调整警报、调整系统，或聘用更多工程师。

每周至少审查一次所有的紧急呼叫，并修复或消除任何虚假警报或不必要的警报。如果你不认真对待这一点，那么员工也不会认真对待警报。而且如果

不必要的警报经常打扰员工的睡眠和私人生活，那么他们可能会去寻找更好的工作。

16.6 指标工具和服务

下面我们来深入讨论细节。我们应该使用哪些工具或服务来收集、分析和传达指标？在 15.3.1 节中，我们曾提出，当面临商品问题时，你应该使用商品解决方案。这是否意味着你必须使用 Datadog 或 New Relic 之类的第三方托管指标服务呢？

这个问题并没有明确的答案。尽管这些服务提供了许多强大的功能，但价格非常昂贵，尤其是大规模使用的话。我们并没有非常有说服力的商业案例来证明你不应该运行自己的指标服务器，因为免费和开源的产品也很出色。

16.6.1 Prometheus

在云原生世界中，事实上的标准指标解决方案是 Prometheus。该工具已得到了广泛使用，尤其是在 Kubernetes 中，几乎所有指标都可以通过某种方式与 Prometheus 进行互操作，因此在选择指标监控时，应该首先考虑 Prometheus。

Prometheus 是一个基于时间序列指标数据的开源系统监控与警报工具包。Prometheus 的核心是一台收集和存储指标的服务器。它还有其他各种可选组件，例如警报工具（Alertmanager），以及编程语言（比如 Go）的客户端库，这些都可用于检测应用程序。

听起来略显复杂，但实际上 Prometheus 很简单。你可以使用标准的 Helm Chart（请参见 4.7 节），只需一个命令即可将 Prometheus 安装到 Kubernetes 集群。然后，通过抓取自动从集群和所有指定的应用程序中收集指标。

在抓取指标时，Prometheus 会通过预先设置的端口与应用程序建立 HTTP 连接，并下载所有的指标数据。然后将数据存储到数据库中，供你查询、绘制图表或发出警报。

Prometheus 收集指标的方法称为拉取监控。在这个方法中，监控服务器会联系应用程序并请求指标数据。相反的方法是推送，有些监控工具（比如 StatsD）使用的就是推送，其工作方式是相反的，即由应用程序与监控服务器联系并向其发送指标。

与 Kubernetes 一样，Prometheus 也受到了 Google 自身基础设施的启发。Prometheus 由 SoundCloud 开发，但是它从一个名叫 Borgmon 的工具中汲取了很多想法。顾名思义，Borgmon 的目的是监控 Google Borg 容器编排系统（请参见 1.5.1 节）：

> Kubernetes 建立在 Google 长达十年的集群调度系统 Borg 的经验之上。Prometheus 与 Google 的联系没有那么紧密，但它从 Borgmon（大约与 Borg 在同一时间问世的 Google 内部监控系统）中汲取了很多灵感。简单地进行比较，你就会发现 Kubernetes 是大众版的 Borg，而 Prometheus 是大众版的 Borgmon。二者都是“二次系统”，它们都在努力集成好的方面，同时避免前辈的错误和死胡同。
>
> —— Björn Rabenstein （SoundCloud）

有关 Prometheus 的更多信息，请访问官方网站（地址：*https://prometheus.io/*），包括如何在你的环境中安装和配置 Prometheus 的说明。

尽管 Prometheus 本身的重点是收集和存储指标，但它还提供了其他面向图表、仪表板和警报的高质量开源工具。Grafana 是一款功能强大的图形引擎，可用于处理时间序列数据（见图 16-8）。

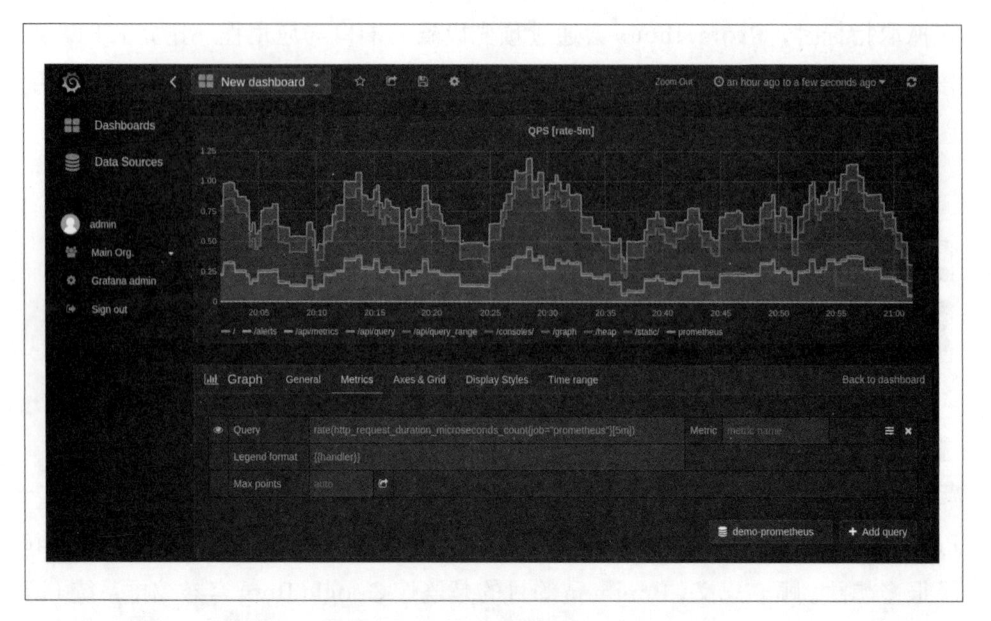

图 16-8：Grafana 仪表板上显示的 Prometheus 数据

Prometheus 项目包括一个名为 Alertmanager 的工具，该工具可与 Prometheus 良好地协同工作，也可以单独使用。Alertmanager 的工作是从各种数据源（包括 Prometheus 服务器）中接收警报并进行处理（请参见 16.5 节）。

处理警报的第一步是删除重复数据。然后由 Alertmanager 将检测到的相关警报分组。例如，重大的网络中断可能会引发数百个单独的警报，但是 Alertmanager 可以将所有警报分组成一条消息，从而避免响应者被呼叫淹没。

最后，Alertmanager 将处理后的警报路由到适当的通知服务，例如 PagerDuty、Slack 或电子邮件。

很方便的一点是，Prometheus 指标的格式得到了许多工具和服务的支持，而且这个事实上的标准如今成了 OpenMetrics 的基础（OpenMetrics 是云原生计算基金会的项目，主要负责为指标数据生成中立的标准格式）。但是你不必等待 OpenMetrics 问世，目前几乎所有的指标服务都可以导入和理解 Prometheus 数据，包括 Stackdriver、Cloudwatch、Datadog 和 New Relic 等。

16.6.2 Google Stackdriver

尽管 Stackdriver 来自 Google，但它并不仅限于 Google 云，还可以与 AWS 一起使用。Stackdriver 可以收集指标、绘制成图表、发送警报，还可以记录各种来源的数据。它可以自动发现和监控云资源，包括虚拟机、数据库和 Kubernetes 集群。 Stackdriver 可以将所有这些数据汇总到中央 Web 控制台，方便你创建自定义仪表板和警报。

Stackdriver 知道如何从 Apache、Nginx、Cassandra 和 Elasticsearch 之类的流行软件工具中获取运维方面的指标。如果你想加入应用程序自定义的指标，则可以使用 Stackdriver 的客户端库导出所需的任何数据。

如果你使用 Google 云平台，则可免费在 Stackdriver 中使用所有与 Google 云平台相关的指标。如果使用自定义的指标或其他云平台的指标，则需要每月按兆字节（MB）支付监控数据的费用。

虽然 Stackdriver 不像 Prometheus 那般灵活，也不像 Datadog 这类昂贵的工具那么复杂，但你无需安装或配置，即可使用各种指标。

16.6.3 AWS Cloudwatch

亚马逊的云监控产品 Cloudwatch 的功能与 Stackdriver 类似。它集成了所有 AWS 服务，而且你可以通过 Cloudwatch SDK 或命令行工具导出自定义指标。

Cloudwatch 有一个免费套餐，允许你每隔五分钟收集一次基本指标（比如虚拟机上 CPU 的利用率等），还有一定数量的仪表板和警报等。在免费套餐之外，你需要按指标、仪表板或警报支付费用，还可以按实例购买高分辨率的指标（即间隔为 1 分钟的指标）。

与 Stackdriver 类似，Cloudwatch 很基本，但很有效。如果你主要的云基础设施是 AWS，则 Cloudwatch 是一个不错的尝试使用指标的起点，对于小型部署而言，有它就够了。

16.6.4 Azure Monitor

Azure 的 Monitor 等同于 Google 的 Stackdriver 或 AWS 的 Cloudwatch。它可以收集所有 Azure 资源（包括 Kubernetes 集群）的日志和指标数据，并允许你进行可视化和生成报警。

16.6.5 Datadog

与云提供商内置的工具 Stackdriver 和 Cloudwatch 相比，Datadog 是一个非常复杂且功能强大的监控和分析平台。它提供了 250 多种平台和服务的集成，包括所有主流提供商的云服务以及流行的软件，如 Jenkins、Varnish、Puppet、Consul 和 MySQL 等。

此外，Datadog 还提供了应用程序性能监控（Application Performance Monitoring，简称 APM）组件，旨在帮助你监控和分析应用程序的性能。无论你使用 Go、Java、Ruby 还是任何其他软件平台，Datadog 都可以从你的软件中收集指标、日志和跟踪，并回答下列问题：

- 使用服务的特定个人用户的用户体验如何？
- 特定端点上响应最慢的 10 个客户分别是谁？
- 哪些分布式服务造成了请求的总体延迟？

Datadog 不仅提供了常见的仪表板（见图 16-9）和警报功能（可通过 Datadog API 和包括 Terraform 在内的客户端库自动实现），而且还提供了由机器学习支持的异常检测等功能。

如你所料，Datadog 也是更昂贵的监控服务之一，但是如果你非常重视可观察性，你的基础设施非常复杂，而且性能对应用程序至关重要，那么花费这些成本也算物有所值。

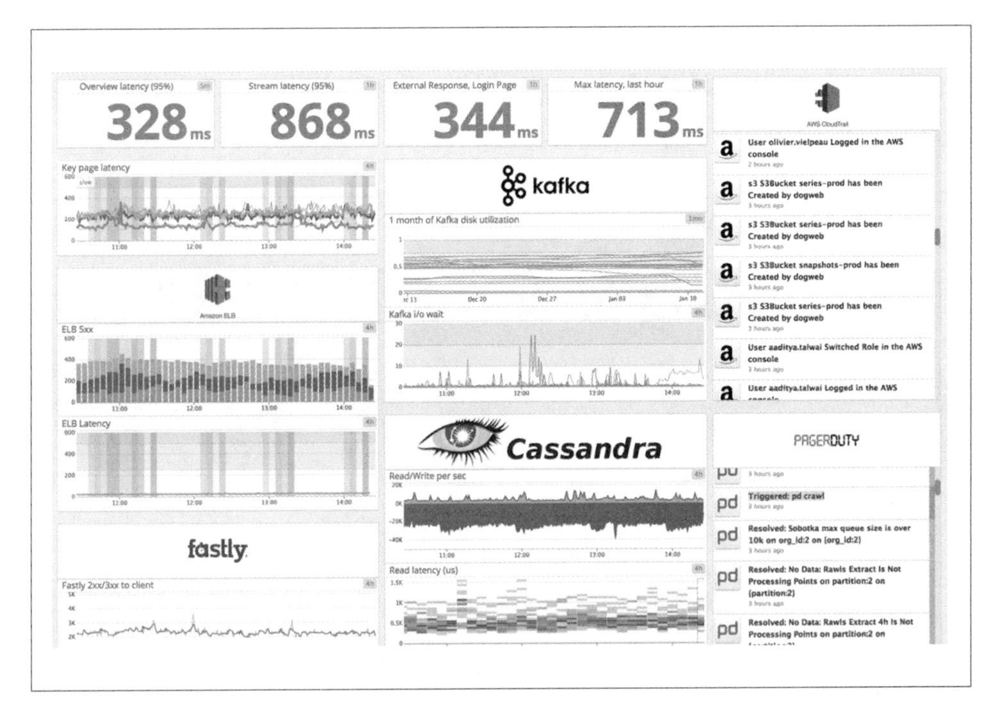

图 16-9：Datadog 仪表板

有关 Datadog 的更多信息，请参照官方网站（地址：*https://www.datadoghq.com/*）。

16.6.6 New Relic

New Relic 是一个非常完善且广泛使用的指标平台，专攻应用程序性能监视（APM）。其主要优势在于诊断应用程序和分布式系统内部的性能问题及瓶颈（见图 16-10）。此外，它还提供基础设施指标、监控、报警软件分析及其他功能。

与常见的企业级服务一样，你需要花很多钱才能享受 New Relic 的监控，尤其是大规模使用。如果你在寻找高级企业指标平台，那么可以选择 New Relic

（更倾向于应用程序的需求）或 Datadog（更倾向于基础设施的需求）。两者还提供了良好的基础设施即代码支持；例如，你可以使用官方 Terraform 提供商为 New Relic 和 Datadog 创建的仪表板和警报。

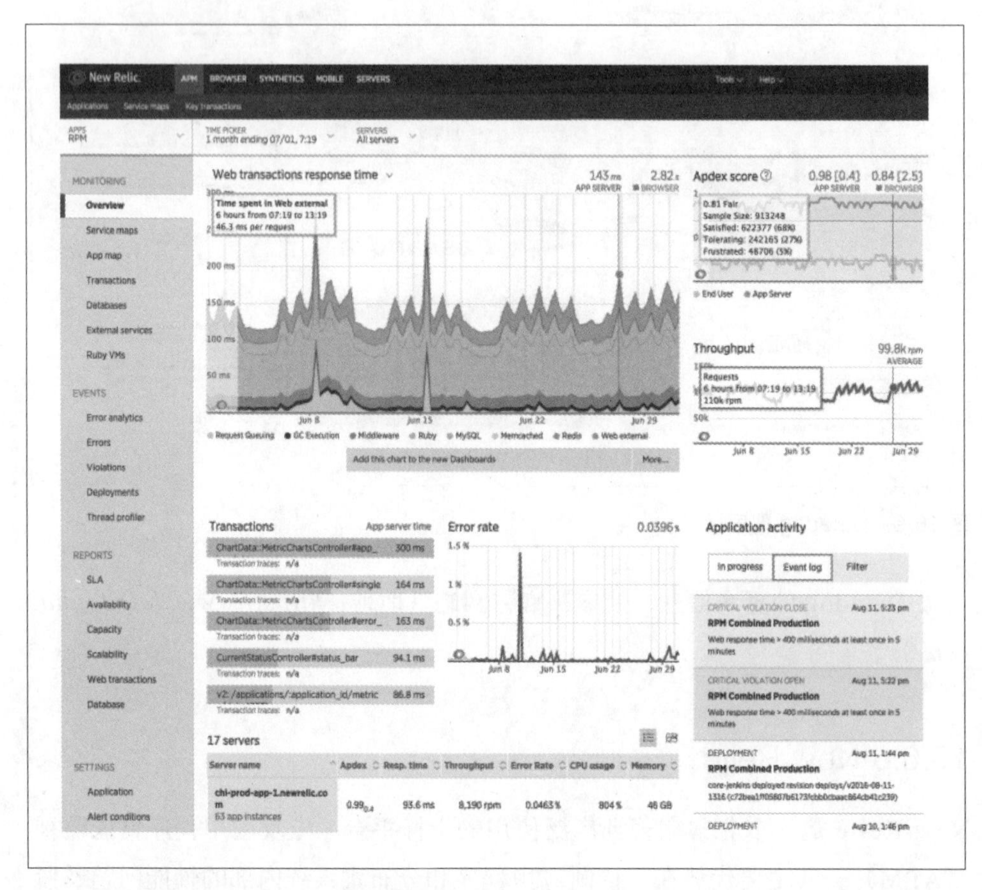

图 16-10：New Relic 的应用程序性能监视仪表板

16.7 小结

木匠们常说：两次测量，一次成活。在云原生世界中，如果没有适当的指标和可观察性数据，那么就很难掌握当前的状况。另一方面，一旦打开指标的闸门，泛滥的信息同样百无一用。

关键在于，及时收集正确的数据，以正确的方式处理数据，使用这些数据回答正确的问题，以正确的方式可视化，并在正确的时间将正确的警报发送给正确的人。

即便你不记得本章的所有内容，也千万要记住以下几点：

- 关注每个服务的关键指标：请求、错误和持续时间（RED）。关注每种资源的关键指标：利用率、饱和度和错误率（USE）。
- 通过检测应用程序公开自定义指标，以实现内部的可观察性及业务 KPI。
- Kubernetes 集群级别的指标包括节点数、每个节点的 Pod 以及节点的资源使用情况。
- 在部署级别，你需要跟踪部署和副本，尤其是不可用的副本，因为它们可能表明容量有问题。
- 在容器级别，你需要跟踪每个容器的资源使用情况、存活 / 就绪状态、重新启动、网络流量以及网络错误。
- 使用标准布局为每种服务构建仪表板，并通过主信息发射源报告整个系统的生命体征。
- 如果要根据指标发送警报，则应该发送紧急、重大且需要付诸行动的警报。警报噪声会造成疲劳且有损士气。
- 跟踪并查看团队收到的紧急呼叫次数，尤其是半夜和周末被呼叫。
- 在云原生世界中，事实上的标准指标解决方案是 Prometheus，几乎所有工具都使用 Prometheus 数据格式。
- 第三方的托管指标服务包括 Google Stackdriver、亚马逊 Cloudwatch，Datadog 以及 New Relic。

后记

> There is nothing more difficult to take in hand, more perilous to conduct, or more uncertain in its success, than to take the lead in the introduction of a new order of things.
>
> —— Niccolò Machiavelli

本书讲述了很多内容，但所有内容都围绕着一个简单的原则：如果你在生产中使用 Kubernetes，那么我们认为你需要了解这些知识。

有人说，专家只是多读了一页手册。如果你阅读了本书，那么说明你将成为你们组织的 Kubernetes 专家。希望本书对你有所帮助，但这只是一个起点。

其他资源

下列这些资源非常有帮助性，不仅可以帮助你学习更多有关 Kubernetes 和云原生的知识，而且还可以掌握最新的新闻以及动态：

http://slack.k8s.io/

Kubernetes 的官方 Slack 组织。你可以通过这个网站提问，并与其他用户交谈。

https://discuss.kubernetes.io/

讨论 Kubernetes 所有事宜的公开论坛。

https://kubernetespodcast.com/

Google 发布周次博客的网站。每个视频大约 20 分钟，涵盖了每周的新闻以及 Kubernetes 人员的访谈。

https://github.com/vmware-tanzu/tgik

TGIK8s 每周都会播放实时的视频流，由 Heptio 的 Joe Beda 创建。形式包含大约一个小时有关 Kubernetes 生态系统的现场演示。所有视频均已存档，可以点播观看。

另外，别忘了本书还有一个博客网站。可以经常过来看看，了解有关云原生开发运维的最新新闻、动态以及博客文章。

下面是一些你可能感兴趣的时事资讯邮件，涵盖了软件开发、安全性、开发运维以及 Kubernetes 等主题：

- KubeWeekly（由 CNCF 主办）：*https://twitter.com/kubeweekly*
- SRE Weekly：*https://sreweekly.com/*
- DevOps Weekly：*https://www.devopsweekly.com/*
- DevOps'ish：*https://devopsish.com/*
- Security Newsletter：*https://securitynewsletter.co/*

欢迎您加入我们

> We learn nothing from being right.
>
> —— Elizabeth Bibesco

在 Kubernetes 之旅中，你的首要任务应该是广泛地传播专业知识，并向其他人学习。没有人无所不知，但是每个人都有自己的积累。我们可以共同学习。

不要害怕尝试。亲自动手制作自己的演示应用程序，或借用我们的演示应用程序，然后尝试使用生产中可能需要的应用程序。如果你所做的一切都能正常运行，则说明你的实验还不够。只有经历失败，设法找出问题所在并加以解决，才能真正学习到的知识。失败的次数越多，学习到的知识就越多。

我们之所以积累了很多有关 Kubernetes 的信息，就是因为我们经历了很多失败。希望你也如此。希望你能从中找到乐趣！

作者介绍

John Arundel 是一位拥有 30 多年计算机行业从业经验的顾问。他还是多本技术书籍的作者，他为全世界各大公司提供有关云原生基础设施以及 Kubernetes 的咨询。在工作之余，他热衷于冲浪，是一名步枪及手枪射击高手，而且还是一名业余的钢琴演奏者。他住在英格兰康沃尔郡的童话小屋中。

Justin Domingus 是一位在开发运维环境中从事 Kubernetes 和云技术的运维工程师。他喜欢户外活动，喜欢学习新事物，还喜欢咖啡、螃蟹和计算机。他住在华盛顿州西雅图市，那里不仅有一只漂亮的猫，还有他的妻子及挚友 Adrienne。

封面介绍

本书封面的动物是一只阿岛军舰鸟（学名：Fregata aquila，英文名：Ascension Frigatebird），这种海鸟分布在南大西洋的阿森松岛和附近的水手长鸟岛上，大约在安哥拉和巴西之间。这种鸟类的繁殖地是阿森松岛，这个小岛被发现那天是基督教日历上的 Ascension Day，所以该岛因此而得名。

阿岛军舰鸟翼展超过 2 米，但体重不足 1.25 公斤，可以毫不费力地在海洋上滑行，捕捉到游近水面的鱼，尤其是飞鱼。有时也以鱿鱼和小乌龟为食，还会掠夺其他海鸟。阿岛军舰鸟全身黑色且有光泽，略带绿色和紫色。成年雄鸟喉囊呈鲜红色，求偶期会鼓胀。成年雌鸟毛色略暗，下侧有褐色或白色的斑点。和其他军舰鸟一样，阿岛军舰鸟有深叉形尾巴，嘴尖弯曲，尖翅显著。

阿岛军舰鸟觅食于阿森松岛顶峰的裸露岩层。这种鸟类不会筑巢，它会在地上挖洞，并用羽毛、鹅卵石和骨头做保护。雌鸟每次产卵一枚，然后由双亲喂食至六七个月，直到它学会飞翔。由于繁殖成功率低且栖息地有限，因此该物种被列入了易危物种。

19 世纪早期，英国人出于军事目的而定居在阿森松岛上。如今，该岛上有美国国家航空航天局（NASA）和欧洲航天局（European Space Agency）的观测基地，英国广播公司（BBC）世界服务站的中继站，同时这里也是 GPS 四大地面卫星监控站之一。在 19 世纪和 20 世纪期间，由于流浪猫捕杀雏鸟，因此阿岛军舰鸟只能在阿森松海岸外的水手长鸟岛上繁殖。2002 年，英国皇家鸟类保护协会在岛上发起了一场消灭野猫的运动。几年后，阿岛军舰鸟又开始在阿森松岛上筑巢。

O’Reilly 出版的图书，封面上很多动物都濒临灭绝。这些动物都是地球的至宝。如果你想知道如何保护这些动物，请访问 *animals.oreilly.com*。